模具制造工艺学

主 编 张 霞 初旭宏
副主编 张 丹 王德成 潘庆和 赵昌葆
主 审 王新荣

U0259331

Publishing House of Electronics Industry
北京 · BEIJING

内 容 简 介

本书较全面、系统地阐述了各种模具制造方法的基本原理、特点和加工工艺。全书共 8 章，主要内容包括：模具制造工艺基础知识；模具的机械加工、数控加工、特种加工方法；典型模具零件制造工艺；模具装配工艺基础；模具快速成型制造技术等。

本书可作为机械设计制造及其自动化专业和材料成型及控制工程专业、高职高专模具设计与制造专业及成人教育的教学用书，也可供从事模具设计、制造的技术人员参考。

未经许可，不得以任何方式复制或抄袭本书之部分或全部内容

版权所有·侵权必究

图书在版编目（CIP）数据

模具制造工艺学/张霞，初旭宏主编．—北京：电子工业出版社，2011.5

（普通高等教育机械类"十二五"规划系列教材）

ISBN 978-7-121-13373-2

Ⅰ．①模…　Ⅱ．①张…　②初…　Ⅲ．①模具－制造－生产工艺－高等学校－教材　Ⅳ．①TG760.6

中国版本图书馆 CIP 数据核字（2011）第 075126 号

策划编辑：李　洁（lijie@phei.com.cn）

责任编辑：李　洁　特约编辑：刘　忠

印　　刷：北京虎彩文化传播有限公司

装　　订：北京虎彩文化传播有限公司

出版发行：电子工业出版社

　　　　　北京市海淀区万寿路 173 信箱　邮编　100036

开　　本：787×1092　1/16　印张：16.75　字数：442 千字

版　　次：2011 年 5 月第 1 版

印　　次：2024 年 1 月第 14 次印刷

定　　价：36.00 元

凡所购买电子工业出版社图书有缺损问题，请向购买书店调换。若书店售缺，请与本社发行部联系，联系及邮购电话：(010) 88254888，88258888。

质量投诉请发邮件至 zlts@phei.com.cn，盗版侵权举报请发邮件至 dbqq@phei.com.cn。

本书咨询联系方式：lijie@phei.com.cn。

前　言

模具是现代工业生产中应用极为广泛的基础工艺装备，模具技术已成为衡量一个国家产品制造水平的重要标志之一。面对快速增长的模具工业，我国模具制造业急需培养出大批具有较强解决生产实际问题能力的应用型模具技术人才。本书正是为了适应模具制造业人才培养的需要，以"易教易学"为核心思想，以"够用、实用、新用"为基本原则，在总结多年的教学实践基础上而编写的。

本书主要讲授模具制造工艺基础知识；模具的机械加工、数控加工、特种加工方法；典型模具零件制造工艺；模具装配工艺基础；模具快速成型制造技术等。建议授课学时为40～60学时。

本书编写过程中，力求将模具的传统制造技术与现代制造技术相结合，基本原理与工程实践相结合，尽量反映国内外先进的模具制造技术。模具制造工艺基础知识主要介绍模具制造工艺规程的制定原则和方法、模具制造的技术要求以及技术经济指标。模具的特种加工是以电火花成型加工和电火花线切割加工为重点，同时编入了其他先进的特种加工方法。典型模具零件制造工艺主要介绍模架组成零件、模具工作零件（成型凸模、凹模型孔及型腔）的加工工艺，并通过大量工程实例进行说明。为了适应模具技术发展的需要，本书增加了模具数控加工和快速成型制造技术的内容。本书从生产实际出发突出实用性，内容简明精炼，通俗易懂。

本书由张霞、初旭宏任主编，张丹、王德成、潘庆和任副主编，佳木斯大学王新荣教授任主审。全书共8章，第1章由佳木斯职业技术学院潘庆和编写，第2章和第3章由佳木斯大学初旭宏编写，第4章由黑龙江农业职业技术学院王德成编写，第5章和第6章由佳木斯大学张霞编写，第7章和第8章由黑龙江科技学院张丹编写，其中第3章的3.4节，第6章的6.1节以及附录由沈阳航空航天大学赵昌葆编写，在编写过程中，参考了一些相关书籍及资料，谨此致谢。

由于编者水平有限，书中难免有疏漏之处，敬请广大读者批评指正。

编　者

2011年2月

目　　　录

第1章

绪　论

教学目标：了解模具工业的重要地位、模具的分类和模具技术的现状及发展趋势；掌握模具制造的基本要求与特点；掌握模具主要加工方法与制造过程。

教学重点和难点：

◇ 模具制造的基本要求与特点

◇ 模具主要加工方法与制造过程

1.1　模具工业在国民经济中的重要地位

模具是现代工业生产中的基础工艺装备，它以其自身的特殊形状通过一定的方式使原材料成型。与传统的切削加工工艺相比较，是一种少切削、无切削、多工序重合的生产方法。由于模具成型具有优质、高效、省料和互换性好等特点，所以，在国民经济各个部门得到了广泛应用，如飞机、汽车、拖拉机、电器、仪表、玩具和日常用品等工业产品的零部件大多数都采用模具进行加工。据国际生产技术协会预测，21世纪机械零件粗加工的75%和精加工的50%都将由模具成型来完成。

利用模具生产零件的方法已成为进行成批或大批生产的主要技术手段，它对于保证制品质量、缩短试制周期、提高企业市场竞争力以及产品更新换代和新产品开发都具有决定性的意义。模具设计与制造部门肩负着为国民经济相关部门提供模具产品的重任。许多国家都十分重视模具工业的发展，对模具有很多的赞誉。在美国将模具称为"点铁成金"的磁力工业，德国认为其是所有工业中的关键工业，罗马尼亚将模具视为黄金，日本则认为模具是促进社会繁荣富裕的动力。

近年来，模具工业发展十分迅速。机床工业素有"工业之母"之称，在工业发达国家中占有非常重要的地位。然而据统计，一些国家模具的总产值，已超过机床工业的总产值，其发展速度超过了机床、汽车、电子等工业。模具工业已发展成独立行业，成为国民经济的基础工业之一。模具技术，特别是制造精密、复杂、大型、长寿命模具的技术，已成为衡量一个国家机械制造水平的重要标志之一。模具是"效益放大器"，用模具生产的产品的价值往往是模具价值的几十倍、上百倍。随着工业生产的迅速发展，模具工业必将在国民经济发展过程中发挥巨大作用。

1.2　模具制造技术的历史、现状及发展趋势

1. 我国模具制造的历史及现状

我国虽然很早就开始制造和使用模具，但长期以来未形成产业。建国初期，我国的工业基础

较差，模具的制造主要依靠钳工手工完成，模具的数量及品种很少，并且多为单工序模、简单复合模、少工序的级进模和机外脱模的塑料压缩模。

1956年，成型磨削开始应用于模具加工中，模具可以在淬火之后进行精加工，初步解决了模具热处理变形的问题，提高了模具寿命、质量及精度，但成型磨削只能加工分体式模具。1959年，电火花成型机床开始应用于模具生产，采用电火花成型加工凹模、卸料板型孔（采用成型磨削方法加工凸模和电极），可以加工整体模具，使模具制造技术得到了较大的提高。1963年，模具开始采用电火花线切割进行加工，可加工出复杂形状、细小的型孔和外表面，大大地减轻了模具钳工的手工作业，从此模具制造技术有了质的飞跃，可以实现更为复杂、精密的模具加工。随着对模具需求的日益增加，通过引进国外模具先进技术和设备，制定模具国家标准、开发模具新材料等一系列措施，使得我国模具制造技术水平不断提高，我国的模具工业开始形成。

20世纪80年代以来，我国的模具工业发展较快，在模具技术的基础理论、模具设计与结构、模具制造加工技术、模具材料以及模具加工设备等方面都取得了实用性成果。目前，全国已有模具生产厂家数千个，职工人数十万，每年能生产上百万套模具。近年来，我国模具技术的发展进步主要表现在以下几个方面。

① 模具标准化工作是代表模具工业和模具技术发展的重要标志。已经制定了冲压模、塑料模、压铸模和模具基础技术等50多项国家标准，300多个标准号，模具标准件应用更加广泛，品种有所扩展，模具的商品化程度也随之大大提高。

② 研究开发了模具新钢种及硬质合金、钢结硬质合金等新材料，并采用了一些新的热处理工艺，延长了模具的使用寿命。例如，冲模广泛使用合金工具钢代替碳素工具钢，提高了模具寿命，减少了模具热处理变形。

③ 开发了一些多工位级进模和长寿命硬质合金模等新产品，并根据国内生产需要研制了一批精密塑料注射模。大型复杂冲模以汽车覆盖件模具为代表，我国已能生产部分轿车覆盖件模具。体现高水平制造技术的多工位级进模覆盖面大增，已从电动机、铁芯片模具，扩大到接插件、电子零件、汽车零件、空调器散热片等家电零件模具上。如生产的电动机定子、转子硅钢片硬质合金多工位自动级进模的步距精度可达$2\mu m$，寿命达1亿次以上；塑料模已能设计制造汽车保险杠和整体仪表盘等大型注射模，彩色电视机、洗衣机和电冰箱等精密、大型注射模，塑料模热流道技术日臻成熟，气体辅助注射技术已开始采用；压铸模方面已能生产自动扶梯整体梯级压铸模及汽车后桥齿轮箱压铸模等。

④ 在模具生产中采用了许多新工艺和先进设备，不仅改善了模具的加工质量，也提高了模具制造的机械化、自动化程度。如电火花加工、电解加工、电铸加工、陶瓷型精密铸造、挤压成型（冷挤压、热挤压、超塑成型）技术以及利用照相腐蚀技术加工皮革纹等加工技术已在型腔加工中被采用。特别是模具成型表面的特种加工工艺的研究和发展，使模具加工的精度和表面粗糙度都有很大的改善；为了满足新产品试制、小批量生产的需要，我国模具行业制造了多种结构简单、生产周期短、成本低廉的简易冲模，如钢皮冲模、聚氨酯橡胶模、低熔点合金模、锌合金模、组合模、通用可调冲孔模具等。模具加工设备是提高模具制造水平的关键，国内已能批量生产精密坐标磨床、数控铣床、数控电火花线切割机床、高精度电火花成型机床、精密电解加工机床、三坐标测量仪、挤压研磨机等模具加工和测量用的精密高效设备。如为了对硬质合金模具进行精密成型磨削，研制成功了单层电镀金刚石成型磨轮和电火花成型磨削专用机床。数控铣床、加工中心等设备已在模具生产中广泛使用，电火花和线切割加工已成为冷冲模制造的主要手段。

⑤ 模具计算机辅助设计和计算辅助制造（模具CAD/CAM）已在国内得到了广泛的开发应用。三维造型软件和仿真软件的广泛应用，不仅能自动编程，还能进行干涉检查，保证设计和工

艺的合理性。

2. 存在的问题

尽管我国模具工业发展较快，制造技术水平也在逐步提高，但与工业发达国家相比仍存在较大差距，主要表现在专业化和标准化程度低、模具品种少、制造周期长、精度差、寿命短。

模具是一种生产效率很高的工艺装备，其生产多为单件生产，因此，给模具生产带来了许多困难，为了减少模具设计和制造的工作量，模具零件的标准化工作尤为重要。标准化的模具零件可以组织批量生产，并向市场提供这些模具的标准零件和组件。制造一种新模具只需要制造那些非标准零件，再将它和标准零件装配起来便成为一套完整的模具，从而使模具的生产周期缩短，制造成本降低。

由于我国专业化生产和标准化程度低，大多数模具工厂规模小，先进设备不多，外购的标准件少，几乎全部零件都需自己加工，导致模具生产周期很长，加工精度不高，成本则较高。与进口模具比，国产模具价格低，模具材料较差，新材料使用少，加工精度和加工质量都较低，因此模具寿命短。许多模具（尤其是精密、复杂、大型模具）由于国内不能制造，不得不从国外高价引进。为了尽快改变这种状况，国家已采取了许多措施促进模具工业的发展，使之尽快掌握生产精密、复杂、大型、长寿命模具的技术，使模具生产基本适应各行业产品发展对模具的需求。

根据我国模具技术发展的现状及存在的问题，今后工作的方向如下：

① 开发和发展精密、复杂、大型、长寿命的模具，以满足国内市场的需要；

② 加速模具的标准化和商品化，以提高模具质量，缩短模具生产周期；

③ 大力开发和推广应用模具 CAD/CAM/CAE 技术，提高模具制造自动化程度；

④ 积极开发模具新品种、新工艺、新技术和新材料；

⑤ 发展模具加工成套设备，以满足高速发展的模具工业需要。

3. 模具制造技术的发展趋势

随着社会经济的不断发展，工业产品的品种增多、产品更新换代加快，市场竞争日益激烈。因此，模具制造质量的提高和生产周期的缩短显得尤为重要，促使模具制造技术的发展出现以下趋势。

（1）模具粗加工技术向高速加工发展

以高速铣削为代表的高速切削加工技术代表了模具零件外形表面粗加工发展的方向。其主轴速度可达 40000～100000r/min，进给速度可达 30～40m/min，换刀时间可提高到 1～2s，模具硬度可达 60HRC，表面粗糙度小于 $Ra1\mu m$。高速铣削可以大大改善模具表面质量状况，并大大提高加工效率和降低成本。另外，毛坯下料设备出现高速锯床、阳极切割和激光切割等高速、高效率的加工设备。还出现了高速磨削设备和强力磨削设备等。

（2）成型表面的加工向精密、自动化发展

成型表面的精加工向数控、数字显示方向发展，推广应用数控电火花成型机床、慢走丝线切割机床、高精度连续轨迹坐标磨床、光学曲线磨床和数控成型磨床等先进加工设备，是提高模具制造技术水平的关键。

（3）光整加工技术向自动化发展

目前，模具成型表面的研磨、抛光等光整加工仍然以手工作业为主，不仅花费工时多，而且劳动强度大和表面质量低。而工业发达国家正在研制由计算机控制、带有磨料磨损自动补偿装置的数控研磨机，可实现三维曲面模具的自动化研磨抛光，大大提高光整加工的质量和效率。

（4）快速成型加工模具技术

这一领域的高新技术——快速原型制造（RPM）技术由美国首先推出，是伴随着计算机技术、激光成型技术和新材料技术的发展而产生的，被公认为是继数控技术之后的一次技术革命。它是通过计算机控制逐层堆积材料来制造复杂形状的实体样件或模具零件，不用工装和刀具就能实现零件的单件生产，可大幅度缩短制模周期，使模具设计和制造更加快速、经济、实用，对于多品种、小批量产品的生产具有重要的意义。

（5）模具 CAD/CAM 技术将有更快的发展

模具设计中常用的绘图软件有 CAD、CAXA 电子图板，常用的三维造型和加工软件有 PRO/E、UG、CAXA 机械制造工程师、MOSTERCAM 等。用于模具设计制造的计算机软件日趋完善，并向智能化、集成化方向发展。运用三维造型和加工软件，可生成刀具轨迹并输出加工程序代码，通过仿真进行加工精度检查和干涉检查，从而保证设计和工艺的合理性。

（6）模具标准化程度将不断提高

我国模具标准化程度正在不断提高。目前，我国模具标准件使用率为 30%，而国外发达国家一般为 80%，为了适应模具工业的发展，模具标准化程度将进一步提高，模具标准件生产也必须得到发展。尽量使用模具标准件和标准模坯，将一般模具零件和粗加工等工序由外加工完成，通过社会化协作生产，可大幅度缩短制模周期，降低模具成本。

（7）模具结构向大型化、精密化和多功能复合化方向发展

一模多腔、大型多工位级进模、大型复合模等高效模具的使用越来越广泛。在多工位级进模上开发多功能复合模，如将冲压、叠片、攻螺纹、铆接等工序复合在一副模具中的电动机铁芯组件多功能复合模，一副模就能生产成批的组件。超精加工和集电、化学、超声波、激光等技术综合在一起的复合加工将得到发展。

1.3　模具制造的基本要求与特点

1. 模具制造的特点及基本要求

在现代工业生产中，模具是重要的工艺装备之一。模具作为工具用于制件的大批量生产中，它具有优质、高效、低耗等特点，而它作为产品被制造则属于单件、小批量的生产类型。对模具零件的制造及其装配都有较高的要求，除标准件、组合件可批量生产或由专业厂提供外，模具上的主要零件均需要单独制造，而且组成模具的零件（包括标准件）必须成套地组织供应和加工。对于需要用多套模具进行成型产品的生产用模具，还应使它们的制造具有成型工序的成套性，即一个产品的成型所需要的所有模具必须成套地组织生产，这样可有效地保证制件质量。

由于模具的主要零件是成套性的单件、小批量生产，因此，加工方法视其加工条件而有较大的差异。模具的制造不仅有普通加工工艺作为基础，而且更多地采用了特种加工工艺作为保障，并且在制造过程中采用配作、调整的方法进行。模具制造的生产周期较长，成本也较高。随着新设备、新工艺、新技术的不断应用，模具制造的不足之处将逐步改善。

在工业生产中，应用模具的目的在于保证产品质量，提高生产率和降低成本等。为此，除了正确进行模具设计外，还必须以先进的模具制造技术作为保证。制造模具时，不论采用哪一种方法都需要满足如下几个基本要求。

（1）制造精度高

模具制造不仅要求加工精度高，而且还要求加工表面质量要好。模具精度主要是由制品精度和模具结构的要求来决定的，为了保证制品精度，模具的工作部分精度通常要比制品精度高 2～4 级。一般来说，模具工作部分的制造公差都应控制在±0.01mm 以内，有的甚至要求在微米级范围内；模具加工后的表面不仅不允许有任何缺陷，而且工作部分的表面粗糙度应小于 $Ra0.8\mu m$。此外，还应保证装配质量。

（2）使用寿命长

模具是比较昂贵的工艺装备。目前，模具制造费用约占产品成本的 10%～30%，其使用寿命长短将直接影响产品的成本高低。因此，除了小批量生产和新产品试制等特殊情况外，一般都要求模具有较长的使用寿命，在大批量生产的情况下，模具的使用寿命更加重要。

（3）制造周期短

模具制造周期的长短主要决定于制模技术和生产管理水平的高低。为了满足生产的需要，提高产品的竞争能力，必须在保证质量的前提下尽量缩短模具的制造周期。

（4）模具成本低

模具成本与模具结构的复杂程度、模具材料、制造精度要求及加工方法等有关。模具技术人员必须根据制品要求合理设计和制定其加工工艺。

2．模具制造的工艺特点

模具制造属于机械制造范畴，但与一般机械制造相比，它具有制造精度高、形状复杂、材料硬度高、单件生产等特点。

1）从制造角度考虑，影响制造的主要因素如下：

① 表面"外表面加工"较"内表面加工"容易，规则表面比异型表面加工容易，型孔较型腔加工容易。

② 精度：精度提高则制造难度可能成几何级数增加。

③ 表面粗糙度：占用制造时间较多（一般多达 1/3）。

④ 型孔和型腔的数量：增加了模具的复杂性和制造难度。

⑤ 热处理：影响各道工序的生产率。

2）目前，由于我国模具加工的技术手段还普遍偏低，同时具有上述生产特点，因此，我国模具制造上的工艺特点主要表现如下：

① 模具加工上尽量采用万能通用机床、通用刀量具和仪器，尽可能地减少专用二类工具的使用数量。

② 在模具设计和制造上较多地采用"实配法"、"同镗法"等，使模具零件的互换性降低，但这是保证加工精度，减小加工难度的有效措施。今后随着加工技术手段的不断改进，互换性程度将会逐渐提高。

③ 在制造工序安排上，工序相对集中，以保证模具加工质量和进度，简化管理和减少工序周转时间。

1.4 模具的分类与主要加工方法

在工业生产中，为适应不同制品零件的用途及生产，模具的种类很多。根据成型方法、材料和设备的不同，模具可分为冲压模具和型腔模具两大类。型腔模具又可分为塑料模、锻模、压铸模、粉末冶金模、陶瓷模、橡胶模、玻璃模等。模具的主要分类见表 1-1。

表 1-1　模具的分类

类　别	成型方法	成型加工材料	模具材料
冲压模	冲裁	金属	工具钢、硬质合金
	弯曲		工具钢、铸铁
	拉深		工具钢、铸铁
	压缩		工具钢、硬质合金
塑料模	压制成型	热固性塑料	硬钢
	注射成型	热塑性塑料	硬钢
	挤出成型	热塑性塑料	硬钢
	吹塑成型	热塑性塑料	硬钢、铸铁
	真空成型	热塑性塑料	铝
锻模	模锻成型	金属	锻模钢
压铸模	压铸成型	锌合金、铅、锡铝合金、镁铜合金	耐热钢
粉末冶金模	压力成型	金属	合金工具钢、硬质合金
陶瓷模	压力成型	陶瓷粉末	合金工具钢、硬质合金
橡胶模	压力成型	橡胶	钢
	注射成型		钢、铸铁、铝
玻璃模	压模	玻璃	铸铁、耐热钢
	吹模		铸铁

1. 冲压模具

冲压模具简称冲模，它是对金属板料或型材进行冲压加工的模具，也可以冲压一些非金属板料。其使用的配套成型设备是压力机。

在冷冲压生产中，冲模又分很多种。按工序性质不同，可分为冲裁模、弯曲模、拉深模、成型模、冷挤压模等；按工序组合方式，可分为单工序冲模、连续模和复合模等；按冲模导向方式，可分为无导向冲模、有导向冲模；按模具使用材料，可分为钢制冲模、钢板模、硬质合金冲模及低熔点合金冲模、锌基合金冲模、橡胶冲模等；按生产适应性，可分为通用冲模、组合冲模、专用冲模等；按机械化程度，可分为手工操作冲模、半自动冲模及自动冲模等；按生产管理形式，可分为小型冲模、中型及大型冲模等。

下面以冷冲模为例，说明其成型过程及特点。冷冲模是指在室温下把金属或非金属板料放在模具内，通过压力机和模具对板料施加压力，使板料发生分离或变形制成所需零件的模具。下面介绍各类冷冲模成型的特点。

（1）冲裁模

冲裁模可将一部分材料与另一部分材料分离。图 1-1 所示为落料模结构形式，它的成型特点是将材料封闭的轮廓分开，而最终得到的是一平整的零件。图 1-2 所示为一冲孔模结构，它是将零件内的材料与封闭的轮廓分离，使零件得到孔。

（2）弯曲模

弯曲模可将板料或冲裁后的坯料通过压力在模具内弯成一定的角度和形状。图 1-3 所示的弯曲模是将平直的板料压成带有一定角度的弯曲形状。

（3）拉深模

拉深模可将经过冲裁所得到的平板坯料，压制成开口的空心零件。图1-4所示的模具是将平板的坯料拉深成筒形零件。

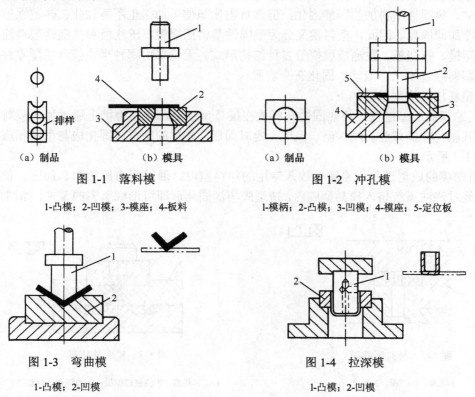

（a）制品　　　　　（b）模具　　　　　　　（a）制品　　　　　（b）模具

图1-1　落料模　　　　　　　　　　　　图1-2　冲孔模

1-凸模；2-凹模；3-模座；4-板料　　　　1-模柄；2-凸模；3-凹模；4-模座；5-定位板

图1-3　弯曲模　　　　　　　　　　　　图1-4　拉深模

1-凸模；2-凹模　　　　　　　　　　　　1-凸模；2-凹模

（4）成型模

成型模是用各种局部变形的方法来改变零件或坯料的形状。图1-5所示的是将空心件或管件毛坯的端部由外向内压缩，以缩小其口径成为所要求的零件形状。

（5）冷挤压模

冷挤压模是室温下在模具型腔内将金属坯料加压，使其产生塑性变形，挤压成所需的形状、尺寸及性能的零件。图1-6所示的是将一部分金属在压力作用下，冲挤到凸凹模形成的型腔内，使毛坯变成所需要的空心零件。

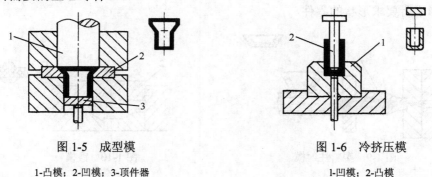

图1-5　成型模　　　　　　　　　　　　图1-6　冷挤压模

1-凸模；2-凹模；3-顶件器　　　　　　　1-凹模；2-凸模

2．型腔模具

型腔模是指将金属或非金属材料经加热或熔融后，填入模具型腔内，经一定压力并冷却后而形成与型腔相应形状的零件的一种模具。

（1）塑料模

塑料模是将塑料原料制成塑料制件的模具。在工业生产中，塑料可分为热固性塑料和热塑性塑料两大类。热固性塑料加热即能固化，但一旦固化即使再加热也不再软化；热塑性塑料则加热即软化，冷却即固化。因此，塑料模又分为热固性塑料压缩模、压注模和热塑性塑料注射模及挤塑模、吹塑模、吸塑模、发泡成型模等多种结构形式。无论采用哪种形式模具成型零件，从原理上都要使塑料经过熔化、流动、固化三个阶段。

常见塑料模的成型过程如下：

① 压缩模的成型过程。将热固性塑料放在模具型腔内，在压力机上通过加热板对其加热、加压后使其软化充满型腔，经保温、保压一定时间后，软化的塑料就固化成与型腔相应形状的零件，如图 1-7 所示。

② 挤塑模的成型过程。将塑料放入专用的加料室内，通过压力机加热、加压，使受热而软化的塑料经过浇注系统挤入模具型腔内，待型腔填满固化后即可形成所需的零件，如图 1-8 所示。

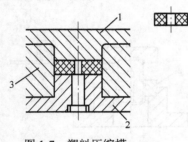

图 1-7　塑料压缩模

1-上模；2-下模；3-模套

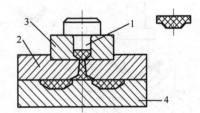

图 1-8　塑料挤塑模

1-压料柱塞；2-浇注口模板；3-加料室；4-型腔

③ 注射模的成型过程　将热塑性塑料放入专用的注射机料筒内，通过加热使其熔化成流动状态，再以较高的速度和压力，通过推杆将其注入模具型腔内，待其固化后，形成所需要的零件，如图 1-9 所示。

（2）锻模

锻模是在锻压设备上实现模锻工艺的装备，是热模锻的主要工具。根据使用设备的不同，锻模又可分为锤锻模、机械压力机锻模、螺旋压力机锻模、平锻模、胎模等多种类型。锻模的成型过程如图 1-10 所示，将金属毛坯加热后放在模膛内，利用锻锤的压力使材料发生塑性变形，待充满型腔后，形成所要求形状的零件。

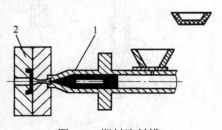

图 1-9　塑料注射模

1-注射筒；2-模具型腔

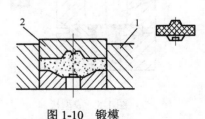

图 1-10　锻模

1、2-锻模模膛

（3）压铸模

压铸模是用压力铸造方法获得锡、铅、锌、铝、镁、铜等各种合金材料铸件的模具。如图 1-11

所示，把经加热熔化成液体的有色金属合金，放入压铸机的加料室内，用压铸机活塞加压后使其进入模具型腔内，待冷却后固化成所需要的形状的零件。采用压铸模成型的铸件表面光洁、轮廓清晰，尺寸及形状稳定、精度较高。

（4）粉末冶金模

粉末冶金模是将金属粉末压制成制品零件的模具。根据成型零件的材料、性能、形状及精度要求，粉末冶金模又分为常温压模、加热压模及无压成型模、注射成型模等多种类型。而每种类型，根据其成型特点又分为成型、整形、挤压、热压、热挤、散装烧结、冷冻成型等多种结构形式。粉末冶金模的成型过程如图 1-12 所示，将混料后的合金粉末或金属粉末放入模内进行高压成型成坯件，然后将坯件在熔融点以下的温度加热烧结而形成金属零件。

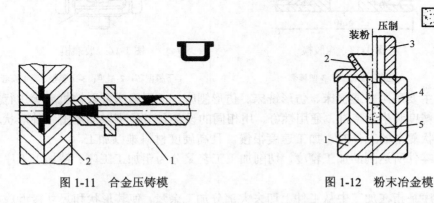

图 1-11　合金压铸模　　　　　　　　图 1-12　粉末冶金模

1-加料室；2-模具型腔图　　　　　　1-底座；2-料斗；3-压块；4-模套；5-型腔凹模

（5）橡胶模

橡胶模是将天然橡胶或合成橡胶制成橡胶成型件的模具。根据其成型方法不同，橡胶模又分为压制模、压注模、注射模三种结构类型。但无论采用哪种类型，都应先将橡胶加热硫化后，设法灌入模具型腔内，经加压、保压而成型。橡胶模的成型过程如图 1-13 所示，将预先压延好的胶料按一定形状、尺寸下料后，直接装入模具型腔内，合模后在平板硫化机或液压机上按规定的压力和温度进行压制，使胶料在受热、受压下呈现塑性流动充满型腔，保持一定时间后而经硫化制成所需要的零件。

（6）玻璃模

玻璃模是使熔融的玻璃原料成型所使用的模具。如制造瓶类零件的玻璃模，一般为瓶口直径比胴体直径小，所以，为了便于脱出制件，模具往往制成铰接对合结构。玻璃模的成型过程如图 1-14 所示，将熔融的玻璃原材料放入模具型腔内，利用压制或压缩空气压制或吹压使其贴近模具型腔，经冷却后而形成零件。

3. 模具的加工方法

制造模具的材料主要是金属材料。制造模具的方法很多，将金属材料加工成模具的方法主要有机械加工、特种加工、塑性加工和铸造等。作为工艺装备的模具，它不同于一般机械产品的制造，由于模具多为单件生产，同时模具还具有使用精度和制造要求高的特点。因此，模具的加工主要采用机械加工和特种加工。

（1）机械加工

机械加工即传统的切削与磨削加工，是模具制造中不可缺少的一种重要加工方法，即使采用其他方法加工制造模具，机械加工也常作为零件粗加工和半精加工的主要方法。

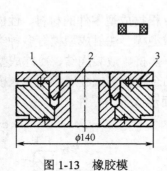

图 1-13　橡胶模

1-上模；2-型芯；3-凹模套

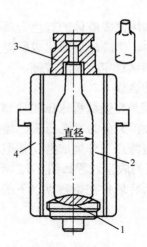

图 1-14　玻璃模

1-下模型芯；2-型腔；3-上模型芯；4-模套

机械加工主要采用普通机床、仿形铣床、仿形刨床、成型磨床及数控机床等进行加工。其主要特点是加工精度和生产率高，通用性好，用相同的设备和工具可以加工出各种形状和尺寸的工件。但加工形状复杂的工件时，加工速度很慢，且高硬度材料难以加工。

根据模具零件所达到的加工精度，切削加工工艺又分为粗加工工序、精加工工序及整修加工工序。

粗加工工序是指在加工中从工件上切去大部分加工余量，使其形状和尺寸接近成品要求的工序。如粗车、粗镗、粗铣、粗刨及钻孔等，其加工精度低于 IT11，表面粗糙度大于 $Ra6.3\mu m$。粗加工工序主要用于要求不高，或非表面配合的最终加工以及作为精加工之前的预加工。

精加工工序是从经过粗加工的表面上切去较少的加工余量，使工件达到较高的加工精度及表面质量。常用的加工方法主要有精车、精镗、铰孔、磨孔、电加工及成型磨削等。

整修加工是从经过精加工的工件表面上除去很少的加工余量，以得到较高精度及表面质量的零件，此工序一般为零件加工的最终工序，其精度及表面质量要求应达到模具设计图样的要求，如导柱、导套的研磨，工作成型零件的抛光等。

（2）特种加工

特种加工是直接利用电能、声能、光能、化学能等来去除工件上的余量，以达到一定形状、尺寸和表面粗糙度要求的加工方法。它主要包括电火花成型加工、电火花线切割加工、电化学加工、超声波加工、激光加工等。

特种加工与传统机械加工方法不同，它具有如下特点：

① 加工情况与工件的硬度无关，可以实现以柔克刚；

② 工具与工件一般不接触，加工过程不必施加明显的机械力；

③ 可加工各种复杂形状的零件；

④ 易于实现加工过程自动化。

基于以上优点，特种加工在模具制造中得到越来越广泛的应用，并成为模具加工中的一种重要方法。

（3）塑性加工

塑性加工主要是指模具型腔的挤压成型，有冷挤压、热挤压和超塑挤压成型等方法。随着模具制造工艺的发展和新型模具材料的出现，目前，除了传统的切削加工方法和特种加工方法之外，挤压成型制模技术在模具制造领域也得到了越来越广泛的应用。

1）冷挤压成型

冷挤压成型是在常温下利用安装在压力机上的冲头，以一定的压力和速度挤压模坯金属，使其产生塑性变形而形成具有一定几何形状和尺寸的模具型腔。该方法具有制造周期短、生产率高、型腔精度高、模具寿命长等优点，但变形抗力大，需要大吨位的压力机。型腔冷挤压成型技术广泛应用于小尺寸浅型腔模具及难以机械加工的复杂型腔模具的制造，同时还可以用于有文字、花纹、多型腔模具的加工，详细工艺见第6章的6.4.4节。

2）热挤压成型

热挤压成型是将模坯加热到锻造温度后，用预先准备好的模芯压入模坯而挤压出型腔的方法。热挤压成型模具，制造方法简单、周期短、成本低，所形成的型腔内部纤维连续、组织细密，因而耐磨性好、强度高、使用寿命长。但由于模坯加热温度高，尺寸难以掌握，易出现氧化等缺陷，所以，热挤压成型技术常用于尺寸精度要求不高的锻模制造。

模芯可以用工件本身或事先专门加工制造。用工件作为模芯时，由于未考虑冷缩量，因此，只适用于几何形状、尺寸精度要求不高的锻件的生产，如起重吊钩、吊环螺钉等产品。当工件形状复杂且尺寸精度要求较高时，必须设计、制造模芯。模芯的所有尺寸应按锻件尺寸放出锻件本身及型腔的收缩量，一般取1.5%～2.0%，并做出起模斜度。因为考虑到分模面的后续加工，在高度方向上应加上5～15mm的加工余量。模芯材料一般为T7、T8或5CrMnMo等，热处理硬度达到50～55HRC。图1-15所示为热挤压成型起重吊钩锻模示意图。用吊钩本身作模芯，先用砂轮打磨表面并涂上润滑剂后，放在加热好的上、下模坯之间，施加压力挤压出型腔。

3）超塑挤压成型

超塑挤压成型是利用材料在超塑性态下，以成型冲头将型腔挤压成型的方法。某些金属材料在特定的条件下具有特别好的塑性，凡伸长率δ超过100%的材料均称为超塑性材料。到目前为止，共发现一百多种超塑性金属，其中以有色金属为主，常用于模具制造的超塑性金属为ZnAl22。这种材料在360℃以上时快速冷却，可获得5μm以下的超细晶粒组织，当变形温度处在250℃时，伸长率可达300%以上，即进入超塑性状态。

发生超塑变形的速度和温度有一定的范围。一般来说，当温度超过材料熔点的1/2时，在一定的温度范围内即具有超塑性；超塑性变形的最佳速度为0.1mm/min以下。经超塑成型后，要进行强化处理，使材料超塑性消失，并获得较高的力学性能。

图1-16所示为超塑性挤压模具示意图，用成型的冲头压入超塑性材料，合金的流动性和填充性得到充分发挥，便可复制出与冲头形状相一致的凹型腔。加热炉配有自动控温仪表，以保证加压过程中坯料和冲头等保持恒温。

超塑成型的模具型腔或型芯，基本没有残余应力，尺寸精度高、稳定性高、材料的变形抗力小，与冷挤压相比，可极大地降低工作压力。利用超塑成型技术制造模具从设计到加工都得到简化，材料消耗减少，可使模具成本降低。

（4）铸造加工

铸造是将液态金属浇注到具有与零件形状、尺寸相适应的铸型型腔中，待其冷却后凝固，以获得毛坯或零件的生产方法。铸造可制成形状复杂、特别是具有复杂内腔的模具零件的毛坯。铸件加工余量小，节约金属，减少切削加工量，从而降低制造成本。

模具零件的铸造工艺可分为四种类型，即砂型铸造、陶瓷铸造、压力铸造及实型铸造。具体使用哪一种取决于模具的尺寸、加工精度以及要达到的表面粗糙度。

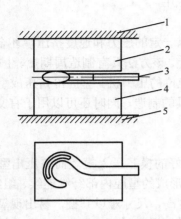

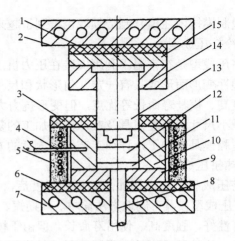

图 1-15　热挤压成型吊钩锻模

1-上砧；2-上模坯；3-模芯；4-下模坯；5-下砧

图 1-16　超塑挤压模具示意图

1、3、6-隔热板；2、7-水冷板；4-热电偶；

5-加热炉；8-顶杆；9-下垫板；10-防护套；11-顶板；

12-模坯；13-凸模；14-固定板；15-上垫板

砂型铸造是传统的铸造方法工艺，主要用于精度和使用寿命要求不高的大型模具，为了达到所要求的尺寸精度及表面粗糙度，铸造成型后需要对模具进行切削加工。

陶瓷型精密铸造是在一般砂型铸造基础上发展起来的铸造新工艺。铸型型腔表面是一层特殊的陶瓷耐火材料，其表面细密光滑，生产出来的铸件精度可达 IT8～IT10 级，表面粗糙度可达 $Ra1.25～10\mu m$。在模具制造中，可用于制造塑料模、玻璃模、锻模以及拉深模等模具的型腔，也可用于浇铸锌合金模具。

压力铸造简称压铸，它是在高压下（比压约为 5～150MPa）将液态或半液态合金快速地压入金属铸型中，并在压力下凝固以获得铸件的方法。压力铸造在金属熔液固化的全部过程一直承受着外界压力，因此，这种铸造就需要庞大的设备。压铸件的精度及表面质量较高，尺寸精度达 IT11～IT13，表面粗糙度可达 $Ra1.6～6.3\mu m$，通常不经机械加工即可使用，但压铸设备费用较高。压铸工艺主要用来制造对尺寸精度、表面质量要求较高的、尺寸较小的模具及型腔嵌件。

实型铸造又称汽化模铸造，（Full-Mould，简称 FM 法）是用聚苯乙烯泡沫塑料模样（包括浇注系统）代替木模（或金属模）进行砂型铸造，由于浇注时模样迅速汽化、燃烧而消失，使金属液充填了模样的位置、冷却凝固形成铸件。因为发泡聚苯乙烯比木材便宜，机械加工也比木模容易，所以，模型费用比木模费用便宜得多。这种方法铸件尺寸精度优于普通砂型铸造，特别适用于生产数量少，表面要切削加工的制件，如汽车覆盖件模具中的大型铸件最适合采用这种方法。

实践证明，在模具制造中，没有哪一种加工方法能适应所有的要求。在选用加工方法时，需要充分了解各种加工方法的特点，结合判断其加工的可能性和局限性，选取与要求相适应的方法进行加工。为了发挥各种加工方法的优点，在模具制造中应把其中一种加工方法和其他加工方法综合应用，以达到良好的加工效果。

4．模具制造过程

模具制造的过程：模具标准件、坯料准备→模具零件粗加工→热处理→模具零件精加工→模具装配。

一副模具的零件多达 100 个以上。如冲模由凸凹模、导向、顶出等部分组成；注射模及压铸模由型腔部分的定模以及型芯部分的动模，及导向、顶出、支撑等部分组成。其中除了标准件可以外购，直接进行装配外，其他零件都要进行加工。

坯料准备是为各模具零件提供相应的坯料，其加工内容按原材料的类型不同而异。对于锻件或切割钢板要进行 6 个面加工，除去表面黑皮，将外形尺寸加工到要求，磨削两平面及基准面，使坯料平行度和垂直度符合要求。直接应用标准模块，则坯料准备阶段不需要再进行任何加工，是缩短制模周期的最有效方法。模具设计人员应尽可能选用标准模块。在不得已的情况下，对标准模块进行部分改制加工。若基准面发生变动，则需重新加工出基准面。

模具零件粗加工的任务主要是对坯料进行内外形状的加工，去除模具精加工前大部分的加工余量，一般采用车、刨、铣、磨、镗、钳工等加工。例如，按冲裁凸模所需形状进行外形加工，按冲裁凹模所需形状加工型孔、紧固螺栓及销钉孔。又如按照注射模型芯的形状进行内、外形状加工，或按型腔的形状进行内形加工。

热处理是使经初步加工的模具零件半成品达到所需的硬度。模具零件的热处理方法有淬火、回火、正火、退火和表面热处理，它们的作用是改变材料力学性能。

模具零件的精加工是对淬硬的模具零件半成品进一步加工，以满足尺寸精度、形状精度和表面质量的要求。针对模具零件精加工阶段表面粗糙度要求高、材料较硬的特点，大多数采用磨削加工和电加工。

无论是冲模或注射模都有预先加工好的标准件供模具设计人员选用。现在，除了螺栓、销钉、导柱、导套等一般标准外，还有常用圆形和异形冲头、导销、推杆等各种标准件。此外，还开发了许多标准组合，使模具标准化达到更高的水平。模具制造中的标准化程度越高，则加工周期越短。

模具装配的任务是将已加工好的模具零件及标准件，按模具总装配图要求装配成一副完整的模具。在装配过程中，需对某些模具零件进行抛光和修整。试模后还需对某些部位进行调整和修正，使模具生产的制件符合图样要求，而且模具能正常地连续工作，模具加工过程才结束。在整个模具加工过程中还需对每一道加工工序的结果进行检验和确认，才能保证装配好的模具达到设计要求。

目前，各类模具从粗、精加工到装配技术和调试，都发展和配备了各种形式和规格的高效精密加工设备，基本上实现了机械化及自动化生产。加工装备除有光学控制、计算机程序控制的精密成型磨床、坐标镗床、坐标磨床、多轴成型铣床外，电火花加工工艺、数控线切割机床加工、电解加工等都有了迅速的发展，为模具制造提供了良好的装备。

1.5　本课程的性质、任务与学习方法

"模具制造工艺学"是模具专业为培养模具设计制造技术人才而设置的一门重要的专业课。作为模具设计人员，在掌握设计知识后还必须熟悉模具制造方面的工艺知识。"一个好的设计师首先必须是一个好的工艺师"，模具设计与制造工艺之间有着密切的关系。模具设计人员如果不熟悉模具制造工艺知识，甚至连自己设计出来的模具都不知道应该用什么方法制造，那么不管其设计的模具功能多全，精度定得多高，仍然不能说这是一副好的模具，因为所设计的模具未必是合理的，可能不仅工艺性和经济性很差，甚至无法加工。

本书较全面、系统地阐述了各种模具制造方法的基本原理、特点和加工工艺。全书共 8 章，主要内容包括：模具制造工艺基础知识；模具的机械加工、数控加工、特种加工方法；典型模具

零件制造工艺；模具装配工艺基础；模具快速成型制造技术等。

本课程的任务是使学生掌握模具制造工艺的基本理论基础知识，熟悉制定工艺规程的原则、步骤及方法；掌握各种模具制造方法的基本原理、特点和加工工艺，具备处理模具制造中一般工艺技术问题的能力；了解先进的模具制造技术，积极推广新工艺、新技术。同时掌握各种制造方法对模具结构的要求，能够设计出工艺性良好的模具结构，提高合理设计模具的能力。

"模具制造工艺学"是一门综合性与实践性很强的课程。对于同一个工件，在不同的生产条件下，可以采用不同的工艺路线和工艺方法达到相同的技术要求。所以，在学习过程中要善于进行深入地分析和思考，要掌握模具制造过程的内在联系和规律，设计制造模具时才能根据实际情况综合考虑各种因素，选择最佳的工艺方案。综合应用金属材料及热处理、公差配合与测量技术、机械制造工艺、金属切削原理与刀具、金属切削机床、冲压工艺、塑料成型工艺、模具设计等课程的相关知识，对学好模具制造技术是十分重要的。此外，要注重理论联系实际，通过生产实习、模具课程设计等实践性环节加深对教学内容的理解和掌握，积累模具加工的实践知识和经验，提高分析和解决工程实际问题的能力。

思考题和习题

1-1　模具制造技术的发展趋势是什么？

1-2　与一般机械产品制造相比，模具制造的特点是什么？

1-3　模具制造的基本要求有哪些？

1-4　模具制造过程包括哪几个阶段？

第2章

模具制造工艺基础知识

教学目标：掌握模具制造的技术要求；掌握机械加工工艺的基础理论知识，能够合理编制模具零件的加工工艺规程；了解模具的技术经济指标。

教学重点和难点：

- ✧ 冷冲模和塑料模的技术要求
- ✧ 模具制造工艺规程的制定

制定机械加工工艺是模具制造企业工艺技术人员的一项主要工作内容。在生产实际中，由于零件的结构形状、几何精度、技术要求和生产数量等要求不同，一个零件往往要经过一定的加工过程才能将其由图样变成成品零件。因此，机械加工工艺人员必须从工厂现有的生产条件和零件的生产数量出发，根据零件的技术要求，对零件上的各加工表面选择合适的加工方法，合理地安排加工顺序，科学地拟定加工工艺过程，才能获得合格的机械零件。本章主要讲述在确定零件加工过程时应掌握的一些基础工艺知识。

2.1 模具制造的技术要求

模具零件的加工制造要求是保证模具质量的基础。在实际加工中，根据模具的使用情况，各零件的加工制造技术要求不同。下面介绍冷冲模和塑料模加工制造技术要求。

2.1.1 冷冲模制造的技术要求

1. 冲裁模的制造要求

在冷冲模制造中，冲裁模的尺寸、形状精度，凸模与凹模的间隙及其均匀性等方面的要求，对冲裁件质量影响最大。冲裁模的凸模与凹模的加工原则如下：

① 落料时，落料制件的尺寸精度取决于凹模刃口尺寸。因此，在加工落料凹模时，应使凹模刃口尺寸与最小极限尺寸相近。凸模刃口的基本尺寸，则应按凹模刃口的基本尺寸减小一个最小间隙值。

② 冲孔时，冲孔制件的尺寸精度取决于凸模刃口尺寸。因此，在加工冲孔凸模时，应使凸模尺寸与孔的最大极限尺寸相近，而凹模基本尺寸，则应按凸模刃口尺寸加上一个最小间隙值。

③ 对于单件生产的冲裁模和复杂形状制件的冲裁模，其凸模与凹模应采用配做法加工。即先按图样尺寸加工凸模（凹模），然后以此为基准，配做凹模（凸模），并加上间隙值。落料时，先制造凹模，凸模以凹模配制加工；冲孔时，先制造凸模，凹模则以凸模配制加工。

④ 由于凸模与凹模长期工作受磨损会使间隙加大，因此，在制造冲模时，应采用最小合理间隙值，同一副模的凸模与凹模间隙应力求在各个方向上均匀。

⑤ 凸模与凹模的精度，应随制件的精度而定。一般情况下，圆形凸模与凹模应按 IT5～IT6 精度加工，而非圆形凸模与凹模，可取制件精度的 1/4 来作为凸模与凹模的加工精度。

2．冲裁模各零件的热处理

冲裁是冷冲压的基本工序之一，它是利用冲裁模在压力机上把被冲材料分离的一种冲压工序。冲裁时切刃陷进被冲材料之中，并承受着强烈的冲击和材料的剧烈摩擦，使刃口部位严重磨损，由开始的锋利到最后变成圆钝，影响了后续制件的质量。为了保证制件质量的长期稳定性，要求冲模的凸模有较高的耐磨性，而且还要有一定的抗压强度、抗弯强度和一定的冲击韧性。而对于凹模，除抗弯强度要求不高外，其抗压强度、韧性及硬度的要求应比凸模更高。因此，在冲裁模凸模与凹模制造时，应正确选用材料，并且用合理的热处理工艺来保证其硬度、韧性等要求。冲裁模各类零件的热处理要求见表 2-1 和表 2-2。

表 2-1　冲裁模工作零件的热处理要求

冲裁模类型	材　料	热处理硬度/HRC	
		凸模	凹模
形状简单、冲裁材料厚度小于 3mm 的模具所用凸凹模、凸凹模	T8、T8A、T10、T10A	58～62	60～64
形状复杂、冲裁材料厚度大于 3mm 的模具所用凸凹模、凸凹模及凹模镶块、侧刃等	Cr12、CrWMn、Cr12MoV、9Mn2V、GCr15、W2MoV	58～62	62～64
生产量较大的冲模工作部位	Cr12MoV、GCr15	≥58	≥62

表 2-2　冲裁模辅助零件的热处理要求

零 件 名 称	选 用 材 料	热处理硬度/HRC
上、下模板	HT210～HT400、Q235F、Q275	
导柱、导套	20 T8A、T10A	渗碳淬火 60～62
模柄、固定板、卸料板、导板	45	
垫板	T7A、T8A	40～45
导正销、定位销	T7、T8	52～56
挡料销、挡料块	45 T7A	43～48 52～56
螺母、垫圈	Q235	
各种弹簧	65Mn	40～48
圆柱销	45	43～48
内六角螺钉、螺杆	45	头部淬硬 43～48

3．弯曲模的制造要求

弯曲模零件的加工方法与冲裁模基本相同。下面主要介绍凸模与凹模的制造要求。

① 弯曲模工作部分一般形状比较复杂，几何形状及尺寸精度要求较高。在制造时，凸模与凹模工作表面的曲线和折线需要用事先做好的样板及样件来控制，以保证制造精度。样板与样件

的精度一般应为±0.05mm。由于回弹的影响，加工出来的凸模与凹模的形状不可能与制件最后形状完全相同，因此，必须要有一定的修正值。该值应根据操作者的实践经验或反复试验后确定，并根据修正值来加工样板及样件。

② 弯曲凸模与凹模的淬火工序是在试模以后进行的。压弯时，由于材料的弹性变形，使弯曲件产生弹性回弹。因此，在制造弯曲模时，必须要考虑材料的回弹值，以便使所弯曲的制件能符合图样所规定的技术要求。影响回弹的因素很多，要求设计得完全准确是不可能的，这就要求在制造模具时，对其反复试验与修正，根据实际情况，对凸模与凹模的尺寸和形状进行精修，直到制品达到规定的要求为止。为了便于修整，弯曲模的凸模与凹模形状及尺寸经试模确定后，才能进行淬硬成型。

③ 弯曲凸模与凹模的加工顺序，应按制件外形尺寸标注情况来选择。对于尺寸标注在内形的制件，一般先加工凸模，而凹模按凸模配制加工，并保证规定的间隙值；对于尺寸标注在外形的制件，应先加工凹模，凸模按凹模配制加工，并保证规定的间隙值。

④ 弯曲凸模与凹模的圆角半径及间隙应加工均匀，工作部位表面应进行抛光，表面粗糙度小于 $Ra0.40\mu m$。

4．拉深模的制造要求

拉深又称拉延和压延。它是利用模具使平面材料变成开口空心零件的冷冲压方法。其机理是利用拉深凸模与凹模使材料在一定的压力下，产生塑性变形，制造出与拉深模型腔相仿的制件。

（1）拉深模的制造要求

① 拉深模的凸模与凹模工作部分边缘应加工成光滑的圆角。其圆角大小应符合图样规定要求，并经反复试验直到合格时为止。

② 拉深模凸模与凹模表面粗糙度一般要求较高（小于 $Ra0.40\mu m$），一般可在修整尺寸合格后进行抛光、研磨或镀铬。

③ 拉深模的凸模与凹模的间隙在装配时要均匀。通常在模具装配之前，钳工应首先按制件图样制成一个样件，以便在装配模具时作为样板调整间隙值及检验时用。

④ 拉深模的凸模与凹模热处理淬硬工序，一般在装配试模合格后进行。

⑤ 对于大、中型拉深模，其凸模应留有通气孔，以便于制件拉深后容易卸出。

⑥ 拉深件的毛坯尺寸与形状，通过理论计算很难计算得特别准确。故要通过试模后才能确定其毛坯尺寸及形状。因此，拉深模的加工顺序应该是先制造拉深模，待拉深模试模合格后，再以其所需要的毛坯尺寸制造首次落料拉深模。

（2）拉深模热处理

为适应拉深的工艺特点，拉深模的凸模与凹模应具有高硬度、良好的耐磨性和抗黏附性能。所以，拉深模在热处理时，应注意以下几点：

① 拉深模在淬火过程中，往往会产生表面脱碳或造成软点，使模具的表面硬度和耐磨性降低，造成模具在使用中"拉毛"，影响模具寿命和产品质量。所以，在热处理过程中，应设法防止表面脱碳和出现软点。

② 拉深模工作零件采用的材料，如 T10、CrWMn 等，经淬火后表面硬度尽管较高，但因其所含高硬度的合金碳化物较少，致使耐磨性较低。工作时，在较大的表面压力下由于被拉深材料的流动与模具型腔表面硬的微凸体尖峰剧烈摩擦，形成了加工硬化结点，加剧了相互摩擦，引起金属材料与模具的咬合。热处理时可采用渗氮等化学处理的方法，减少这种咬合现象。实践证明，模腔表面经化学热处理渗氮后，使其表面形成 0.02～0.04mm 的化合物强化层，可起到减少磨损

和提高表面硬度的作用，使模具寿命大大提高。

总之，拉深模的热处理要求，可根据所采用材料来确定。一般中、小型拉深模，采用 T10A、9Mn2V、Cr12、Cr12MoV 等材料，热处理的硬度要求：凸模为 58～62HRC；凹模为 60～64HRC。

5. 冷挤压模的制造要求

冷挤压是在常温条件下，利用模具在压力机作用下对金属以一定的速度施加相当大的压力，使金属发生塑性变形，从而获得所需要的形状和尺寸零件的一种加工方法。冷挤压模的制造要求基本上与普通冲模相同。但由于冷挤压时，其模具在压力下强迫金属流动，所需要的挤压力很大，而且磨损遍及凸模与凹模的整个表面。

（1）冷挤压模凸模与凹模的加工

① 在加工凸模时，凸模的两端应预留磨削时打中心孔所需的凸台，并在磨削后切除。

② 凸模在最终加工后，其工作部分应加工出光滑的圆角过渡，即尺寸的变化程度要小，防止在使用时由于应力集中而使凸模被挤裂损坏。

③ 凸模经最后磨削加工后，工作部位应与紧固部位保持同心。工作部位的形状也应严格保持对称，否则不仅会使挤出的制件壁厚不均，而且凸模本身也由于单边受力而被折断。

④ 凸模与凹模在磨削加工前，表面粗糙度应不大于 $Ra3.2\mu m$，表面不允许有凹凸不平现象。凸模与凹模留磨余量应不小于 0.1mm。磨削后应进行研磨抛光，研磨量应不小于 0.01～0.02mm。研磨后的表面粗糙度应小于 $Ra0.20\mu m$。

（2）预应力圈的加工

在冷挤压模具中，为了预防凹模的碎裂，提高其强度，节约贵重的金属材料，一般采用预应力圈组合凹模结构。预应力圈组合凹模的预应力圈可以是单层，也可以是两层以上。其预应力一般是由预应力圈之间的过盈配合获得的。所以在加工时，应特别注意其尺寸配合精度。

（3）冷挤压模热处理

零件在冷挤压时，模具工作部分的凸模与凹模要承受强大的压力，并且工作温度可高达 300～400℃。因此，凸模与凹模受压力及热疲劳影响，若强度不足会被镦粗或折断，这就要求模具应具有高强度以及足够的韧性与硬度，同时还需要具有一定的红硬性，即回火稳定性。

冷挤压常用的凸模材料可选 Cr12MoV、W18Cr4V，要求硬度为 60～62HRC；凹模材料可选 Cr12、W18Cr4V、Cr12MoV，要求的淬火硬度为 58～60HRC。预应力圈的中圈可采用 5CrNiMo、40Cr 等材料制成；而外圈则用 45、40Cr、35CrMoAlA 材料制成，热处理硬度为 42～44HRC。

2.1.2 塑料模制造的技术要求

下面讨论塑料注射模和压塑模的制造技术要求。

1. 注射模的制造要求

① 零件的加工顺序：成型零件难以加工且热处理易变形，故成型零件应优先加工，如凸模型芯、凹模型腔等零件，并以此作为基准，配作其他零件。

② 成型零件一般均应钳工修整。修整的原则：凸模尽可能修整到最大极限尺寸；凹模尽可能修整到最小极限尺寸，这样可以延长模具的使用寿命。

③ 型腔加工后一般要进行抛光，其抛光纹路原则上应与脱模方向一致。

④ 模具与塑料接触部位的表面粗糙度为 $Ra0.32～1.25\mu m$。

2. 压塑模的制造要求

① 压塑模的型芯与型腔应配合加工。经配合加工后，可用石蜡或橡皮泥边试边修整。待检验合格后，再淬硬及修磨。

② 为了便于取出制品，型芯与型腔应加工出脱模斜度。

③ 导柱、导套安装孔位应一致，配合间隙应合适。成型孔、嵌件孔、型芯固定板上的型芯固定孔等均应与导柱、导套孔保持一定的位置精度，以便模具装配后运动灵活。

④ 成型零件应进行抛光和镀铬，使其表面粗糙度小于 $Ra0.02\mu m$。

⑤ 顶杆的位置和分布，除按设计加工外，一般应在试模修整后，保证压出的制品不变形来确定顶杆分布位置。

⑥ 储料槽与溢料槽的形状和尺寸，一般也应根据试模情况边试边修整。

3. 塑料模的热处理

塑料模一般形状比较复杂，外观及表面质量要求较高。在热处理时一定要控制和避免表面氧化脱碳。而工作部位在工作时，都会承受压力、热及摩擦力，致使型腔和凸模有磨损、开裂、凹陷的危险。故工作部位一定要有较高的硬度和足够的耐磨性，同时还应具有可抛光性及尺寸的稳定性。压塑模具一般不要求整体淬透，只要求有一定的淬硬层。塑料模各类零件的热处理要求见表 2-3 和表 2-4。

表 2-3　塑料模工作零件热处理要求

零件名称	材料	热处理硬度/HRC
用于产量不大的热塑性塑料注射模型芯、凸模、型腔板、镶件	45	调质 220～260HB
用于有镜面要求的注射模型芯、凸模、型腔板、镶件	Y55CrNiMnMoV	≤40
用于形状复杂、精度要求较高、产量大的注射模型芯、凸模、型腔板、镶件	CrWMn、9CrWMn、Cr5NiSCa、9Mn2V、8Cr2MnWMoVS、5CrNiMnMoVSCa	40～45
用于热固性塑料模型芯、镶件、凸模等	T10A、9Mn2V、Cr12、CrWMn、GCr15、7CrSiMnMoV	46～52

表 2-4　塑料模辅助零件热处理要求

零件名称	选用材料	热处理硬度/HRC
动、定模座板，上、下模座板，动、定模板，上、下模板，支撑板，模套，垫块	45	不进行热处理或调质 220～270HB
导柱、导套及推板	20 T8A	渗碳 50～60 50～55
浇口套、分流锥、拉料杆	T10A、9Mn2V	50～55
斜销、滑块、推杆、推管	T8A、7CrSiMnMoV	54～58
复位杆、推杆固定板、推板	45	43～48
加料室、柱塞	T8A、7CrSiMnMoV	50～55

2.2　模具制造工艺规程的制定

2.2.1　基本概念

1. 生产过程和工艺过程

（1）生产过程

生产过程是指将原材料转变为成品的全过程。一般模具产品的生产过程包括原材料的运输和保管，生产技术准备，毛坯的制造，模具零件的各种加工，模具的装配、调试、试模，以及模具产品的包装和发送等过程。

为了便于组织生产和提高劳动生产率，现代模具工业的发展趋势是自动化、专业化生产。有利于保证质量、提高生产率和降低成本。如模具零件毛坯的生产，由专业化的毛坯生产工厂来承担。模具上的导柱、导套、顶杆等零件，由专业化的标准件厂来完成。

（2）工艺过程

在模具产品的生产过程中，对于那些与原材料变为成品直接有关的过程，如毛坯制造、机械加工、热处理和装配等，称为工艺过程。采用机械加工的方法，直接改变毛坯的形状、尺寸和表面质量，使之成为产品的那部分工艺过程，称为模具机械加工工艺过程。将合理的机械加工工艺过程确定后，以文字形式作为施工的技术文件，即为模具机械加工工艺规程。

模具机械加工与其他机械产品的机械加工相比较，有其特殊性：模具一般是单件小批生产，模具标准件则是成批生产；成型零件加工精度较高；所采取的加工方法往往不同于一般机械加工方法。所以，模具加工工艺过程具有与其他机械产品同样的普遍性，同时还具有其特殊性。

2. 模具的机械加工工艺过程

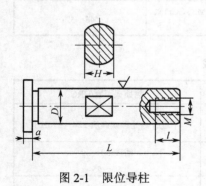

图 2-1　限位导柱

一个模具零件的机械加工工艺过程由若干工序组成，而每一道工序又可细分为安装、工位、工步和走刀。

（1）工序

工序是工艺过程的基本单元。工序是指一个（或一组）工人，在一个固定的工作地点，如机床或钳工台，对一个（或同时对几个）工件所连续完成的那部分工艺过程。

划分工序的主要依据，是零件在加工过程中工作地点（或机床）是否变更。零件加工的工作地点变更后，即构成另一个工序。例如，图 2-1 所示的限位导柱，如果数量很少或单件生产时，其加工工艺过程见表 2-5。

表 2-5　限位导柱加工工艺过程（单件小批生产）

工　序	工　序　内　容	设　备
1	车端面、打顶尖孔、车全部外圆、切槽、倒角	车床
2	铣平面	铣床
3	磨外圆	磨床
4	钻孔、攻丝、去毛刺	钳工工具

当加工数量较大时，图 2-1 所示的限位导柱，其加工工艺过程见表 2-6。

表 2-6　限位导柱加工工艺过程（大批量生产）

工 序	工 序 内 容	设 备
1	车端面、打顶尖孔	专用车床
2	车外圆、切槽、倒角	车床
3	铣平面	铣床
4	磨外圆	磨床
5	钻孔、攻丝、去毛刺	钳工工具

（2）工步与走刀

在一个工序内，往往需要采用不同的刀具和切削用量，对不同的表面进行加工。为了便于分析和描述工序的内容，工序还可进一步划分工步。当加工表面、刀具和切削用量中的转速与进给量均不变时，所完成的那部分工序称为工步。例如，表 2-6 中的工序 2 中，包括粗、精车各外圆表面、切槽、倒角等几个工步。而工序 3 用铣刀铣平面时，只包括一个工步。

构成工步的任何一个因素（加工表面、刀具或切削用量）改变后，一般即变为另一个工步。但是，对于那些在一次安装中连续进行的若干相同的工步，为简化工序内容的叙述，通常看做一个工步。例如，图 2-2 所示的模板零件上 6 个 $\phi10mm$ 孔的钻削，可写成一个工步——钻 $6 \times \phi10mm$ 孔。

为了提高生产率，用几把刀具同时加工几个表面的工步，称为复合工步。在工艺文件上，复合工步可看做一个工步，如图 2-3 所示。

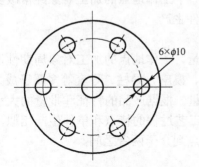

图 2-2　相同加工表面的工步

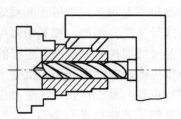

图 2-3　复合工步

在一个工步内，由于被加工表面需切除的金属层较厚，需要分几次切削，则每进行一次切削就是一次走刀。走刀是工步的一个部分，一个工步可包括一次或几次走刀。

（3）安装与工位

工件在加工之前，在机床或夹具上先占据一个正确的位置，这就是定位。然后再予以夹紧的过程称为安装。并使其在加工过程中保持定位时的正确位置不变。在一个工序内，工件的加工可能只需要安装一次，也可能需要安装几次。工件在加工过程中应尽量减少安装次数，因为多一次安装就多一次误差，而且还增加了安装工件的辅助时间。

为了减少工件安装的次数，常采用各种回转工作台、回转夹具或移位夹具，使工件在一次安装中先后处于几

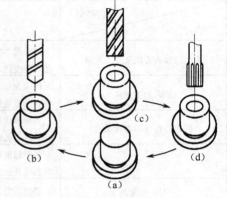

图 2-4　多工位加工

(a) 装卸工件；(b) 钻孔；(c) 扩孔；(d) 铰孔

个不同位置进行加工。此时，工件在机床上占据的每一个加工位置称为工位。图 2-4 所示为一个利用回转工作台在一次安装中顺序完成装卸工件、钻孔、扩孔和铰孔四工位加工的实例。采用多工位加工，可减少工件安装次数，缩短辅助时间，提高生产率。

3．生产纲领与生产类型

（1）生产纲领

产品（或零件）的年产量，称为生产纲领。生产纲领的大小，对工艺过程的制定有很大影响。零件的生产纲领为

$$N=Qn（1+a\%+b\%）$$

式中　　N——零件的生产纲领；

　　　　Q——产品的生产纲领；

　　　　n——每台产品中该零件的数量；

　　　　$a\%$——零件备品的百分率；

　　　　$b\%$——零件废品的百分率。

（2）生产类型

根据产品的生产纲领的大小和品种的多少，模具制造业的生产类型主要可分为两种：单件生产和成批生产（对于大量生产的情况，模具制造业中很少出现）。

1）单件生产

生产的产品品种较多，每种产品的产量很少，同一个工作地点的加工对象经常改变，且很少重复生产。例如，新产品试制和大型模具等都属于单件生产。

2）成批生产

产品的品种不是很多，但每种产品均有一定的数量，工作地点的加工对象周期性地更换，这种生产称为成批生产。例如，模具中常用的标准模板、模座、导柱、导套等多属于成批生产。

同一产品（或零件）每批投入生产的数量称为批量。根据产品的特征和批量的大小，成批生产可分为小批生产、中批生产和大批生产。小批生产工艺过程的特点和单件生产相似，大批生产工艺过程的特点和大量生产相似，中批生产的工艺特点则介于两者之间。

生产类型的工艺特点见表 2-7。

表 2-7　生产类型的工艺特点

生产类型 工艺特点	单 件 生 产	成 批 生 产
毛坯的制造方法及加工余量	铸件用木模手工造型，锻件用自由锻；毛坯精度低，加工余量大	部分铸件用金属模，部分锻件用模锻；毛坯精度中等，加工余量适中
机床加工对象	机床上加工各种不同的零件，其变换没有一定规律	机床上周期性地变换加工零件
机床设备及其布置形式	采用通用机床。机床按类别和规格大小采用"机群式"排列布置	采用部分通用机床和部分高生产率机床；机床按加工零件类别分工段排列布置
夹具	多用标准附件，很少采用专用夹具，靠划线及试切法达到尺寸精度	广泛采用夹具，部分采用划线法达到加工精度
刀具与量具	采用通用刀具与万能量具	较多采用专用刀具及专用量具
工人技术要求	需要技术熟练的工人	需要有一定技术熟练程度的工人
工艺文件	有简单的工艺路线卡	有工艺规程，对关键零件有详细的工艺规程

2.2.2　制定工艺规程的原则和步骤

规定模具产品或零部件制造工艺过程和操作方法等的工艺文件称为模具制造工艺规程。工艺规程是指导模具生产的主要技术文件，也是生产组织和管理工作的基本依据。

1．制定工艺规程的原则

制定工艺规程的基本原则：在一定生产条件下，以最低的生产成本和最高的生产率，可靠地加工出符合设计图样及技术要求的零件。

工艺规程首先要保证产品质量，同时要争取最好的经济效益。因此，在制定工艺规程时，应首先从工厂的实际条件出发，充分利用现有设备，并尽可能地采用适合本厂情况的国内外先进工艺技术和装备，以便提高模具零件的加工工艺技术水平。同时，在工艺方案上要注意采取机械化或自动化措施，减轻工人劳动强度和提高生产率。

2．制定工艺规程的原始资料

① 模具装配图和零件图；
② 模具验收的质量标准；
③ 零件的生产纲领（年产量）；
④ 毛坯资料；
⑤ 现场的生产条件（机床设备、工艺设备、工人技术水平等）；
⑥ 国内外工艺技术的发展情况。
以上原始资料是编制工艺规程的出发点和依据。

3．制定工艺规程的步骤

制定模具零件的加工工艺规程的主要步骤如下：
① 分析模具装配图和零件图；
② 确定零件生产类型；
③ 确定毛坯的种类和尺寸；
④ 选择定位基准和主要表面的加工方法，制定零件加工工艺过程；
⑤ 确定工序尺寸及其公差；
⑥ 选择机床、工艺装备、切削用量及时间定额；
⑦ 填写工艺文件。

4．工艺文件的常用格式

模具工艺文件主要包括模具零件加工工艺规程、模具装配工艺要点或工艺规程、原材料清单、外购件清单和外协件清单等。模具装配工艺规程的编制，对于一般模具来说，只编制装配要点、重点技术要求的保证措施，以及在装配过程中需要机械加工和其他配合加工的要求，而模具的具体装配程序多由模具装配钳工自行掌握。只有对于大型复杂模具才编制较详细的装配工艺规程。

机械零件加工工艺规程的常用格式有以下几种。

（1）工艺过程综合卡片

这种卡片主要列出整个零件加工的工艺过程（包括毛坯、机械加工和热处理等），工艺过程综合卡片的格式见表 2-8。它是制定其他工艺文件的基础，也是生产技术准备、编制作业计划和组织生产的依据。在单件小批生产中，一般简单零件只编制工艺过程卡片，作为工艺指导文件。

表 2-8　工艺过程综合卡片

工厂	工艺过程综合卡片	产品名称及型号			零件名称		零件图号				
		材料	名称		毛坯	种类	零件质量	毛重		第　页	
			牌号			尺寸		净重		共　页	
			性能		每台件数			每批件数			
工序号	工序内容				加工车间	设备名称及编号	工艺装备名称编号			技术等级	时间定额/min
							夹具	刀具	量具		单件　准备终结
更改内容											
编制			校对			审核		会签			

（2）机械加工工艺卡片

这种卡片是以工序为单位，详细说明整个工艺过程的工艺文件，机械加工工艺卡片的格式见表 2-9。它不仅标出工序顺序、工序内容，同时对主要工序还表示出工步内容、工位及必要的加工简图或加工说明。此外，还包括零件的工艺特性（材料、质量、加工表面及其精度和表面粗糙度要求等）、毛坯性质和生产纲领。在成批生产中广泛采用这种卡片法，对单件小批生产中的某些重要零件也要制定工艺卡片。

表 2-9　机械加工工艺卡片

工厂	机械加工工艺卡片	产品名称及型号		零件名称		零件图号				
		名称		毛坯	种类	零件质量	毛重		第　页	
		牌号			尺寸		净重		共　页	
		材料	性能	每台件数			每批件数			

工序	装夹	工步	工序内容	同时加工零件数	切削用量				设备名称及编号	工艺装备名称及编号			技术等级	时间定额/min
					切削深度/mm	切削速度/(m/min)	每分钟转数或往复次数	进给量/(mm/r 或 mm/双行程)		夹具	刀具	量具		单件　准备终结
更改内容														
编制			校对			审核		会签						

（3）机械加工工序卡片

这种卡片是在工艺卡片的基础上分别为每一个工序制定的，是用来具体指导工人进行操作的一种工艺文件，机械加工工序卡片的格式见表2-10。工序卡片中详细记载了该工序加工所必需的工艺资料，如定位基准、安装方法、机床、工艺装备、工序尺寸及公差、切削用量及工时定额等。多用于大量生产的零件和成批生产中的重要零件。

表 2-10　机械加工工序卡片

工厂	机械加工工序卡片	产品名称及型号		零件名称		零件图号	工序名称		工序号		第　页 共　页
				车间	工段	材料名称	材料牌号		机械性能		
				同时加工件数	技术等级		单件时间/min		准备终结时间/min		
				设备名称	设备编号	夹具名称	夹具编号		冷却液		
				更改内容							

工步号	工步内容	计算数据/mm			走刀次数	切削用量				工时定额/min				刀具、量具及辅助工具			
		直径或长度	走刀长度	单边余量		切削深度/mm	进给量/(mm/r 或 mm/min)	每分钟转数或双行程数	切削速度/(m/min)	基本时间	辅助时间	工作地点服务时间	工步号	名称	规格	编号	数量
编制			校对			审核			会签								

2.2.3　模具零件的工艺分析

1. 零件工艺分析的主要内容

制定零件的机械加工工艺规程，首先要对零件进行工艺分析，以便从加工制造的角度出发分析零件图是否完整正确、技术要求是否恰当、零件结构的工艺性是否良好，必要时可以对产品图纸提出修改建议。

（1）分析和审查产品零件图和装配图

模具零件图是制定工艺规程最主要的原始资料。为了更深刻地理解零件结构上的特征和主要技术要求，通常还需要研究模具的总装图、部件装配图及验收标准，从中了解零件的功用和相关零件间的配合，以及主要技术要求制定的依据。通过分析产品零件图及装配图，了解零件在产品结构中的功用和装配关系，从加工的角度出发对零件的技术要求进行审查。

零件的技术要求包括被加工表面的尺寸精度、几何形状精度、各表面之间的相互位置精度、表面质量、热处理及其他要求。这些要求对制定工艺方案起着决定性的作用。通过分析，充分领会这些技术要求，判断其制定得是否恰当，明确技术要求中的关键问题，以便采取适当措施，为合理制定工艺规程做好必要的准备。

（2）零件结构分析

任何零件从形体上分析都是由一些基本表面和特殊表面组成的。基本表面有内外圆柱表面、圆锥表面和平面等，特殊表面主要有螺旋面、渐开线齿形表面及其他一些成型表面。研究零件结构，首先要分析该零件是由哪些表面所组成的，因为表面形状是选择加工方法的基本因素之一。例如，对外圆柱面一般采用车削和外圆磨削进行加工；而内圆柱面（孔）则多通过钻、扩、铰、镗、内圆磨削和拉削等方法获得。除了表面形状外，表面尺寸大小对工艺也有重要影响。例如，对直径很小的孔宜采用铰削加工，不宜采用磨削加工；深孔应采用深孔钻进行加工。它们在工艺上都有各自的特点。

分析零件结构，不仅要注意零件各构成表面的形状尺寸，还要注意这些表面的不同组合，因为正是这些不同的组合形成了零件结构上的特点。不同结构的零件在工艺上往往有着较大的差异。在模具制造中，通常按照零件结构和加工工艺过程的相似性，将各种零件大致分为轴类零件、套类零件、板类零件和腔类零件等，以便使工艺典型化。模具零件中的模柄、导柱等零件和一般机械零件的轴类零件在结构或工艺上有许多相同或相似之处。导套是一个典型的套类零件。整体结构的圆形凹模和一般机械零件的盘类零件相类似，但其上的型孔加工则比一般盘类零件要复杂得多，所以，圆形凹模又具有不同于一般盘类零件的工艺特点。

根据零件结构特点，在认真分析了零件主要表面的技术要求之后，对零件加工工艺即可有一个初步的轮廓。首先，根据零件主要表面的精度和表面质量的要求，可初步确定为了达到这些要求所需要的最终加工方法和相应的中间工序，以及粗加工工序所需要的加工方法。认真分析零件图上尺寸的标注及主要表面的位置精度，即可初步确定各加工表面的加工顺序。零件的热处理要求，影响着加工方法和加工余量的选择，而且对零件加工工艺过程的安排也有一定的影响。例如，要求渗碳淬火的零件，热处理后一般变形较大。对于零件上精度较高的表面，工艺上要安排精加工工序（多为磨削加工），而且要适当加大精加工的工序加工余量。

2. 模具零件的结构工艺性

模具零件结构工艺性是指所设计的零件进行加工时的难易程度。所设计的零件在一定的生产条件下能够高效低耗地制造出来，并易于装配和维修，则认为该零件具有良好的结构工艺性。在模具加工中，常有一些零件结构虽然满足要求，但加工装配却很困难，甚至根本无法加工，或者无法满足其设计要求，这就造成了人力、物力、财力的浪费。因此，在模具设计过程中，要重视对零件结构工艺性的分析。在分析过程中，应注意以下几个方面。

（1）尽可能采用标准化设计

模具的结构形式、外形尺寸应尽可能选用标准设计，这样不但能够简化设计工作，也能简化模具制造过程，缩短模具制造周期，降低模具制造成本。模具零件（卸料螺钉、模柄、模架、推杆、浇口套等）及模具中应使用相应标准的连接螺钉、销钉，以便使用标准刀具、量具，也便于更换。另外，在同一副模具中，应尽可能采用同一规格大小的标准件（如螺钉、销钉等），以减少制造过程中刀具的种类和数量。一般来说，模具设计时大多采用内六角螺钉和圆柱销连接。

（2）便于在机床上定位、装夹

模具零件加工时应可靠、方便地在机床上定位并装夹，装夹次数越少越好，有位置精度要求的各表面应尽可能在一次装夹中加工完成。

加工凸模或型芯外圆表面时，要求其外形一次磨出，以保证同轴度要求，加工时采用顶尖、拨盘和卡箍装夹。在图 2-5 所示的凸模中，图（a）的结构安装较困难；图（b）的结构则增加一个工艺凸台，待磨好后再去除；图（c）的结构为两凸模连在一起，磨好后再从中间分开。

图 2-6 所示为一端部带圆角的异形凸模。图 2-6（a）所示的结构无法在铣床上安装。故在不影响凸模使用要求的情况下，在凸模两侧开设两条沟槽，这样就可方便地在铣床上进行装夹，如图 2-6（b）所示。

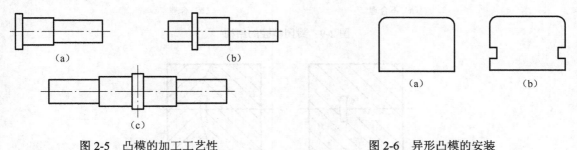

图 2-5　凸模的加工工艺性　　　　　　　　　图 2-6　异形凸模的安装

（3）零件应有足够的刚度

图 2-7（a）所示的凸模又细又长，加工时会因切削力作用而变形，若结构允许应设计成阶梯结构，如图 2-7（b）所示，这样既增加了凸模的刚度，同时也方便了模具装配。

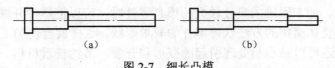

图 2-7　细长凸模

（4）减少加工困难

钻头切入或切出的表面应与孔轴线垂直，否则钻孔时钻头易钻偏甚至折断。在图 2-8 所示的结构中，图（a）的结构不合理；图（b）的结构较合理。

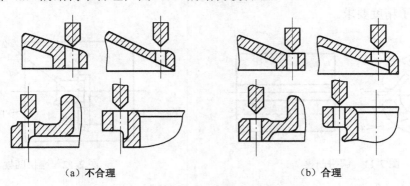

（a）不合理　　　　　　　　　　　　（b）合理

图 2-8　钻头进出表面的结构

避免采用角部是直角的封闭型腔。在图 2-9 所示的结构中，图（a）的结构无法切削加工；图（b）的结构则可以采用铣削加工。

变型腔内形加工为外形加工。在图 2-10 所示的凹模中，图（a）的结构加工较为困难；图（b）的结构将零件沿型腔线分开，变内形加工为外形加工，加工较方便。

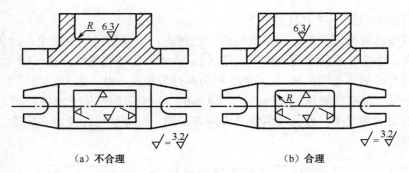

图 2-9　封闭型腔的结构

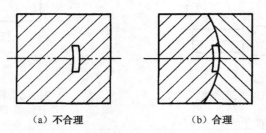

图 2-10　变内形加工为外形加工

（5）采用镶拼结构

当遇到形状复杂、加工困难或尺寸较大的模具零件时，可以把零件分成几个部分进行加工，然后通过局部镶拼或整体镶拼的方法获得零件的要求形状。这样就会使加工简便，并容易提高零件的尺寸精度，同时还可以减小热处理引起的变形和开裂，节约贵重材料。

图 2-11 所示的凸模形状复杂，不能直接利用砂轮磨削，可采用镶拼结构（图中 1、2、3 三块镶块）。磨削后，用螺钉或销钉将各镶件固定在一起。

图 2-12 所示的凹模由于孔的长壁很窄，只有 0.6mm，故难以加工。采用镶拼结构后，把凹模分成 1、2 两块，分别加工后将镶块固定在凹模套内，形成所需要的凹模。这样既简化了制造工艺，又保证了精度要求。

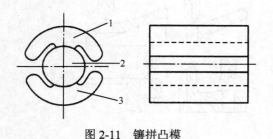

图 2-11　镶拼凸模

1、2、3-镶块

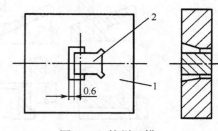

图 2-12　镶拼凹模

1-凹模套；2-镶块

（6）减小和避免热处理变形及开裂

模具零件一般需要进行热处理，因此，在结构设计时需要考虑热处理要求。设计时应尽量避免尖角、窄槽和狭长的过桥；孔的位置应尽量均匀、对称分布；工作型面的截面形状不能急剧变化，以减小和避免热处理过程中因应力集中而引起的变形及开裂。图 2-13 所示的长方形凹模型孔有一狭长的过桥，淬火时过桥的冷却速度快，容易产生内应力造成零件开裂。

（7）便于装配

有配合要求的零件端部应有倒角或圆角，以便于装配，且使外露部分较为美观。图 2-14（a）所示的导柱、导套配合时，不仅装配不方便，端部毛刺也容易划伤配合面，应采用图 2-14（b）所示的结构；当凸模或型芯装入固定板时，装入部分也应用倒角导入，如图 2-15（a）所示；当型芯表面不允许倒角时，则应在固定板上倒角，以方便型芯装入，如图 2-15（b）所示。

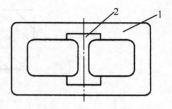

图 2-13　长方形凹模

1-凹模套；2-镶块

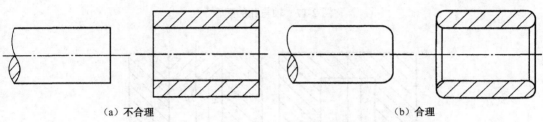

（a）不合理　　　　　　　　　　（b）合理

图 2-14　导柱、导套端部结构

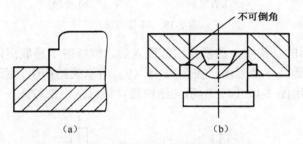

（a）　　　　　　　　　　（b）

图 2-15　型芯与固定板的配合结构

销钉连接孔应尽可能打通，以便于配钻、铰相关零件上的销孔，如图 2-16（a）所示。当由于结构限制不能设计穿透的销孔时，应设置透气孔，如图 2-16（b）、（c）所示，以方便销钉装入。图 2-16（d）所示的结构设计无透气孔，设计不合理。

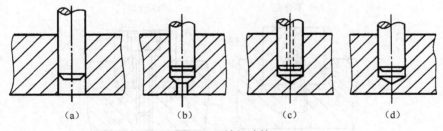

（a）　　　　　　（b）　　　　　　（c）　　　　　　（d）

图 2-16　销钉连接

轴和孔是过渡或过盈配合时，轴应设计成阶梯状，以方便轴的装配。在图 2-17 所示的结构中，图（a）的结构不合理，应设计成图（b）所示的结构。

（8）便于刃磨、维修、调整和更换易损件

在图 2-18（a）所示的结构中，当模具使用一段时间后刃磨时，其轴向尺寸 h 会发生变化，故设计不合理；采用图 2-18（b）所示的结构，A 面刃磨时，B 面同样磨去相应尺寸，轴向尺寸 h 不变。

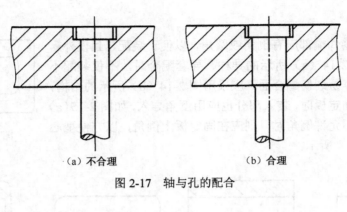

（a）不合理　　　　　　　　（b）合理

图 2-17　轴与孔的配合

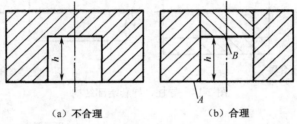

（a）不合理　　　　　　　　（b）合理

图 2-18　模具刃磨

在图 2-19（a）所示的结构中，凸模从顶部压入后，维修时不易取出，改用图 2-19（b）所示的结构后，凸模可方便地从下部顶出；在图 2-19（c）所示的结构中，固定凸模的螺钉从下部拧入，维修时不方便，改用图 2-19（d）所示的结构后，螺钉从上部拧入，操作比较方便。

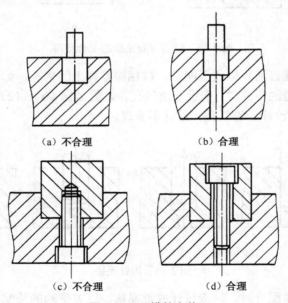

（a）不合理　　　　　　　　（b）合理

（c）不合理　　　　　　　　（d）合理

图 2-19　凸模的安装

对于形状复杂的镶拼结构模具，在考虑分块时，应将其不规则的形状变成规则或比较规则的形状，将其薄弱、易磨损的个别凸出或凹入部分单独做成一块，以便于维修、更换及调整，如图 2-20 所示。

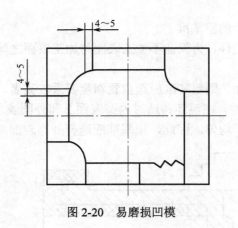

图 2-20　易磨损凹模

2.2.4　定位基准的选择

在制定零件加工工艺规程时，正确地选择工件的定位基准有着十分重要的意义。定位基准选择的好坏，不仅影响零件加工的位置精度，而且对零件各表面的加工顺序也有很大的影响。

设计基准已由零件图给定，而定位基准可以有多种不同的方案，应进行合理地选择。一般在第一道工序中只能选用毛坯表面来定位，在以后的工序中可以采用已经加工过的表面来定位。有时可能遇到这样的情况：工件上没有能作为定位基准用的恰当表面，这时就必须在工件上专门设置或加工出定位的基面，称为辅助基准。例如，图 2-21 所示的车床小刀架毛坯的工艺凸台应和定位面 *C* 同时加工出来，使定位稳定可靠。辅助基准在零件工作中并无用途，完全是为了工艺上的需要，加工完毕后，如有必要可以去掉。

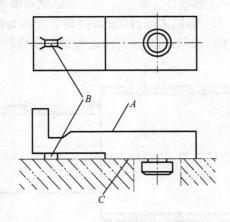

图 2-21　具有工艺凸台的刀架毛坯

A-加工面；*B*-工艺凸台；*C*-定位面

一般起始工序所用的粗基准和最终工序（含中间工序）所用的精基准的选择原则如下。

1．粗基准的选择

在起始工序中，工件定位只能选择未经加工的毛坯表面，这种定位表面称为粗基准。粗基准选择的好坏，对以后各加工表面加工余量的分配，以及工件上加工表面和不加工表面的相对位置均有很大的影响。因此，必须重视粗基准的选择。粗基准选择总的要求是为后续工序提供必要的定位基面，具体选择时应考虑下列原则。

（1）具有不加工表面工件的粗基准

对于具有不加工表面的工件，为保证不加工表面与加工表面之间的相对位置要求，一般应选择不加工表面为粗基准。

若工件有几个不加工表面，则粗基准应选位置精度要求较高者，以达到壁厚均匀、外形对称等要求。如图 2-22 所示的工件，在毛坯铸造时内圆表面 2 和外圆表面 1 之间有偏心。外圆表面 1 不需要加工，而零件要求壁厚均匀。因此，粗基准应选择外圆表面 1。

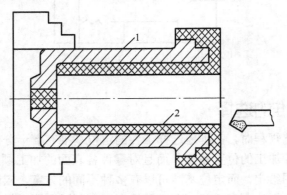

图 2-22　以不加工表面为粗基准

1-外圆表面；2-内圆表面

（2）具有较多加工表面工件的粗基准

对于具有较多加工表面的工件粗基准的选择，应合理分配各加工表面的加工余量。

① 应保证各加工表面都有足够的加工余量。为了保证此项要求，粗基准应选择毛坯上加工余量最小的表面，如图 2-23 所示。若以大端 $\phi100$mm 外圆表面作为粗基准，由于大小端外圆偏心有 5mm，以致小端 $\phi60$mm 可能加工不出来，则应选择加工余量较小的小端 $\phi68$mm 外圆表面为粗基准。

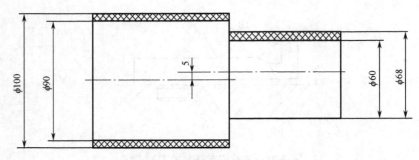

图 2-23　阶梯轴粗基准的选择

② 对于某些重要的表面（如导轨面和重要的内孔等），应尽可能使其加工余量均匀，对导轨面的加工余量要求尽可能小些，以便获得硬度和耐磨性更好的表面。为了保证此项要求，应选择重要表面为粗基准。图 2-24 所示为冲压模座粗基准的选择。此时应以下平面为粗基准，然后以下平面为定位基准，加工上平面与模座其他部位，这样可减少毛坯误差，使上下平面主面基本平行，最后再以上平面为精基准加工下平面，这时下平面的加工余量就比较均匀，且比较小。

③ 使工件上各加工表面金属切除余量最小。为了保证该项要求，应选择工件上那些加工面积较大、形状比较复杂、加工量较大的表面为粗基准，如图 2-24 所示。当选择下平面为粗基准加工时，由于上平面加工面是一简单平面，且加工面积较小，即使切除较大的加工余量，其金属的

切除量实际并不大，加之下平面的加工余量又比较小，故总的金属切除量也就比较小。

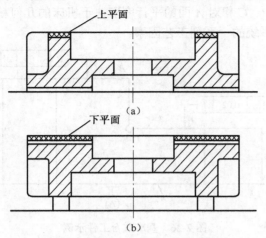

图 2-24 大型冲压模座粗基准的选择

（3）对粗基准表面的要求

作为粗基准的表面，应尽量平整，没有浇口、冒口或飞边等其他表面缺陷，以便使工件定位可靠，夹紧方便。

（4）粗基准一般只能使用一次

由于毛坯表面比较粗糙且精度较低，一般情况下同一尺寸方向上的粗基准表面只能使用一次。否则，因重复使用所产生的定位误差，会引起相应加工表面间出现较大的位置误差。如图 2-25 所示，若重复使用毛坯表面 B 定位，分别加工表面 A 和 C，必然会使两加工表面产生较大的同轴度误差。

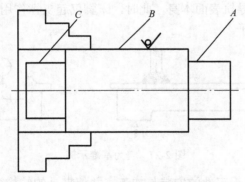

图 2-25 重复使用粗基准示例

A、C-加工面；B-毛坯面

上述粗基准选择的原则，每一项都只能说明一个方面的问题，实际应用时往往会出现相互矛盾的情况，这就要求全面考虑，灵活运用，保证满足主要的技术要求。

2．精基准的选择

在最终工序和中间工序，应采用已加工表面定位，这种定位基面称为精基准。精基准的选择不仅影响工件的加工质量，而且与工件安装是否方便可靠也有很大关系。选择精基准的原则如下：

① 应尽可能选用加工表面的设计基准作为精基准，避免基准不重合造成的定位误差，这一原则就是"基准重合"原则。

如图 2-26 所示，当加工表面 B、C 时，从基准重合原则出发，应选择表面 A（设计基准）为定位基准。加工后，表面 B、C 相对 A 面的平行度取决于机床的几何精度，尺寸精度误差则取决于机床—刀具—工件工艺系统的一系列工艺因素。

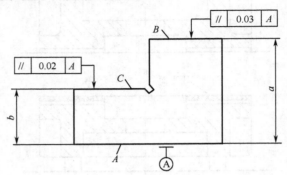

图 2-26　基准重合工件示例

② 当工件以某一组精基准定位，可以比较方便地加工其他各表面时，应尽可能在多数工序中采用同一组精基准定位，这就是"基准统一"原则。

例如，轴类零件的大多数工序都采用顶尖孔为定位基准，齿轮的齿坯和齿形加工多采用齿轮的内孔及基准端面作为定位基准。采用统一基准能用同一组基面加工大多数表面，有利于保证各表面的相互位置要求，避免基准转换带来的误差，而且简化了夹具设计和制造，缩短了生产准备周期。

③ 有些精加工和光整加工工序应遵循"自为基准"原则。因为这些工序要求余量小而均匀，需要保证表面加工的质量并提高生产率。此时，应选择加工表面本身作为精基准，而该加工表面与其他表面之间的位置精度，则应由先行工序保证。图 2-27 所示为在导轨磨床上磨削工件导轨，安装后用百分表找正工件的导轨表面本身，此时，床脚仅起支撑作用。此外珩磨、铰孔及浮动镗孔等都是"自为基准"的例子。

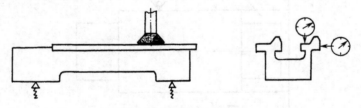

图 2-27　自为基准示例

④ 定位基准的选择应便于工件的安装与加工，并使夹具的结构简单。如图 2-28（a）所示，当加工表面 C 时，如果采用"基准重合"原则，应选择表面 B 为定位基准。工件安装如图 2-28（b）所示，这样不仅工件安装不方便，夹具结构也将复杂得多。如果采用图 2-28（c）所示的的 A 面定位，虽然可使工件安装方便，夹具结构也相应简单，但又会产生基准不重合误差。定位基准选择中的上述矛盾是经常出现的，在这种情况下，就要认真分析，如改变加工方法或采用其他工艺措施，提高表面 B 和 C 的加工精度，这样可选择表面 A 作为定位基准，如图 2-28（c）所示。为消除基准不重合产生的误差，图 2-28（b）所示的安装方法又很麻烦，夹具又复杂，有时可采用组合铣削，如图 2-29 所示，这样可保证表面 B、C 间的平行度。总之，要综合考虑这些原则，达到定位精度高、夹紧可靠、夹具结构简单、操作方便等要求。

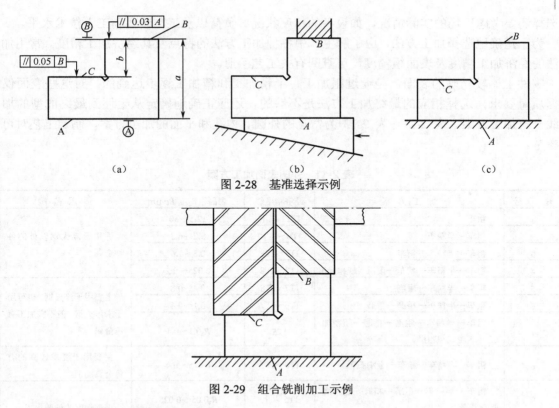

图 2-28　基准选择示例

图 2-29　组合铣削加工示例

2.2.5　工艺过程的制定

制定工艺过程的主要任务是选择各个表面的加工方法和加工方案，确定各个表面的加工顺序以及整个工艺过程中工序数目的多少等。除定位基准的合理选择外，制定工艺过程还要考虑以下四个方面。

1．表面加工方法的选择

首先要保证加工表面的加工精度和表面质量的要求。由于获得同一精度及表面粗糙度的加工方法往往有若干种，实际选择时还要结合零件的结构形状、尺寸大小以及材料和热处理要求进行全面考虑。例如，对于 IT7 级精度的孔，采用镗削、铰削、拉削和磨削均可达到要求。但型腔体上的孔，一般不宜选择拉削和磨孔，而常选择镗孔或铰孔，孔径大时选择镗孔，孔径小时选择铰孔。工件材料的性质，对加工方法的选择也有影响。例如，淬火钢应采用磨削加工，有色金属零件，为避免磨削时堵塞砂轮，一般都采用高速镗或高速精密车削进行精加工。

表面加工方法的选择，除了首先保证质量要求外，还应考虑生产效率和经济性的要求。大批量生产时，应尽量采用高效率的先进工艺方法，如拉削内孔与平面、同时加工几个表面的组合铣削或磨削等。这些方法都能大幅提高生产率，取得较大的经济效果。但是在年产量不大的生产情况下，盲目采用高效率加工方法及专用设备，则会因设备利用率不高，造成经济上的浪费。此外，任何一种加工方法，可以获得的加工精度和表面质量均有一个相当大的范围。但只有在一定的精度范围内才是经济的，这种一定范围的加工精度即为该种加工方法的经济精度。选择加工方法时，应根据工件的精度要求选择与经济精度相适应的加工方法。例如，对于 IT7 级精度、表面粗糙度 R_a=0.4μm 的外圆，通过精车削虽然可以达到要求，但在经济上就不如磨削合理。表面加工方法的选择还要考虑现场的实际情况，如设备的精度状况、负荷以及工艺装备和工人技术水平。

为了正确地选择加工方法，应了解生产中各种加工方法的特点及其经济加工精度。常用加工方法的经济加工精度及表面粗糙度，可查阅有关工艺手册。

零件上比较精确的表面，是通过粗加工、半精加工和精加工逐步达到的。对这些表面仅仅根据质量要求，选择相应的最终加工方法是不够的，还应正确地确定从毛坯到最终成型的加工路线——加工方案。表 2-11～表 2-13 为常见的外圆、内孔和平面的加工方案，制定工艺时可作为参考。

表 2-11　外圆表面加工方案

序　号	加 工 方 案	经济精度级	表面粗糙度 $Ra/\mu m$	适 用 范 围
1	粗车	IT11 以下	12.5～50	适用于淬火钢以外的各种金属
2	粗车—半精车	IT8～IT10	3.2～6.3	
3	粗车—半精车—精车	IT7～IT8	0.8～1.6	
4	粗车—半精车—精车—滚压（或抛光）	IT7～IT8	0.025～0.2	
5	粗车—半精车—磨削	IT7～IT8	0.4～0.8	主要用于淬火钢，也可用于未淬火钢，但不宜加工有色金属
6	粗车—半精车—粗磨—精磨	IT6～IT7	0.1～0.4	
7	粗车—半精车—粗磨—精磨—超精加工（或轮式超粗磨）	IT5	R_z0.1～0.1	
8	粗车—半精车—精车—金刚石车	IT6～IT7	0.025～0.4	主要用于要求较高的有色金属加工
9	粗车—半精车—粗磨—精磨—超精磨或镜面磨	IT5 以上	R_z0.05～0.025	极高精度的外圆加工
10	粗车—半精车—粗磨—精磨—研磨	IT5 以上	R_z0.05～0.1	

表 2-12　内孔加工方案

序　号	加 工 方 案	经济精度级	表面粗糙度 $Ra/\mu m$	适 用 范 围
1	钻	IT11～IT12	12.5	加工未淬火钢及铸铁的实心毛坯，也可用于加工有色金属（表面粗糙度稍大，孔径小于 $\phi15～\phi20mm$）
2	钻—铰	IT9	1.6～3.2	
3	钻—铰—精铰	IT7～IT8	0.8～1.6	
4	钻—扩	IT10～IT11	6.3～12.5	加工未淬火钢及铸铁的实心毛坯，也可用于加工有色金属（孔径大于 $\phi15～$ $\phi20mm$）
5	钻—扩—铰	IT8～IT9	1.6～3.2	
6	钻—扩—粗铰—精铰	IT7	0.8～1.6	
7	钻—扩—机铰—手铰	IT6～IT7	0.1～0.4	
8	钻—扩—拉	IT7～IT9	0.1～1.6	大批量生产（精度由拉刀的精度而定）
9	粗镗（或扩孔）	IT11～IT12	6.3～12.5	除淬火钢以外的各种材料，毛坯有铸出孔或锻出孔
10	粗镗（粗扩）—半精镗（精扩）	IT8～IT9	1.6～3.2	
11	粗镗（扩）—半精镗（精扩）—精镗（铰）	IT7～IT8	0.8～1.6	
12	粗镗（扩）—半精镗（精扩）—精镗—浮动镗刀精镗	IT6～IT7	0.4～0.8	
13	粗镗（扩）—半精镗—磨孔	IT7～IT8	0.2～0.8	主要用于淬火钢，也可用于未淬火钢，但不宜用于有色金属
14	粗镗（扩）—半精镗—粗磨—精磨	IT6～IT7	0.1～0.2	

续表

序　号	加 工 方 案	经济精度级	表面粗糙度 Ra/μm	适 用 范 围
15	粗镗—半精镗—精镗—金刚镗	IT6~IT7	0.05~0.4	主要用于精度要求高的有色金属加工
16	钻—（扩）—粗铰—精铰—珩磨； 钻—（扩）—拉—珩磨； 粗镗—半精镗—精镗—珩磨	IT6~IT7	0.025~0.2	用于精度要求很高的孔
17	以研磨代替上述方案中的珩磨	IT6 级以上		

表 2-13　平面加工方案

序　号	加 工 方 案	经济精度级	表面粗糙度 Ra/μm	适 用 范 围
1	粗车—半精车	IT9	3.2~6.3	端面加工
2	粗车—半精车—精车	IT7~IT8	0.8~1.6	
3	粗车—半精车—磨削	IT8~IT9	0.2~0.8	
4	粗刨（或粗铣）—精刨（或精铣）	IT8~IT9	1.6~6.3	一般不淬硬平面（端铣表面粗糙度较高）
5	粗刨（或粗铣）—精刨（或精铣）—刮研	IT6~IT7	0.1~0.8	精度要求较高的不淬硬平面；批量较大时宜采用宽刃精刨方案
6	以宽刃刨削代替上述方案中的刮研	IT7	0.2~0.8	
7	粗刨（或粗铣）—精刨（或精铣）—磨削	IT7	0.2~0.8	精度要求高的淬硬平面或不淬硬平面
8	粗刨（或粗铣）—精刨（或精铣）—粗磨—精磨	IT6~IT7	0.02~0.4	
9	粗铣—拉削	IT7~IT9	0.2~0.8	大量生产，较小的平面（精度视拉刀精度而定）
10	粗铣—精铣—磨削—研磨	IT6 级以上	R_z0.05~0.1	高精度平面

2. 加工阶段的划分

对于加工质量要求较高的零件，工艺过程应分阶段进行。机械加工工艺过程一般可分为以下几个阶段。

① 粗加工阶段。主要任务是切除各加工表面上的大部分加工余量，使毛坯在形状和尺寸上尽量接近成品。因此，在此阶段中应采取措施尽可能提高生产率。

② 半精加工阶段。完成一些次要表面的加工，并为主要表面的精加工做好准备（如精加工前必要的精度和加工余量等）。

③ 精加工阶段。保证各主要表面达到图纸规定的质量要求。

当有些零件具有很高的精度和很细的表面粗糙度要求时，还需要增加光整加工阶段，如研磨、抛光等。其任务是改善零件的表面质量，对尺寸精度和形状精度改善较小，一般不能纠正位置误差。

有时毛坯的余量特别大，表面极其粗糙，在粗加工前没有去皮加工阶段，一般在毛坯准备车间进行。

工艺过程划分阶段的主要原因如下。

（1）保证加工质量

工件粗加工时切除金属较多，产生较大的切削力和切削热，同时也需要较大的夹紧力，而且粗加工后内应力要重新分布。在这些力和热的作用下，工件会发生较大的变形。如果不分阶段地连续进行粗精加工，就无法避免上述原因所引起的加工误差。加工过程划分阶段后，粗加工造成的加工误差，通过半精加工和精加工即可得到纠正。并逐步提高了零件的加工精度和降低了表面粗糙度，保证了零件加工质量的要求。

（2）合理使用设备

加工过程划分阶段后，粗加工可采用功率大、刚度好和精度较低的高效率机床以提高生产效率，精加工则可采用高精度机床加工以确保零件的精度要求，这样既充分发挥了设备的各自特点，又做到了设备的合理使用。

（3）便于安排热处理工序

划分加工阶段，会使冷热加工工序配合得更好。例如，对于一些精密零件，粗加工后安排去应力的时效处理，可减少内应力变形对精加工的影响；半精加工后安排淬火不仅容易满足零件的性能要求，而且淬火引起的变形又可通过精加工工序予以消除。

此外，粗、精加工分开后，毛坯的缺陷（如气孔、砂眼和加工余量不足等）可在粗加工后及早发现，及时决定修补或报废，以免对应报废的零件继续精加工而浪费工时和其他制造费用。精加工表面安排在后面，还可以保护其不受损伤。

在制定零件的工艺过程时，一般应遵循划分加工阶段这一原则。但具体运用时要灵活掌握，不能绝对化。例如，对于一些毛坯质量高、加工余量小、加工精度要求较低而刚性又较好的零件，则不必划分阶段。又如，对于一些刚性好的重型零件，由于装夹吊运很费工时，往往不划分阶段，而在一次安装中完成表面的粗、精加工。

应当指出，工艺过程的划分阶段，是指零件加工整个过程来说的，不能从某一表面的加工或某一工序的性质来判断。例如，有些定位基准，在半精加工阶段甚至粗加工阶段就需要加工得很精确，而某些小孔的粗加工工序，常常又安排在精加工阶段。

3．工序的集中与分散

工序集中和工序分散是制定工艺路线时，确定工序数目的两个不同的原则。

工序集中就是零件的加工集中在少数工序内完成，而每一工序的加工内容却比较多。工序分散则相反，整个工艺过程工序数量多，而每一工序的加工内容则比较少。

（1）工序集中的特点

① 有利于采用高生产率的专用设备和工艺装备，可大大提高劳动生产率。

② 减少了工序数目，缩短了工艺过程，从而简化了生产计划和生产组织工作。

③ 减少了设备数量，相应地减少了操作工人和生产面积。

④ 减少了工件安装次数，不仅缩短了辅助时间，而且一次安装加工较多的表面，也易于保证这些表面的相对位置精度。

⑤ 专用设备和工艺装备较复杂，生产准备工作和投资都比较大，转换新产品比较困难。

（2）工序分散的特点

① 设备与工艺装备比较简单，调整方便，便于生产工人掌握，容易适应产品的变换。

② 可以采用最合理的切削用量，减少机动时间。

③ 设备数目较多，操作工人多，生产面积大。

工序的集中与分散各有特点。在制定工艺路线时，工序集中或分散的程度，即工序数目的多少，主要取决于生产规模和零件的结构特点及技术要求。批量小时，为简化生产的计划管理工作，多将工序适当集中，使各通用机床完成更多表面的加工，以减少工序的数目。批量大时，既可采用多刀、多轴等高效机床将工序集中，也可将工序分散后组织流水生产。由于工序集中的优点较多，现代生产的发展多趋向于工序集中。划分工序时还应考虑零件的结构特点及技术要求，例如，对于重型机械的大型零件，为了减少工件装卸和运输的劳动量，工序应适当集中；对于刚性差而且精度高的精密零件，工序则应适当分散。

4．工序顺序的安排

（1）机械加工工序的安排

在安排加工顺序时，应注意以下几个原则：

① 先粗后精。当零件需要分阶段进行加工时，先安排各表面的粗加工，中间安排半精加工，最后安排主要表面的精加工和光整加工。由于次要表面精度要求不高，一般在粗、半精加工即可完成，但对于那些与主要表面相对位置关系密切的表面，通常多置于主要表面精加工之后加工。

② 先主后次。零件的主要表面一般都是加工精度或表面质量要求比较高的表面，它们加工质量的好坏对整个零件的质量影响较大，其加工工序往往比较多，因此，应先安排主要表面的加工，再将其他表面加工适当安排在它们中间穿插进行。例如，零件上的装配基面和工作表面等应先安排加工；而键槽、紧固用的光孔和螺孔等由于加工表面小，又和主要表面有相互位置的要求，一般都应安排在主要表面达到一定精度之后，例如半精加工之后，但又应在最后精加工之前进行加工。

③ 基准先行。零件的加工一般多从精基准的加工开始，然后以精基准定位加工其他主要表面和次要表面。例如，轴类零件先加工中心孔，齿轮先加工孔及基准端面等。为了定位可靠且使其他表面加工达到一定的精度，精基准一开始即应加工到足够的精度和较细的表面粗糙度，并且往往在精加工阶段开始时，还要进一步精整加工，以保证其他主要表面精加工和光整加工的需要。

④ 先面后孔。对于模座、凸凹模固定板、型腔固定板和推板等模具零件，应先加工平面后加工孔。因为平面的轮廓平整、面积大，先加工平面再以平面定位加工孔，既能保证加工孔时有稳定可靠的定位基准，又有利于保证孔与平面间的位置精度要求。

（2）热处理工序的安排

机械零件常采用的热处理工艺：退火、正火、调质、时效、淬火、回火、渗碳及氮化等。按照热处理的目的，将上述热处理工艺可大致分为两大类：预备热处理和最终热处理。

1）预备热处理

预备热处理包括退火、正火、时效和调质等。目的是改善加工性能、消除内应力和为最终热处理做好组织准备。其工序位置多在粗加工前后。

① 退火和正火。经过热加工的毛坯，为改善切削加工性能和消除毛坯的内应力，常进行退火和正火处理。例如，含碳量大于 0.7% 的碳钢和合金钢，为降低硬度便于切削加工常采用退火；含碳量小于 0.3% 的低碳钢和低合金钢，为避免硬度过低切削时黏刀而采用正火以提高硬度。

退火和正火还能细化晶粒、均匀组织，为以后的热处理做好组织准备。退火和正火常安排在毛坯制造之后粗加工之前。

② 调质。即淬火加高温回火，能获得均匀细致的索氏体组织，为以后表面淬火和氮化时减少变形做好组织准备。因此，调质可作为预备热处理工序。由于调质后零件的综合力学性能较好，对某些硬度和耐磨性要求不高的零件，也可作为最终的热处理工序，调质处理常置于粗加工之后和半精加工之前。

③ 时效处理。主要用于消除毛坯制造和机械加工中产生的内应力。对形状复杂的铸件，一般在粗加工后安排一次时效即可。但对于高精度的复杂铸件应安排两次时效工序，即铸造→粗加工→时效→半精加工→时效→精加工。简单铸件不必进行时效处理。

除铸件外，对一些刚性差的精密零件，为消除加工中产生的内应力，稳定零件的加工精度，在粗加工、半精加工和精加工之间安排多次时效工序。

2）最终热处理

最终热处理包括各种淬火、回火、渗碳和氮化处理等。这类热处理的目的主要是提高零件材料的硬度和耐磨性，常安排在精加工前后。

① 淬火。分为整体淬火和表面淬火两种，其中表面淬火因变形、氧化及脱碳较小而应用较多。为提高表面淬火零件的心部性能和获得细马氏体的表层淬火组织，需要预先进行调质及正火处理。一般工艺过程：下料→锻造→正火（退火）→粗加工→调质→半精加工→表面淬火→精加工。

② 渗碳淬火。适用于低碳钢和低合金钢，其目的是使零件表层含碳量增加，经淬火后使表层获得高的硬度和耐磨性，而心部仍保持一定的强度和较高的韧性及塑性。渗碳处理按渗碳部位分为整体渗碳和局部渗碳两种，局部渗碳时对不渗碳部位要采取防渗措施。由于渗碳淬火变形较大，加之渗碳时一般渗碳层深度为 0.5～2mm。所以，渗碳淬火工序常安排在半精加工和精加工之间。一般工艺过程：下料→锻造→正火→粗、半精加工→渗碳→淬火→精加工。当局部渗碳零件的不渗碳部位采用加大加工余量防渗时，渗碳后淬火前，对防渗部位要增加一道切除渗碳层的工序。

③ 回火。零件淬火后有很高的硬度和强度，而其塑性和韧性很差，不能直接应用。回火可使淬火零件在保持一定的强度和硬度条件下，提高其韧性和塑性，稳定组织，消除淬火应力，防止零件变形与开裂，零件淬火后应及时进行回火。

④ 氮化处理。氮化是一种表面热处理，其目的是通过氮原子的渗入，使表层获得含氮化合物，以提高零件硬度、耐磨性、疲劳强度和抗蚀性。由于氮化温度低、变形小且氮化层较薄，氮化工序位置应尽量靠后安排。为减少氮化时的变形，氮化前要加一个除应力工序。因为氮化层较薄且脆，零件心部应具有较高的综合力学性能，故粗加工后应安排调质处理。氮化零件的一般工艺过程：下料→锻造→退火→粗加工→调质→半精加工→除应力→粗磨→氮化→精磨、超精磨或研磨。

（3）辅助工序的安排

辅助工序包括工件的检验、去毛刺、清洗和涂防锈油等，其中检验工序是主要的辅助工序，它对保证零件质量有极重要的作用。检验工序应安排如下：

① 粗加工全部结束后，精加工之前；

② 零件从一个车间转向另一个车间前后；

③ 重要工序加工前后；

④ 特种性能（磁力探伤、密封性等）检验；

⑤ 零件加工完毕，进入装配和成品库时。

2.2.6　加工余量与工艺尺寸计算

工艺路线制定以后，在进一步安排各个工序的具体内容时，应正确地确定各工序应保证的加工尺寸，即工序尺寸。工序尺寸的确定与工序的加工余量有着密切的关系。

1. 加工余量的基本概念

加工余量是指加工过程中从加工表面切去的金属层厚度。加工余量可分为工序余量和总加工余量。

（1）工序余量

工序余量是指某一表面在一道工序中所切除的金属层厚度，它取决于同一表面相邻两工序的工序尺寸之差，如图 2-30 所示。

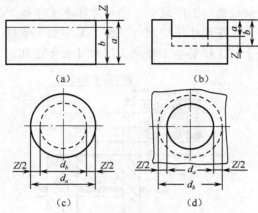

图 2-30　加工余量

计算工序余量 Z 时，平面类非对称表面，应取单边加工余量。

对于外表面，工序余量为

$$Z=a-b$$

对于内表面，工序余量为

$$Z=b-a$$

式中　Z——本工序的工序余量；

　　　a——前道工序的工序尺寸；

　　　b——本工序的工序尺寸。

旋转表面的加工余量则是对称的双边余量。

对于轴，加工余量为

$$Z=d_a-d_b$$

对于孔，加工余量为

$$Z=d_b-d_a$$

式中　Z——直径上的加工余量；

　　　d_a——前道工序的加工直径；

　　　d_b——本工序的加工直径。

（2）总加工余量

总加工余量是指零件从毛坯变为成品的整个加工过程中，某一表面所切除金属层的总厚度，也即零件上同一表面毛坯尺寸与零件尺寸之差。总加工余量等于各工序加工余量之和，即

$$Z_\Sigma = \sum_{i=1}^{n} Z_i$$

式中　Z_Σ——总加工余量；

　　　Z_i——第 i 道工序的工序余量；

　　　n——该表面总共加工的工序数。

（3）加工余量与工序尺寸公差

由于毛坯制造和各个工序尺寸都不可避免地存在着误差，因此，无论总加工余量还是工序余量都是个变动值，出现了最小加工余量和最大加工余量。工序尺寸是加工过程中各个工序应保证的加工尺寸，其公差即工序尺寸公差。

　　加工余量与工序尺寸公差的关系如图 2-31 所示。可以看出，公称加工余量是前工序和本工序基本尺寸之差；最小加工余量是前工序最小工序尺寸和本工序最大工序尺寸之差；最大加工余量是前工序最大工序尺寸和本工序最小工序尺寸之差。工序加工余量的变动范围（最大加工余量与最小加工余量的差值）等于前工序与本工序两工序尺寸公差之和。

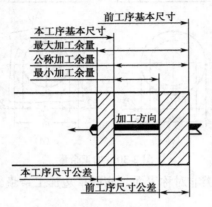

图 2-31　加工余量及其公差

　　为了便于加工，工序尺寸公差都按"入体原则"标注。对于被包容表面（轴），基本尺寸即最大工序尺寸；而对于包容面（孔），则是最小工序尺寸。毛坯尺寸的公差一般采用双向标注。

2．确定加工余量的方法

　　加工余量的大小对于零件的加工质量和生产率均有较大的影响。加工余量过大，不仅增加机械加工的工作量，降低了生产率，而且增加材料、工具和电力的消耗，使加工成本增大。但加工余量过小，就不能保证消除前工序的各种误差和表面缺陷，甚至产生废品。因此，应当合理地确定加工余量。

　　确定加工余量的基本原则：在保证加工质量的前提下，加工余量越小越好。

　　实际工作中，确定加工余量的方法有以下三种。

　　（1）经验估计法

　　根据工艺人员本身积累的经验确定加工余量。一般为了防止余量过小而产生废品，所估计的余量通常偏大，常用于单件小批生产。

　　（2）分析计算法

　　根据理论公式和一定的试验资料，对影响加工余量的各因素进行分析计算来确定加工余量。这种方法较合理，但需要全面可靠的试验资料，计算也较复杂。一般只在材料十分贵重或少数大批、大量生产的工厂中采用。

　　（3）查表修正法

　　此法是以工厂生产实践和试验研究积累的有关加工余量的资料数据为基础，并结合实际加工情况进行修订来确定加工余量的方法，应用比较广泛。在查表时应注意表中数据是公称值，对称表面（如轴或孔）的加工余量是双边的，非对称表面的加工余量是单边的。

3．工序尺寸及其公差的确定

　　工件上的设计尺寸一般都要经过几道工序的加工才能得到，每道工序所应保证的尺寸称为工序尺寸。正确地确定工序尺寸及其公差，是制定工艺规程的重要工作之一。在确定工序尺寸及公差时，存在工序基准与设计基准重合和不重合两种情况。

（1）基准重合时工序尺寸及其公差的计算

当工序基准、定位基准或测量基准与设计基准重合，表面多次加工时，工序尺寸及其公差的计算相对来说比较简单。公差的计算顺序：先确定各工序的加工方法，然后确定该加工方法所要求的加工余量及其所能达到的精度，再由最后一道工序逐个向前推算，即由零件图上的设计尺寸开始，一直推算到毛坯图上的尺寸。工序尺寸的公差都按各工序的经济精度确定，并按"入体原则"确定上、下偏差。

（2）基准不重合时工序尺寸及其公差的计算

零件在加工过程中，为了加工和检验的方便，有时需要多次转换基准，因此，引起工序基准、定位基准或测量基准与设计基准不重合。这时，需要利用工艺尺寸链原理来进行工序及其公差的计算。

1）工艺尺寸链的基本概念

加工图 2-32（a）所示的零件，A_1 和 A_0 为零件图上已标注的设计尺寸。当加工表面 B 时，为使夹具结构简单和工件定位时稳定可靠，若选择表面 A 为定位基准，并按调整法根据对刀尺寸 A_2 加工表面 B，以间接保证尺寸 A_0 的精度要求，需要首先分析尺寸 A_1、A_2 和 A_0 之间的内在关系，然后据此计算出工序尺寸 A_2。于是 A_1、A_2 和 A_0 以一定顺序首尾相连排列成一封闭的尺寸系统，即构成了零件的工艺尺寸链，简称工艺尺寸链。图 2-32（b）所示为反映尺寸 A_1、A_2 和 A_0 三者关系的工艺尺寸链。

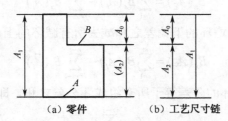

（a）零件　　　　（b）工艺尺寸链

图 2-32　加工过程中的工艺尺寸链

组成工艺尺寸链的各个尺寸称为尺寸链的环，这些环可分为封闭环和组成环。

① 封闭环。尺寸链中最终间接获得或间接保证精度的那个环。每个尺寸链中有且只有一个封闭环，如图 2-32 中的 A_0。

② 组成环。除封闭环以外的其他环都称为组成环。组成环又分为增环和减环。若其他组成环不变，某组成环的变动引起封闭环随之同向变动，则该环为增环，如图 2-32 中的 A_1。若其他组成环不变，某组成环的变动引起封闭环随之异向变动，则该环为减环，如图 2-32 中的 A_2。

工艺尺寸链的主要特征是封闭性和关联性。建立工艺尺寸链时，应首先对工艺过程和工艺尺寸进行分析，确定间接保证精度的尺寸，并将其定为封闭环，然后再从封闭环出发，按照零件表面尺寸间的联系，用首尾相接的单向箭头顺序表示各组成环，这种尺寸图就是尺寸链图。根据上述定义，利用尺寸链图即可迅速判断组成环的性质，凡与封闭环箭头方向相同的环即为减环，凡与封闭环箭头方向相反的环即为增环。

2）工艺尺寸链计算的基本公式

工艺尺寸链的计算方法有两种：极值法和概率法。生产中一般多采用极值法，其基本计算公式如下：

① 封闭环的基本尺寸。封闭环的基本尺寸等于组成环各环尺寸的代数和，即

$$A_{\Sigma} = \sum_{i=1}^{m} \vec{A}_i - \sum_{i=m+1}^{n-1} \vec{A}_i$$

式中　A_{Σ}——封闭环的尺寸；

　　　$\vec{A}_i$——增环的基本尺寸；

　　　$\vec{A}_i$——减环的基本尺寸；

　　　m——增环的环数；

　　　n——包括封闭环在内的尺寸链的总环数。

② 封闭环的极限尺寸。封闭环的最大极限尺寸等于所有增环的最大极限尺寸之和减去所有减环的最小极限尺寸之和；封闭环的最小极限尺寸等于所有增环的最小极限尺寸之和减去所有减环的最大极限尺寸之和。故极值法也称极大极小法，即

$$A_{\Sigma \max} = \sum_{i=1}^{m} \vec{A}_{i\max} - \sum_{i=m+1}^{n-1} \vec{A}_{i\min}$$

$$A_{\Sigma \min} = \sum_{i=1}^{m} \vec{A}_{i\min} - \sum_{i=m+1}^{n-1} \vec{A}_{i\max}$$

③ 封闭环的上偏差与下偏差。封闭环的上偏差等于所有增环的上偏差之和减去所有减环的下偏差之和，即

$$B_s(A_{\Sigma}) = \sum_{i=1}^{m} B_s(\vec{A}_i) - \sum_{i=m+1}^{n-i} B_x(\vec{A}_i)$$

封闭环的下偏差等于所有增环的下偏差之和减去所有减环的上偏差之和，即

$$B_x(A_{\Sigma}) = \sum_{i=1}^{m} B_x(\vec{A}_i) - \sum_{i=m+1}^{n-i} B_s(\vec{A}_i)$$

④ 封闭环的公差。封闭环的公差等于所有组成环公差之和，即

$$T_{\Sigma} = \sum_{i=1}^{n-i} T_i$$

3）工艺尺寸链的计算形式

① 正计算形式。已知各组成环尺寸求封闭环尺寸，其计算结果是唯一的。产品设计的校验常用这种形式。

② 反计算形式。已知封闭环尺寸求各组成环尺寸。由于组成环通常有若干个，所以，反计算形式需要将封闭环的公差值按照尺寸大小和精度要求合理地分配给各组成环，产品设计常用此形式。

③ 中间计算形式。已知封闭环尺寸和部分组成环尺寸求某一组成环尺寸。该方法应用最广，常用于加工过程中基准不重合时计算工序尺寸。

2.2.7　机床及工装的选择

在制定工艺过程中，对机床设备及工装的选择也是很重要的，它对保证零件的加工质量和提高生产率有着直接影响。

1．机床的选择

在选择设备时，应注意以下几点：

① 机床的主要规格尺寸应与零件的外轮廓尺寸相适应。即小零件应选小的机床，大零件应选大的机床，做到机床的合理使用。

② 机床的精度应与工序要求的加工精度相适应。对于高精度的零件加工，在缺乏精密机床时，可通过机床改造"以粗干精"。

③ 机床的生产率与加工零件的生产类型相适应，单件小批生产选择通用机床，大批量生产选择高生产率的专用机床。

④ 机床选择还应结合现场的实际情况，如机床的类型、规格及精度状况、机床负荷的平衡状况以及设备的分布排列情况等。

2．夹具的选择

单件小批生产，应尽量选用通用夹具，如各种卡盘、台钳和回转台等。为提高生产率，应积极推广使用组合夹具。大批大量生产时，应采用高生产率的气、液传动的专用夹具。夹具的精度应与加工精度相适应。

3．刀具的选择

一般采用标准刀具。必要时也可采用各种高生产率的复合刀具及其他一些专用刀具。刀具的类型、规格及精度等级应符合加工要求，特别是对刀具耐用度要求是一项重要指标。

4．量具选择

单件小批生产中应尽量采用通用量具，如游标卡尺与百分表等。大批大量生产中应采用量规和高生产率的专用检具，如极限量具等。量具的精度必须与加工精度相适应。

2.3　模具的技术经济指标

模具也是一种商品。模具的技术经济指标可以归纳为模具精度、模具生产周期、模具生产成本和模具寿命四个基本方面。在模具生产过程的各个环节都应该对模具四个方面的要求综合考虑。同时模具的技术经济指标也是衡量一个国家、地区和企业模具生产技术水平的重要标志。

1．模具精度

模具零件的加工质量是保证产品质量的基础。模具的精度包括：尺寸精度、形状精度、位置精度和表面质量。

模具精度主要体现在模具工作零件的精度和相关部位的配合精度。为了保证制品精度，模具工作部位的精度必须高于制件精度的 2 级或以上，例如，冲裁模刃口尺寸的精度要高于产品制件的精度。模具间隙的大小是模具设计与制造精度的主要依据。为保证冲压件、塑料件和压铸件等的尺寸精度与形状位置精度，以及制件质量（如冲压件截面质量与毛刺高度、塑料件和压铸件的壁厚等），必须保证模具成型件凸模与凹模（或型芯、型腔）之间的间隙。成型件之间的配合间隙及均匀性，是组成模具装配尺寸链的"封闭环"，为保证此封闭环的精度要求，则必须提高零部件的精度和质量。

按模具在工作状态和非工作状态的精度不同，又分为动态精度和静态精度。平时测量出的精度都是非工作状态下进行的——如冲裁间隙，即静态精度。而在工作状态时，受到工作条件的影响，其静态精度数值都发生了变化，这时称为动态精度，这种动态冲裁间隙才是真正有实际意义的。对于高速冲压模、大型件冲压成型模、精密塑料模，不仅要求具有精度高，还应有良好的刚度。这类模具工作负荷较大,当出现较大的弹性变形时,不仅要影响模具的动态精度,而且关系到模具能否继续正常工作。因此,在模具设计中,在满足强度要求时,对于模具刚度也应得到保证,同时在制造时也要避免由于加工不当造成的附加变形。

影响模具精度的主要因素如下:

① 制件精度。产品制件的精度越高,模具工作零件的精度就越高。模具精度的高低不仅对产品制件的精度有直接影响,而且对模具的生产周期、生产成本以及使用寿命都有很大的影响。

② 模具加工技术水平。模具加工设备的加工精度和自动化程度,是保证模具精度的基本条件。今后模具零件精度将更大地依赖模具加工技术手段的高低。

③ 模具装配钳工的技术水平。模具的最终精度很大程度上依赖于装配调试,模具光整表面的表面粗糙度大小也主要依赖于模具钳工的技术水平,因此,模具钳工技术水平如何是影响模具精度的重要因素。

④ 模具制造的生产方式和管理水平。例如,模具工作刃口尺寸在模具设计和生产时,是采用"实配法"还是"分别制造法"是影响模具精度的重要方面。对于高精度模具只有采用"分别制造法"才能满足高精度的要求和实现互换性生产。

2. 模具生产周期

模具的生产周期是从接受模具订货任务开始到模具试模后交付合格模具所用的时间。目前,模具使用单位要求模具的生产周期越来越短,以满足市场竞争和更新换代的需要。因此,模具生产周期长短是衡量一个模具企业生产能力和技术水平的重要标志之一,也关系到一个模具企业在激烈的市场竞争中有无立足之地。同时模具的生产周期长短也是衡量一个国家模具技术管理水平高低的标志。

影响模具生产周期的主要因素如下:

① 模具技术和生产的标准化程度。模具标准化程度是一个国家模具技术和生产发展到一定水平的产物。目前,我国模具技术的标准化已有良好的基础,有模具基础技术标准、各种模具设计标准、模具工艺标准、模具毛坯和半成品件标准以及模具检验和验收标准等。由于我国专业模具厂的组织形式大多是"大而全"、"小而全"的状况,使模具标准件的商品化程度不高,这是影响模具生产周期的重要因素。

② 模具企业的专门化程度。现代工业发展的趋势是企业分工越来越细,企业产品的专门化程度越高,越能提高产品质量和经济效益,并有利于缩短产品的生产周期。目前,我国模具企业的专门化程度还较低。只有各模具企业生产自己最擅长的模具类型,有明确和固定的服务范围,同时各模具企业相互配合搞好协作化生产,才能缩短模具生产周期。

③ 模具生产技术手段的现代化。模具设计、生产、检测手段的现代化也是影响模具生产周期的重要因素。只有大力推广和普及模具 CAD/CAM 技术和网络技术,才能使模具的设计效率得到大幅度提高;模具的机械加工中,毛坯下料采用高速锯床、阳极切割和砂轮切割等高效设备,粗加工要采用高速铣床、强力高速磨床;精密加工采用高精度的数控机床,如数控仿形铣床、数控光学曲线磨床、高精度数控电火花线切割机床、数控连续轨迹坐标磨床等;推广先进快速制模技术,使模具生产技术手段提高到一个新水平。

④ 模具生产的经营和管理水平。从管理上要效率,研究模具企业生产的规律和特点,采用现代化的管理手段和制度管理企业,也是影响模具生产周期的重要因素。

3．模具生产成本

模具生产成本是指企业为生产和销售模具支付费用的总和。模具生产成本包括原材料费、外购件费、外协件费、设备折旧费、经营开支等。从性质上分为生产成本、非生产成本和生产外成本，这里所讲的模具生产成本是指与模具生产过程有直接关系的生产成本。

影响模具生产成本的主要因素如下：

① 模具结构的复杂程度和模具功能的高低。现代科学技术的发展使模具向高精度、多功能和自动化方向发展，相应地提高了模具的生产成本。

② 模具精度的高低。模具的精度和刚度越高，模具生产成本就越高。模具精度和刚度应该与客观需要的产品制件、生产纲领的要求相适应。

③ 模具材料的选择。在模具费用中，材料费用在模具生产成本中约占25%～30%，特别是因模具工作零件材料类别的不同，相差较大。因此，应该正确地选择模具材料，使模具工作零件的材料类别首先应与要求的模具寿命相协调，同时应采取各种措施充分发挥材料的效能。

④ 模具加工设备。模具加工设备向高效、高精度、高自动化、多功能发展，使模具成本相应提高。应该充分发挥设备的效能，提高设备的使用效率。

⑤ 模具的标准化程度和企业生产的专门化程度。这些都是制约模具成本和生产周期的重要因素，应通过模具工业体系的改革，有计划、有步骤地解决。

4．模具寿命

模具寿命是指模具在保证产品零件质量的前提下，所能加工制件的总数量，它包括工作面的多次修磨和易损件更换后的寿命。

模具寿命一般可分为设计寿命和使用寿命。在模具设计阶段就应明确该模具适用的生产批量类型或者模具生产制件的总数量，即模具的设计寿命。在正常情况下，模具的使用寿命应大于设计寿命。不同类型的模具正常损坏的形式也不一样，但总的来说，工作表面损坏的形式有摩擦损坏、塑性变形、开裂、疲劳损坏、啃伤等。

影响模具寿命的主要因素如下：

① 模具结构。合理的模具结构有助于提高模具的承载能力，减轻模具承受的热—机械负荷水平。例如，模具可靠的导向机构，对于避免凸模和凹模之间的互相啃伤是有帮助的。又如，承受高强度负荷的冷镦和冷挤压模具，对应力集中十分敏感，当承力件截面尺寸变化时，最容易由于应力集中而开裂。因此，对截面尺寸变化处理是否合理，对模具寿命影响较大。

② 模具材料。应根据产品零件生产批量的大小，选择模具材料。生产的批量越大，对模具的寿命要求也越高，此时应选择承载能力强、抗疲劳破坏能力好的高性能模具材料。另外，应注意模具材料的冶金质量可能造成的工艺缺陷及工作时的承载能力的影响，采取必要的措施来弥补冶金质量的不足，以提高模具寿命。

③ 模具加工质量。模具零件在机械加工、电火花加工，以及锻造、预处理、淬火、表面处理过程中的缺陷都会对模具的耐磨性、抗咬合能力、抗断裂能力产生显著的影响。例如，模具表面残存的刀痕、电火花加工的显微裂纹、热处理时的表层增碳和脱碳等缺陷都对模具的承载能力和寿命带来影响。

④ 模具工作状态。模具工作时，使用设备的精度与刚度、润滑条件、被加工材料的预处理状态、模具的预热和冷却条件等都对模具寿命产生影响。例如，薄料的精密冲裁对压力机的精度、刚度尤为敏感，必须选择高精度、高刚度的压力机，才能获得良好的效果。

⑤ 产品零件状况。被加工零件材料的表面质量状态、材料硬度、伸长率等力学性能，被加

工零件的尺寸精度都对模具寿命有直接的关系。如镍的质量分数为 80%的特殊合金成型时极易和模具工作表面发生强烈的咬合现象，使工作表面咬合拉毛，直接影响模具能否正常工作。

总之，模具的技术经济指标是相互影响和互相制约的，而且影响因素也是多方面的。在实际生产过程中要根据产品零件和客观需要综合平衡，抓住主要矛盾，求得最佳的经济效益，满足生产的需要。

思考题和习题

2-1　何谓生产过程、工艺过程、工序、安装？

2-2　试举一个在车床上以一道工序两次安装加工零件的实例；一个以复合工步加工的实例。

2-3　什么是生产纲领？它对工艺过程有哪些影响？如何计算零件的生产纲领？

2-4　模具零件生产类型分几类？每种生产类型有何工艺特征？

2-5　模具制造工艺规程的编制包括哪些内容？

2-6　工艺文件有哪几种？说明它们的应用。

2-7　模具设计时，应怎样考虑模具零件的结构工艺性？试举例加以说明。

2-8　何谓基准？基准分几种？举例说明它们之间的区别。

2-9　根据什么原则选择粗基准和精基准？

2-10　机械加工为什么要划分加工阶段？各加工阶段的作用是什么？

2-11　何谓加工余量、总加工余量和工序余量？确定加工余量的方法有几种？各应用在什么场合？

2-12　一根光轴，直径为 $\phi30f6$，长度为 240mm，在成批生产的条件下，试计算外圆表面加工各道工序的工序尺寸及其公差。其加工过程为下料→粗车→精车→粗磨→精磨（各工序余量可查有关手册确定）。

第 3 章

模具的机械加工

教学目标： 了解模具各种机械加工方法、刀具及设备；掌握车削、铣削、刨插削、镗削、磨削的工艺特点及加工工艺；能根据模具零件的几何形状，正确选择机械加工方法。

教学重点和难点：

✧ 模具加工中常用的一般机械加工方法
✧ 仿形铣削加工工艺
✧ 模具零件孔的精密加工方法（坐标镗削、坐标磨削）
✧ 模具成型表面精加工方法（成型磨削）

机械加工方法广泛用于制造模具零件。当模具形状结构简单，精度要求不高时采用机械加工方法，可直接完成模具加工；当模具形状复杂时，机械加工可完成模具的粗、半精加工，为进一步加工创造条件。对凸凹模等模具的工作零件，即使采用其他方法（如特种加工），也仍然有部分工序要由机械加工模来完成。

用机械加工方法制造模具，在工艺上要充分考虑模具零件的材料、结构形状、尺寸、精度、热处理及使用寿命等方面的要求，采用合理的加工方法和工艺过程，尽可能通过加工设备来保证模具的加工质量，减少钳工修配工作量，提高生产率和降低成本。

3.1 车削加工

在模具制造中，车削加工主要用来加工圆柱形、圆盘形、圆套形等零件的旋转面（外圆、内孔）和端面，以及内、外螺纹等。应用车削加工的模具零件有：导柱与导套、推杆与推管、圆凹模与圆凸模、模柄、圆推板、回转体型芯、型腔的回转表面部分、螺纹型芯与型腔，以及模具专用的圆柱销、挡销、限位钉、拉杆等，这些零件多数都是模具标准件。

车削加工易于保证各加工表面的的位置精度，车刀结构简单，切削过程比较平稳，有利于提高生产率，是机械加工的主要方式之一。模具零件一般在卧式车床上加工。精车的尺寸精度可达IT6~IT8，表面粗糙度为 $Ra0.8\sim1.6\mu m$。根据模具的精度要求，车削加工一般作为回转体表面的中间工序或最终工序。

3.1.1 普通车削

在模具零件加工中，普通车削可加工具有回转体表面的导柱、导套、凸凹模、型芯、顶杆、模柄及各类柱销等。

1. 常用装夹方式

当模具零件的外形呈规则形状时，加工时可采用三爪卡盘装夹工件，其装夹特点是能自动定心、装卸方便。但是模具零件的外形一般不规则，必须采用其他装夹方法。四爪单动卡盘可用于装夹较大且形状不规则的零件，装夹特点是夹紧力大、装卸麻烦。对于外形不规则且形状复杂的零件，可以采用花盘进行装夹，但需要进行转动平衡；装夹时常用的附件有角铁、方头螺栓、V形铁、压板、平垫铁、平衡块。采用花盘或花盘和角铁装夹的方法如图3-1所示。

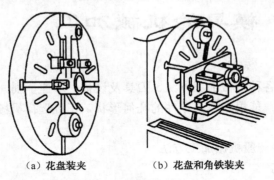

（a）花盘装夹　　　　（b）花盘和角铁装夹

图 3-1　花盘和角铁装夹

在车削时，选择零件的定位基准是保证车削精度的关键。如在车削模具柱、销类零件时，一般应采用轴两端中心孔作为定位基准。而在车削孔类零件时，要采取在一次装夹下，使内孔外圆一次车出，以保证内孔与外圆同轴度的要求。

2. 对拼式型腔和多模具型腔的加工

除了上述常规车削加工外，还需要采用一些特殊的车削工艺方法。

对于注射模、吹塑模、压铸模、玻璃模和胀形模等模具的型腔，为了便于取出工件，往往设计成对拼式，即型腔的形状由两个半片或多个镶件组成。加工对拼式型腔，为了保证型腔尺寸的准确性，通常应预先将各镶件间的接合面磨平，互相间用工艺销钉固定，组成一个整体后再进行车削。具体加工工艺过程详见第6章的6.4.1节。

对于型腔形状适合于车削加工的多型腔模具，可利用辅助顶尖校正型腔中心，并逐个车出。图3-2所示为多型腔塑料模的动模。车削前，先加工工件外形，并在四个型腔中心上打样冲眼或中心孔。车削时，把工件初步装夹在车床卡盘上，将辅助顶尖一端顶住样冲眼或中心孔，另一端顶在车床尾座上，用手转动卡盘，以千分表校正辅助顶尖外圆，调整工件位置，使辅助顶尖的外圆校正为止，调整过程如图3-3所示。车完一个型腔后，用同样的方法校正另一个型腔中心，进行车削。辅助顶尖的结构如图3-4所示，要求$\phi16$mm与$\phi10$mm的外圆保持同心。

3. 车圆锥面和球面专用夹具及装置

在普通车床上增设相应的夹具及装置，可用来车削内外锥面、球面等旋转面。

图3-5所示的夹具可用来车削加工圆锥体、圆锥孔和圆锥螺纹。其工作原理为：采用螺钉将夹具底座4固定于机床导轨上。底座4上有凹槽与转盘座5上的凸缘相配合。转盘体1的下部凸圆与转盘座5上的孔滑动配合，可转动一定角度。夹具主轴2由万向联轴器6与三爪自定心卡盘7相连接，使夹具主轴进行旋转，作车削加工运动。被加工工件3装夹在三爪卡盘9上，将转盘1转过一定角度后，用螺钉与转盘座5紧固，即可进行锥度加工。

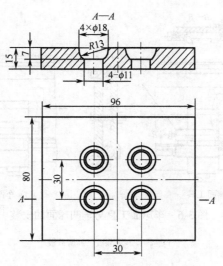

图 3-2　多型腔塑料模动模

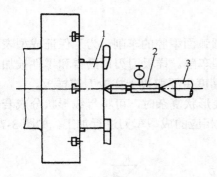

图 3-3　辅助顶尖校正型腔中心

1-坯料；2-辅助顶尖；3-车床尾座

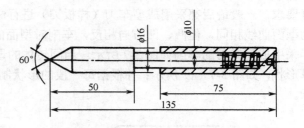

图 3-4　辅助顶尖结构

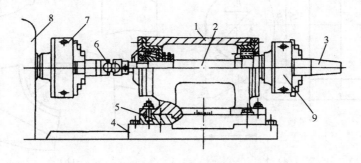

图 3-5　车锥体专用夹具

1-转盘体；2-夹具主轴；3-工件；4-底座；5-转盘座；6-万向联轴器；7、9-三爪自定心卡盘；8-车床主轴箱

　　模具加工中经常会遇到球面的加工，这样的零件如拉深凸模、浮动模柄、球面垫圈和塑料模的型芯等。卧式车床上车球面工具如图 3-6（a）所示，可调连杆 1 一端与固定在机床导轨的基准板 2 上的轴销铰接，另一端与调节板 3 上的轴销铰接，调节板 3 用制动螺钉紧固在中滑板上。当中滑板横向自动进给时，由于连杆 1 的作用，使床鞍作相应的纵向移动，而连杆绕基准板上的轴销回转使刀尖画出圆弧轨迹。图 3-6（b）所示为车凹球面时的安装。

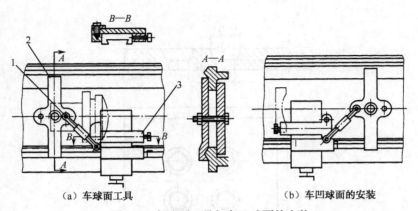

（a）车球面工具   （b）车凹球面的安装

图 3-6   车球面工具与车凹球面的安装

1-连杆；2-基准板；3-调节板

3.1.2   成型车削

1. 成型车刀车削

在模具加工中，对于较精密的如球形面、半圆面或圆弧面型腔的车削，为了保证成型表面的精度要求，一般最后都采用成型车刀（样板刀）进行成型车削。样板刀刃口磨得和零件被加工部分的型面曲线相同，但凸、凹方向相反，车削时型面的精度主要取决于样板刀或样板。

采用成型车刀的车削如图 3-7 所示。当回转体的母线形状复杂时，可将母线形状分成若干段简单形状，如图 3-7（a）所示；并根据每一段的形状制成相应的成型车刀进行加工，如图 3-7（b）所示。

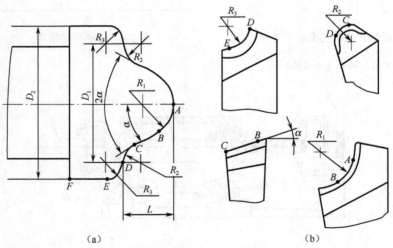

（a）   （b）

图 3-7   成型车刀的车削

样板刀车削成型法，主要适用于加工零件上的大圆角、圆弧槽及变化范围较小的比较复杂的型面。

2. 仿形车削

仿形车削是采用仿形装置使车刀在纵向走刀的同时，又按预定的轨迹横向走刀，通过纵向走刀和横向走刀的复合运动，完成零件的复杂旋转曲面的内、外形加工。仿形车削可在仿形车床或普通车床上利用靠模装置来加工。下面主要介绍普通车床上采用靠模装置的仿形车削方法。

在加工批量较大及有特殊型面的凸模或型芯时，可以采用图 3-8 所示的靠模仿形车削加工方法。靠模 1 由托脚 6 固定安装在车床床身上，靠模上有与工件形状和尺寸相同的曲线型槽。在使用靠模时需拆除中拖板丝杠，用连接板 3 将中拖板 5 和滚柱 2 固定在一起，滚柱直径与槽宽相同，可自由地沿着靠模 1 中的曲线槽滑动。当大拖板作纵向移动时，中拖板及车刀沿着靠模作横向移动，从而可车出与靠模形状相同的型面。调整刀架小滑板，可调节吃刀量。

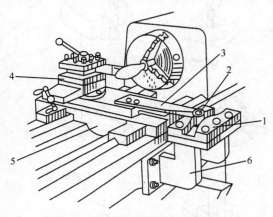

图 3-8　车外成型面的靠模装置

1-靠模；2-滚柱；3-连接板；4-刀架；5-中拖板；6-托脚

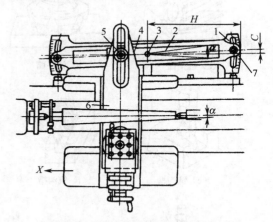

图 3-9　车圆锥体的靠模装置

1-靠模座；2-靠模；3-轴销；4-滑块；5-压板；6-中拖板；7-螺钉

圆锥面除可用上述图 3-5 所示的车锥体专用夹具的方法车削外，还可采用图 3-9 所示的车圆锥体的靠模装置进行仿形加工。靠模座 1 固定于床身上，用螺钉 7 固定靠模 2，轴销 3 可调整锥角 α。滑块 4 在靠模 2 的导向槽内滑动，带动中拖板 6 随刀架滑枕作 X 方向进给运动。拆除中拖板 6 的丝杆，进给由刀架小滑块调节。

锥角 α 通过移动量 C 调节，即

$$C = H\frac{D-d}{2l} \quad 或 \quad C = H\frac{K}{2}$$

式中　H——靠模转动中心至刻线距离；

D、d——工件锥形部分大、小端直径；

l——工件锥形部分长度，称支距；

K——工件的锥度。

仿形车削一般用于精加工工序，在仿形车削之前应先将毛坯粗车成型，并留有较少的加工余量（一般不大于 2.5mm）。

3.2　铣削加工

铣削加工是应用相切法成型原理，以铣刀旋转作主运动，工件或铣刀作进给运动的切削加工方法，是目前应用最广泛的加工方法之一。铣床的种类很多，主要有卧式万能铣床、立式铣床、万能工具铣床、键槽铣床等。铣削可用来加工平面（按加工时所处的位置分为水平面、垂直面、斜面）、沟槽（包括直角槽、V 形槽、T 形槽、燕尾槽、圆弧槽、螺旋槽）、台阶面、成型表面、

型腔表面等。铣削加工的应用如图 3-10 所示。

在模具零件的铣削加工中，应用最广的是立式铣床和万能工具铣床的普通立铣加工、仿形铣床的铣削加工等。普通立铣适合于各种中小型模具零件外形、非回转曲面型腔、较规则型面的加工，应用较普遍；仿形铣削适合于加工复杂的成型表面。

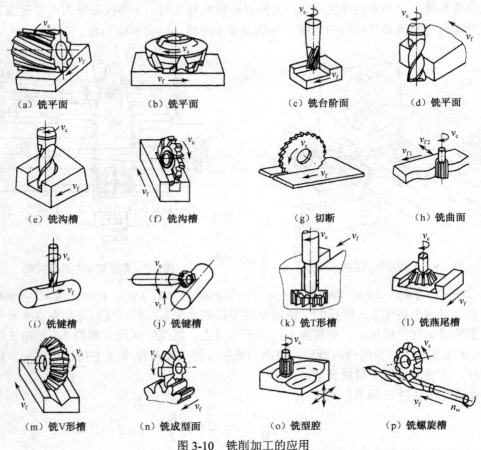

| （a）铣平面 | （b）铣平面 | （c）铣台阶面 | （d）铣平面 |

| （e）铣沟槽 | （f）铣沟槽 | （g）切断 | （h）铣曲面 |

| （i）铣键槽 | （j）铣键槽 | （k）铣T形槽 | （l）铣燕尾槽 |

| （m）铣V形槽 | （n）铣成型面 | （o）铣型腔 | （p）铣螺旋槽 |

图 3-10　铣削加工的应用

3.2.1　普通铣削

铣削加工精度可达 IT8～IT10，表面粗糙度 Ra 可达 0.8～1.6μm。铣削时，留 0.05mm 的修光余量，经钳工修光即可得到所要求的型腔。当型腔或型面的精度要求高时，铣削加工仅作为中间工序，铣削后需用成型磨削或电火花加工等方法进行精加工。

1．平面或斜面的加工

铣削平面有卧铣、立铣两种方式，其中立铣的加工质量好、生产率高。因此，模具零件的平面或斜面的加工经常采用端铣刀在立式铣床上进行。一般模具的侧面是画线和后续加工的基准，所以，铣削加工时要求模具的一个相邻的两侧面相互垂直。

2．圆弧面的加工

回转工作台是立铣加工中常用的附件，利用它可以加工带圆弧的型面和型槽。手动和机动回转工作台的结构如图 3-11 和图 3-12 所示。

（1）手动回转台工作原理

如图 3-11 所示，工件装在转台 2 上，旋转手轮 4，通过蜗轮—蜗杆副使转台旋转，从而带动工件绕转台中心转动；利用手柄 5 锁紧转台，可进行直线进给铣削；转台边缘有刻度线，旋转手轮，旋转工件到一定角度，再锁紧，则可进行分度加工。松开螺钉 6，拔出偏心套插销 7，并将其插入另一条槽内，便可使蜗轮—蜗杆脱开，这时可直接用手推动转台旋转。

（2）机动回转台工作原理

如图 3-12 所示，利用手柄 2，可脱开或合上蜗杆副。合上，则通过联轴器传递机床动力，使转盘连续旋转进给铣削工件；脱开，则装手轮于方头 1 上，可进行手动旋转进给或分度铣削工件。

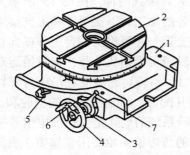 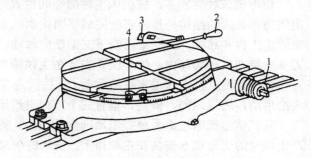

图 3-11　手动回转台　　　　　　　　　　　　图 3-12　机动回转台

1-底座；2-转台；3-蜗杆轴；4-手轮；5-手柄；6-螺钉；7-偏心套插销　　　　　　1-方头；2-手柄；3-轴；4-挡铁

（3）利用回转工作台铣削圆弧面的加工方式

如图 3-13 所示，将回转台安装在立式铣床的工作台上，工件则安装在回转台上。加工时，先使铣床主轴中心对正回转台的中心，然后安装工件，使圆弧中心与回转台的中心重合。移动工作台（移动的距离为 R），转动回转台即可进行加工。加工时需要严格控制回转台的转动角度。对于更复杂的型面，可利用回转台与铣床工作台的组合运动实现进给。

3. 复杂型腔或型面的加工

对于不规则的型腔或型面，可采用坐标法加工，即根据被加工点的位置，控制工作台的（X，Y 坐标）移动以及主轴头的升降（Z 坐标）进行立铣加工。例如，图 3-14 所示的不规则型面，其轮廓一般是按极坐标方法设计的，所以，在加工前可按工件的极坐标半径、夹角和加工用铣刀直径计算出铣刀中心在各位置的纵、横向坐标尺寸，然后逐点铣削。当立铣加工的对象为复杂的空间曲面时，也可采用坐标法，但需控制 X、Y、Z 三个坐标方向的移动。

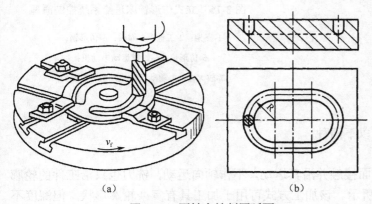 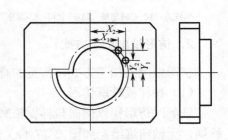

（a）　　　　　　　　　　　　　　　（b）

图 3-13　回转台铣削圆弧面　　　　　　　　图 3-14　不规则型面的立铣加工

坐标法加工后的型腔或型面的精度较低，需要经过钳工修整才能获得比较平滑的表面。

3.2.2　仿形铣削

仿形铣削是利用仿形铣床和靠模装置，自动地将毛坯加工成与靠模形状相同的型腔型面的工艺方法。其自动化程度高、效率高，能减轻工人的劳动强度，可较容易的加工出复杂型腔。型腔加工精度可达 0.05mm，表面粗糙度 Ra 可达 3.2～6.3μm。

1．仿形铣床工作原理

仿形铣床种类较多，按机床主轴的空间位置可分为立式和卧式两种。图 3-15 所示为一立式电气仿形铣床的结构外形，它能完成平面轮廓、立体曲面等的加工。下支架 3 和上支架 4 分别用来固定工件和靠模，上支架可沿下支架横向移动，上、下支架一起可沿工作台 1 作横向移动。铣刀 9 安装在主轴套筒内，仿形仪 6 安装在主轴箱 7 上，主轴箱可沿横梁 8 作横向进给运动，也可与横梁一起沿立柱 5 作垂直进给运动。立柱固定在滑座 12 上，滑座可带着立柱沿床身导轨作纵向进给运动，通过纵向、横向、垂直三个方向进给运动的相互配合，可加工复杂的型腔和型面。

立式仿形铣床进给系统控制原理如图 3-16 所示。进给系统的动作是受仿形电信号控制的。产生信号的仿形仪 5 安装在主轴箱上，铣削时仿形仪左侧的仿形销 4 始终压在靠模 3 表面，随着铣刀 9 的进给，仿形销所受作用力的大小和方向将不断改变，从而使仿形销及仿形仪轴产生相应的轴向位移和摆动，推动仿形仪的信号元件发出控制信号，经放大后就可用来控制进给运动，使刀具产生相应的随动进给，完成仿形运动。加工时纵向进给运动图中未绘出。

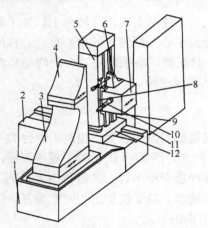

图 3-15　立式仿形铣床外形

1-工作台；2-床身；3-下支架；4-上支架；

5-立柱；6-仿形仪；7-主轴箱；8-横梁；

9-铣刀；10-主轴套筒；11-控制箱；12-滑座

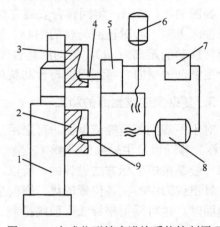

图 3-16　立式仿形铣床进给系统控制原理

1-支架；2-工件；3-靠模；4-仿形销；

5-仿形仪；6-始发运动电动机；

7-放大器；8-随动运动电动机；9-铣刀

2．仿形铣削加工方式

仿形铣削的加工方式，常见的有以下两种。

（1）按样板轮廓仿形

铣削时仿形销以侧面与样板轮廓面接触并沿其运动，不作轴向运动，铣刀也只沿工件的轮廓铣削，无轴向进给，如图 3-17（a）所示。该加工方式可用于加工具有复杂轮廓形状，但深度不变的型腔、型槽或凹模型孔、凸模刃口轮廓等。

（2）按立体轮廓仿形

按切削运动的路线分为水平分行和垂直分行两种。

① 水平分行。滑座台不断作往复水平进给运动，在型腔端部换向。换向时，主轴箱在垂直方向作一次进给运动（周期进给）。反复进行，直到型腔成型，如图 3-17（b）所示。

② 垂直分行。主轴箱不断作往复垂直进给运动，而滑座台在水平方向作周期进给运动，如图 3-17（c）所示。

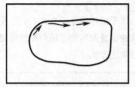 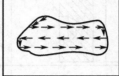 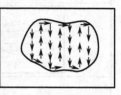

（a）按样板轮廓仿形　　（b）按立体轮廓水平分行　　（c）按立体轮廓垂直分行

图 3-17　常用仿形铣削方式

周期进给方向应根据型腔的形状特点和加工要求来决定。图 3-18 所示为半圆形截面型腔的周期进给。当周期进给方向与半圆柱面的轴线平行时（见图 3-18（a）），切削面的周期进给量（进给距离）相等，加工质量好。反之，若周期进给方向与半圆柱面的轴线垂直（见图 3-18（b）），由于型面为曲面，铣削时周期进给量不能相等，铣刀切削纹痕之间的距离逐渐变化，使加工型面变得不平整。所以，图 3-18（a）所示的加工方式比较合理。

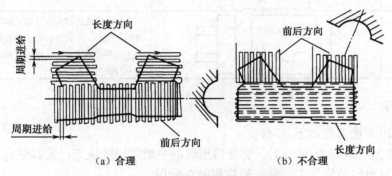

（a）合理　　　　　　　　　　　　　（b）不合理

图 3-18　半圆形截面型腔周期进给

由于模具型腔或型面的形状多种多样，因此，在实际加工中应根据工件形状的特点将上面三种仿形加工基本方式组合起来应用，以便提高加工效率和表面质量。表 3-1 列举了具有各种形状的型腔或型面的仿形铣削加工形式。

表 3-1　仿形铣削加工形式

形状特点	简　图		说　明
长条形			工件加工形状为长条形，用立体轮廓水平分行加工方式
形状变化大			为减少空刀，可采用周期进给的自动超前装置（左图），或同时采用垂直分行与水平分行的组合方式（右图）。若被加工件的绝大部分圆角半径大，则先用半径大的铣刀加工整个形状，仅在半径小的地方以半径小的铣刀加工

续表

形状特点	简　图	说　明
		根据轮廓用平面轮廓仿形方式铣出轮廓凹槽，然后用带有周期超前进给的轮廓方式加工中间部分，去掉大部分切屑后再用立体轮廓水平分行方式加工
有较大的深度和陡壁		用平面轮廓分行方式（深度不变）加工主要部分，其余部分及精加工用周期进给超前立体轮廓水平分行加工方式
		型腔面积较大，圆角半径也大，用直径大的端面圆柱铣刀进行梳行分行加工。预先在工件中部（最深处）用球面铣刀按普通分行铣出一道沟槽，然后用直径比槽略大的圆柱铣刀铣削，铣刀进入槽中部，依次加工坯料的1、2、3、4各部分
型腔深度变化大，侧壁陡，但斜度一致		用深度轮廓方式回绕轮廓加工，其余部用周期进给超前的立体轮廓分行加工
外轮廓		铣刀半径应比凹入部分圆角半径小。如果工件圆角半径很小，沿轮廓被切下的余量又多，可用直径较大的铣刀进行加工，精加工和半精加工时用直径较小的铣刀进行加工

3. 仿形铣刀

仿形加工常用的铣刀有如下三种：

① 圆柱立铣刀（见图 3-19（a））。它是仿形铣削中最常用的铣刀，尤其适合于型腔粗加工及要求型腔底部为清角的仿形加工，常与圆柱形触头配用。

② 圆柱球头铣刀（见图 3-19（b））。它在型腔仿形铣削的半精加工和精加工中应用最广，适合于加工底面与侧壁间有圆弧过渡的型腔，常与球头型触头配用。

③ 锥形球头铣刀（见图 3-19（c））。它可对型腔侧面的出模斜度及底部过渡圆角同时进行精加工，或对具有一定深度和较小的凹圆弧进行加工，常与球头形触头配用。

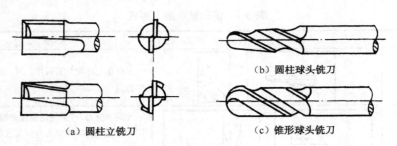

（b）圆柱球头铣刀

（a）圆柱立铣刀　　　　　　　　（c）锥形球头铣刀

图 3-19　仿形铣刀的类型

为了能加工出型腔的全部曲面形状，铣刀端部的圆弧半径必须小于被加工表面凹入部分的最小半径，如图 3-20 所示。锥形铣刀的斜度应小于被加工表面的倾斜角，如图 3-21 所示。为了提高铣削效率，粗铣时应尽量选大直径的铣刀，对于铣不到的凹入部分可换小直径铣刀由精铣来完成。粗加工铣刀圆周齿的螺旋角应做得大些，以改善铣刀的切削性能；精加工时宜采用齿数较多的立铣刀，以便降低已加工表面的表面粗糙度。

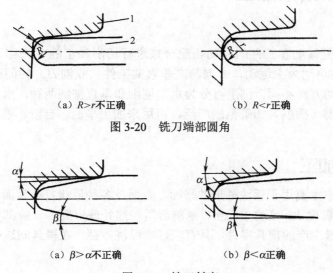

（a）$R>r$ 不正确　　　　　　　　（b）$R<r$ 正确

图 3-20　铣刀端部圆角

（a）$\beta>\alpha$ 不正确　　　　　　　　（b）$\beta<\alpha$ 正确

图 3-21　铣刀斜度

4．靠模与仿形销

仿形铣削前需要预先制备好靠模。靠模是仿形加工的基本工具，其工作表面不仅要保证一定的尺寸、形状和位置精度，还应具有一定的强度和硬度，以承受仿形销施加给靠模表面的压力。根据模具形状和机床构造，不同仿形销施加给靠模表面的压力也不相等（约几十牛至几千牛）。靠模常用的材料有石膏、木材、塑料、铝合金、铸铁或钢板等。靠模工作表面应光滑，工作时加润滑剂。为便于装夹，靠模上应设置装夹部位。

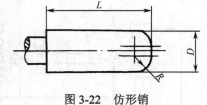

图 3-22　仿形销

仿形销是仿形动作的起始元件。仿形销的形状、尺寸，理论上应与铣刀相同，这样才能实现铣刀与仿形销作相应的同步运动，从而保证仿形铣削精度。但是，由于仿形系统中有关元件的受力变形和惯性位移等因素的影响，常使仿形销产生"偏移"。所以，对仿形销的直径应进行适当的修正，以保证加工精度。仿形销（见图 3-22）的直径为

$$D=d+2(Z+e)$$

式中　　d——铣刀直径；

　　　　D——仿形销直径；

　　　　e——仿形销偏移修正量；

　　　　Z——型腔加工后的钳工修正余量。

仿形销的修正量 e 受设备、仿形速度、仿形销结构尺寸及模具型腔的形状等多种因素的影响，所以，e 值的大小必须在机床上经过实测才能确定，并在修正后才能进行仿形加工。精仿时，一般取 $e=0.06\sim0.1$mm。

仿形销常采用硬铝、黄铜、塑料等制造，工作表面抛光后表面粗糙度 Ra 小于 1.2μm，其形

状应与靠模形状相适应。仿形销端头的圆弧半径应小于靠模凹入部分的最小圆角半径，仿形销的倾斜角应小于靠模型槽的最小斜角。安装时，仿形销对仿形仪轴的同轴度误差不大于 0.05mm。

3.3　刨削和插削加工

以刨刀的直线往复移动和工件的移动相配合来进行切削加工的方法称为刨削。刨削时刨刀（或工件）的往复直线运动为主运动，方向与之垂直的工件（或刨刀）的间歇移动为进给运动。根据其切削时的主运动方向不同，刨削可分为水平刨削和垂直刨削两种。水平刨削称为刨削，垂直刨削称为插削。刨削（插削）加工范围广泛，可用来加工平面、台阶、燕尾槽、V 形槽、T 形槽、方孔等。

3.3.1　刨削加工

刨削在模具加工中主要用于板块外形的平面、斜面及各种形状复杂表面的加工。刨削加工精度可达 IT10，表面粗糙度 Ra 可达 1.6μm。刨削后需经热处理淬硬，一般都留有精加工余量。用刨床加工单件、小批量生产的模具零件，具有较好的经济效益。在模具制造中应用较多的是牛头刨床和仿形机床。

1．牛头刨床加工

牛头刨床是通用的金属切削加工设备，广泛应用于加工模具的外形平面和曲面。对于较小的工件，通常用平口钳装夹；较大的工件，可直接安装在工作台上。此外，刨削平面时还常用撑板夹紧工件（见图 3-23）。其优点是便于进刀和出刀；可避免薄工件发生变形；夹紧力能使工件底面贴紧垫板。

刨削斜面时，可在工件底部垫入斜垫块使之倾斜，并用撑板夹紧工件（见图 3-24）。斜垫块是预先制成的一批不同角度的垫块，并可用两块以上组成其他不同角度的斜垫块。

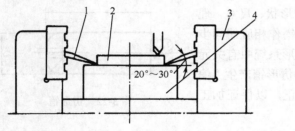

图 3-23　用撑板装夹

1-撑板；2-工件；3-虎钳；4-垫板

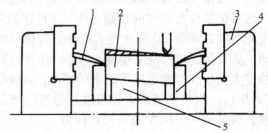

图 3-24　用斜垫块刨斜面

1-撑板；2-工件；3-虎钳；4-垫板；5-斜垫块

对于工件的内斜面，一般采用倾斜刀架的方法进行刨削。牛头刨床刀架的结构如图 3-25 所示。刀架与滑枕的连接部位有转盘，可使刨刀按需要偏转一定角度。转盘上有导轨，摇动刀架手柄，滑板连同刀座沿导轨移动，可实现刨刀的间歇进给（手动）或调整背吃刀量。刀架上的抬刀板在刨刀回程时抬起，以防止擦伤工件和减小刀具的磨损。图 3-26 所示为 V 形槽的刨削加工过程。

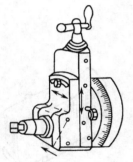

图 3-25　牛头刨床刀架

（a）粗刨　　（b）切槽　　（c）刨斜面　　（d）用样板刀精刨

图 3-26　刨 V 形槽

加工圆弧面时，可使用图 3-27 所示的圆弧面刨削装置。转动手轮 1，蜗杆 2 带动蜗轮 3 旋转，使刀杆 4 转动，刨刀到蜗轮的转动中心的距离即为圆弧半径。

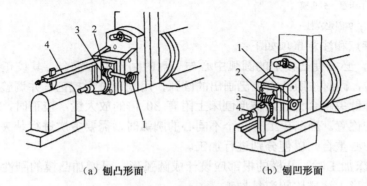

（a）刨凸形面　　　　　　　　　　（b）刨凹形面

图 3-27　刨削加工圆弧面

1-手轮；2-蜗杆；3-蜗轮；4-刀杆

大型曲面凸模可在牛头刨床上采用靠模装置进行加工，如图 3-28 所示。刨削时，将牛头刨床工作台的垂直丝杠和床身底座上的平行导轨拆掉。换上靠模，用滚轮支撑在靠模上，并使其能沿着靠模滚动，当工作台横向走刀和凸模平行移动时，滚轮沿靠模滚动，即带动工作台和凸模相对刨刀作曲线运动，刨削出与靠模形状曲线相反的型面。

2．仿形机床加工

仿形刨床用于加工由圆弧和直线组成的各种形状复杂的凸模。其加工精度为±0.02mm，表面粗糙度 Ra 可达 0.8～1.6μm。

如图 3-29 所示，为仿形机床精加工凸模的示意图。刨削时，

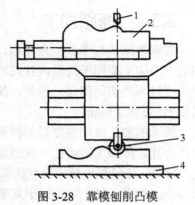

图 3-28　靠模刨削凸模

1-刨刀；2-凸模；3-滚轮；4-靠模

将凸模刃口轮廓划成单一的直线段和圆弧段。凸模 5 固定在工作台的卡盘 4 上，刨刀 8 除了作垂直的直线运动外，当切削到凸模根部时，由于摆臂 7 绕轴 6 摆动，因而能在凸模根部刨出一段圆弧来。工作台通过拖板 1 和拖板 2 可作纵向（机动或手动）或横向（手动）送进运动。装在工作台上的分度头 3，用于使卡盘和凸模旋转及控制其旋转角度。利用刨刀的运动以及凸模的纵、横送进和旋转，可加工各种复杂形状的凸模，如图 3-30 所示。

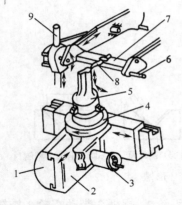

图 3-29　仿形机床加工凸模示意图

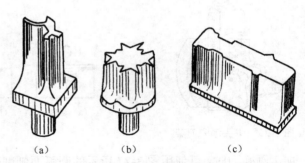

图 3-30　用仿形刨床加工的各种复杂形状的凸模

（a）　　　　　　（b）　　　　　　（c）

1、2-拖板；3-分度头；4-卡盘；5-凸模；

6-轴；7-摆臂；8-刨刀；9-固定立柱

仿形机床加工特点和注意事项如下：

① 加工圆弧时，必须使凸模上的圆弧中心与卡盘的回转中心重合。其校正方法是摇动分度头手柄，使凸模旋转，同时按照凸模上已画出的圆弧，用划针进行校正，并调整凸模的位置，直至圆弧各点均与划针针尖重合为止。仿形刨床上附有 30 倍的放大镜，校正时，可用放大镜观察划针针尖与圆弧间的位置。当凸模上有几个不同心的圆弧时，需要多次进行装夹和调整，逐次使各圆弧中心与卡盘中心重合，以便分别进行加工。

② 采用仿形刨床加工时，凸模的根部应设计成圆弧形，可增加凸模的刚性；凸模的装合部分则设计成圆形或方形，这样比较容易加工。

③ 经仿形刨床加工的凸模应与凹模配修，热处理后还需要研磨和抛光工作表面，以保证凸模与凹模的间隙适当而均匀。

3.3.2　插削加工

插床的结构与牛头刨床相似，不同之处在于插床的滑枕是沿垂直方向作往复运动的。在模具制造中插床主要用于成型内孔的粗加工，有时也用于大工件的外形加工。插床加工时有冲击现象，宜采用较小的切削用量。因此，其生产率和加工表面粗糙度都不高，加工精度可达 IT10，表面粗糙度 Ra 可达 1.6μm。

插床的加工方法主要是根据画线形状，利用插床的纵横滑板和回转工作台插出工件的直壁外形及内孔。所加工的内孔一般都留有加工余量，供后续工序精加工用。

此外，还可利用插床滑枕的倾斜，对带有斜度的内孔进行加工。因为插削是自上而下进行的，插刀切入处在工件上端，便于观察和测量。因为插床的滑枕可以在纵垂直面内倾斜，刀架可以在横垂直面内倾斜，而且有些插床的工作台还能倾斜一定角度，所以，在插床上能加工不同方向的斜面，如图 3-31 所示。

图 3-32 所示为加工好的两种模框的示例。由于四边都有斜度，四角为两个斜面相交，为保证四角的加工质量，可采用四角钻孔的结构以简化加工。若四角必须要有斜度时，可按图示方法将工件用斜度垫块垫起，使其中一斜面与工作台垂直，另一面则与工作台成 α 角度，当加工 A 面时插床可以作直壁加工。加工 B 面时插床滑枕倾斜锥角 α 角即可加工出理想的角度。

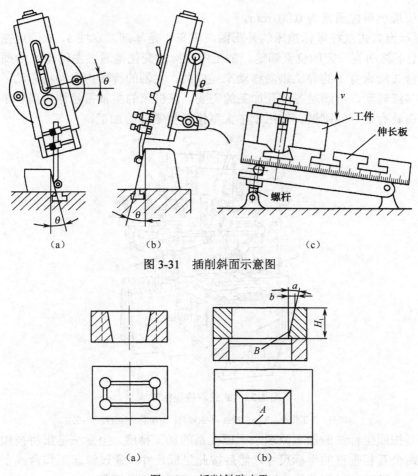

图 3-31　插削斜面示意图

图 3-32　插削斜壁内孔

3.4　镗削加工

镗削的加工范围很广,根据工件尺寸、形状、技术要求及生产批量的不同,镗削加工可在车床、铣床、镗床等机床上进行。在镗床上镗孔时,所用镗床主要为普通镗床和坐标镗床。

普通镗削主要适用于对孔径精度和孔间距精度要求较低的孔的加工。坐标镗削是在坐标镗床上对高精度孔及孔系的加工。孔加工精度可达 IT6～IT7,孔距精度可达 0.005～0.01mm,表面粗糙度 Ra 取决于加工方法,一般可达 0.8μm。下面主要介绍模具零件上的精密孔的坐标镗削加工工艺。

3.4.1　坐标镗床及其加工原理

在模具零件加工中常用立式坐标镗床。它是利用精密的坐标测量装置来确定工作台、主轴的位移距离,以实现工件和刀具的精确定位。毫米以上的工作台和主轴位移值由粗定位标尺读出,通过带校正尺的精密丝杠坐标测量装置来控制;毫米以下的读数通过精密刻度尺和游标刻度尺—光屏读数器坐标测量装置在光屏读数头上读出,或利用光栅—数字显示器坐标测量装置来控制精密位移，读数值最小单位通常为 0.001mm。

图 3-33 所示为立式双柱坐标镗床的外形图。床身 1 是基础，立柱 3、6 固定在床身上，横梁 7 可根据需要上下移动到一定的位置锁定，加工中坐标的变化是通过主轴箱 4 沿横梁 7 的导轨横向移动和工作台 2 沿床身 1 的导轨纵向移动来完成的。主轴的旋转由电动机驱动，通过主轴箱变速机构可实现多级转动，可满足各种孔加工的需要。该机床的主轴箱悬伸距离较小，并且装在龙门框架上，因而具有很好的刚性，常用于中大型模板类零件的加工。

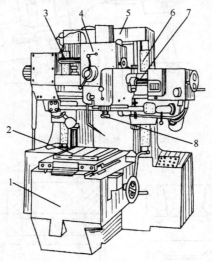

图 3-33　立式双柱坐标镗床

1-床身；2-工作台；3、6-立柱；4-主轴箱；5-顶梁；7-横梁；8-主轴

坐标镗床是按照坐标法的加工原理来保证孔系的加工精度。坐标法是指将被加工孔系的孔间距尺寸换算成两个互相垂直的坐标尺寸，然后按此坐标尺寸，通过镗床工作台或主轴的纵横向移动，使主轴的轴心精确地对正各待加工孔的中心，从而保证孔距精度。

加工时将工件置于机床的工作台上，如图 3-34 所示，用百分表找正相互垂直的基准面 a、b，使其分别和工作台的纵横运动方向平行后夹紧。然后使基准 a 与机床主轴的轴线对准，将工作台纵向移动 X_1；再使基准 b 与主轴的轴线对准，将工作台横向移动 Y_1。此时，主轴的轴线与孔 I 的轴线重合，可将孔 I 加工到所要求的尺寸。加工完孔 I 后按坐标尺寸 X_2、Y_2 及 X_3、Y_3 调整工作台，使孔 II 及孔 III 的轴线依次和机床主轴的轴线重合，镗出孔 II 及孔 III。

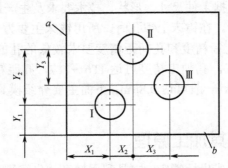

图 3-34　孔系的笛卡儿坐标尺寸图

在工件的安装调整过程中，为了使工件上的基准 a 或 b 对准主轴的轴线，可以采用多种方法。图 3-35 所示为是用定位角铁和光学中心测定器进行找正。中心测定器 2 以其锥柄定位，安装在镗

床主轴的锥孔内，在目镜 3 的视场内有两对十字线。定位角铁的两个工作表面互成 90º，在它的上平面上固定着一个直径约 7mm 的镀铬钮，钮上有一条与角铁垂直工作面重合的刻线。使用时将角铁的垂直工作面紧靠工件 4 的基准面（a 面或 b 面），移动工作台从目镜观察，使镀铬钮上的刻线恰好落在目镜视场内的两对十字线之间，如图 3-36 所示。此时，工件的基准面已对准机床主轴的轴线。

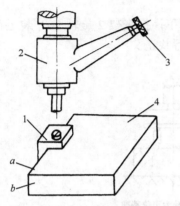 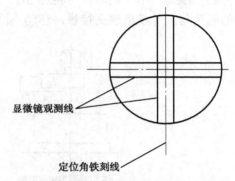

显微镜观测线

定位角铁刻线

图 3-35　用定位角铁和光学中心测定器找正　　　图 3-36　定位角铁刻线在显微镜中的位置

1-定位角铁；2-光学中心测定器；3-目镜；4-工件

百分表中心指示器用途也很广，它可以找正被固定的工件孔或圆柱体的中心线与主轴中心重合；又可以找正被安装工件的水平面垂直于主轴中心线或平行于工作台面；还可以找正被安装工件的垂直平面或圆柱形表面的母线平行于纵向或横向移动方向。百分表中心指示器的结构如图 3-37 所示，锥体 5 装在机床主轴锥孔内，壳体 8 可以沿着小滑板 7 移动，小滑板又可以沿着上支座 6 移动，调整测杆 3 相对于主轴的位置以适应不同直径的工件的找正。

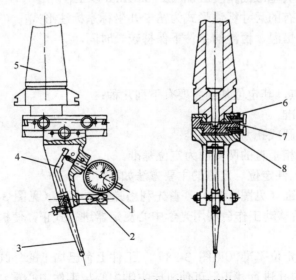

图 3-37　百分表中心指示器结构

1-百分表；2-表架；3-测杆；4-杠杆；5-锥体；6-上支座；7-小滑板；8-壳体

当工件的基准是一个孔时，必须保证工件基准孔的中心与机床主轴中心重合。可将中心指示器安装在主轴上，调整图 3-37 中壳体 8 在小滑板上的位置，使测杆调至基准孔的直径范围内并能触及孔的表面，然后将主轴变为空挡，用手旋转主轴，同时调整工作台与滑板直至百分表的指针没有偏摆为止，此时主轴中心与工件中心重合。以内孔为定位基准的找正示意图，如图 3-38（b）所示。

若要找正圆柱体中心，则将图 3-37 中壳体 8 拆下，转动 180°改变测杆的方向指向工件外圆，然后再装上，如图 3-38（a）所示，即可进行找正，找正原理与以内孔为定位基准的找正方法相同。

当工件的基准是一个平面时，可将图 3-37 中测杆 3 拆下，把表架 2 旋转 90°装上百分表，将百分表的触头与工件基准表面接触，移动小滑板即可进行找正。

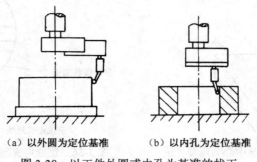

（a）以外圆为定位基准　　　（b）以内孔为定位基准

图 3-38　以工件外圆或内孔为基准的找正

3.4.2　坐标镗削加工工艺

1．加工准备

加工前的准备工作如下：

① 对工件预加工，其基准面精度应加工到 0.01mm 以上；

② 更换零件图上原有的尺寸标注形式为笛卡儿坐标系标注形式；

③ 机床与工件需在恒温、恒湿的条件下保持较长时间。

2．工件定位装夹

根据工件的形状特点，其定位基准主要有下列几种：

① 以画线为定位基准；

② 圆形工件常以外圆或孔为定位基准；

③ 矩形工件常以互相垂直的两侧面为定位基准。

加工前，首先要使工件定位。定位的主要方法如下：

① 以画线为定位基准（见图 3-39）　首先利用弹簧中心冲（见图 3-40）在工件各孔中心上画出互相垂直的线，然后移动工作台利用光学中心测定器进行找正，使机床主轴中心对准被加工孔的中心。

② 以外圆或内孔为定位基准（见图 3-38）　工件上有已加工的外圆或内孔时，利用装在主轴上的百分表对外圆或内孔进行找正，可使机床主轴中心与工件中心重合。在此位置将粗定位标尺定在某整数上，而光屏读数则调至零位。

③ 以互相垂直的两侧面为定位基准　这是常用的方法，其找正的方法主要有以下三种：

a．用定位角铁和光学中心测定器找正。

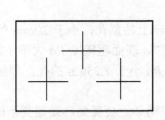

图 3-39　按画线定位

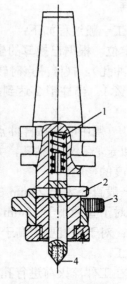

图 3-40　弹簧中心冲

1-弹簧；2-柱销；3-手轮；4-顶尖

　　b. 用千分表和专用工具找正。找正之前，先装夹工件并校正基准面的平行度，然后将专用工具（见图 3-41）压在工件基准面上，用装在主轴上的千分表测量专用工具内槽两侧面，移动工作台使两侧面的千分表读数相同，此时主轴中心已对准基准面。

　　c. 用芯轴定位棒找正。调整工件基准面与机床工作台轴线平行后紧固，将芯轴定位棒装夹于机床主轴，并使定位棒靠近工件基准面，用精密量块测得定位棒侧面与基准面的距离 Z（见图 3-42），则主轴中心与工件基准面之间的距离为

$$X = \frac{D}{2} + Z$$

式中　D——芯轴定位棒直径，D 取 20mm。

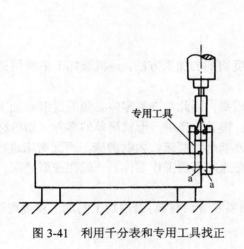

图 3-41　利用千分表和专用工具找正

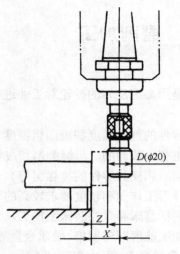

图 3-42　用芯轴定位棒找正

3．加工过程

坐标镗削加工一般过程如下：

① 孔中心定位　根据已换算的坐标值，在各孔的中心位置用弹簧中心冲（见图 3-39）确定孔的位置（打样冲孔）。打样冲点时转动手轮 3，使手轮上的斜面将柱销 2 往上推，从而使顶尖 4 被提升而压缩弹簧 1。当柱销 2 达到斜面最高位置时继续转动手轮 3，则弹簧 1 将顶尖 4 弹下即打出中心点。

② 钻定心孔　用中心钻按样冲点钻中心孔，以防直接钻孔时轴向力引起孔的偏斜。

③ 钻孔　以定心孔定位钻孔，并根据各孔的直径由大到小的顺序钻出所有的孔，以减小工件变形对加工精度的影响。

④ 镗孔　一般直径大于 20mm 的孔应先在其他机床上钻预孔，小于 20mm 的孔可在坐标镗床上直接加工。对于直径小于 20mm，精度要求低于 IT7，表面粗糙度 Ra 大于 1.25μm 的孔，可以铰孔代替镗孔；对于精度要求高于 IT7，表面粗糙度 Ra 小于 1.25μm 的孔，则应先钻孔再安排半精镗和精镗加工。

坐标镗床是在工件淬火前进行孔加工的，淬火后凹模必然会受到热处理变形的影响。因此，对于精度要求较高的凹模一般都设计成镶拼结构（见图 3-43），固定板 1 用普通钢材制造，经过坐标镗床加工各孔后，不进行热处理，这样就保证了加工的孔距精度，而凹模镶块 2 是在淬火和磨削后分别压入固定板的各个孔内。

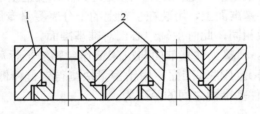

图 3-43　镶入式凹模

1-固定板；2-凹模镶块

3.5　磨削加工

磨削是用高速旋转的砂轮对工件进行微小厚度切削的加工方法，是机械加工中常用的加工方法之一。

模具零件的加工精度和表面粗糙度一般要求较高，因此，许多零件必须经过磨削加工。常见的磨削加工有一般磨削、坐标磨削和成型磨削等。模具生产中，形状简单的零件（如导柱、导套的内、外圆面和模具零件的接触面等）一般选用万能外圆磨床、内圆磨床、平面磨床进行加工，而模具的异形工作面和精度要求较高的零件（如高速冲模的工作零件）一般在成型磨床、光学曲线磨床、坐标磨床和数控磨床上加工。

磨削加工能磨削淬硬钢、硬质合金等高硬度材料和普通材料。磨削加工的加工精度可达 IT4～IT6，表面粗糙度 Ra 可达 0.2～1.6μm。

3.5.1　一般磨削

一般磨削加工是指在普通磨床上进行的磨削加工，包括平面磨削、外圆磨削、内圆磨削。

1．平面磨削

平面磨削一般是在铣削、刨削的基础上进行的精加工，加工时工件通常装夹在电磁吸盘上。平面磨削的方法有周磨和端磨两种。周磨使用卧轴平面磨床，用砂轮的圆周面来磨削平面；端磨使用立轴平面磨床，用砂轮的端面来磨削平面。卧轴平面磨床磨削时发热量少，冷却和排屑条件好，加工精度可达 IT5～IT6，表面粗糙度 Ra 可达 0.2～0.8μm，在模具零件加工中应用较多。立轴平面磨床用来磨削冲裁模的刃口比较方便。

用平面磨床加工模具零件时，要求零件的上、下平面与基准面（塑料模为分型面，冷冲模为上模座上平面或下模座下平面）平行，同时还应保证基准面与各有关平面的垂直度。

（1）平行平面的磨削

模具模板的两平面要求相互平行，要求表面粗糙度 Ra 小于 0.8μm。这时应在平面磨床上反复交替磨削两平面，逐次提高平行度和降低表面粗糙度。

（2）垂直平面的磨削

模具垂直平面的磨削方法如图 3-44 所示。图 3-44（a）所示为用精密平口钳装夹工件，通过精密平口钳自身的精度保证模具的垂直度要求；图 3-44（b）所示为用精密角铁和平行夹头装夹工件，用百分表找正后磨出该垂直面，适用于磨削尺寸较大的垂直面；图 3-44（c）所示为用导磁角铁和平行垫铁装夹工件，以工件上面积较大的平面为基准面，并使其紧贴导磁角铁面，磨出垂直面，适用于狭长工件的加工；图 3-44（d）所示为用精密 V 形铁和夹爪装夹工件，适用于圆形工件的端面磨削。

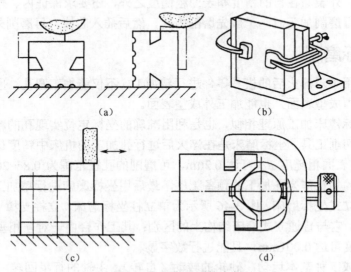

（a）　　　　　　　　　　　（b）

（c）　　　　　　　　　　　（d）

图 3-44　垂直平面的磨削

2．内、外圆磨削

（1）内圆磨削

模具零件的内圆柱面（如导套内圆柱面、圆凹模成型面等）需进行内圆磨削，其加工在内圆磨床或万能外圆磨床上进行，加工方式与外圆磨削大致相同。磨削内圆柱面的精度可达 IT6～IT7，

表面粗糙度 Ra 可达 $0.4\sim1.6\mu m$。

内圆磨削时，模具零件的装夹方法与车床装夹方法类似，较短的套筒类零件如凹模、凹模套等可用三爪自定心卡盘装夹；矩形凹模孔和动、定模板型孔可用四爪单动卡盘装夹；大型模板上的型孔、导柱、导套孔等可用工件端面定位，在法兰盘上用压板装夹。

（2）外圆磨削

外圆磨削的加工方式是以高速旋转运动的砂轮对低速运动的工件进行磨削，工件相对于砂轮作纵向往复运动。外圆磨床上可加工外圆柱面、圆台阶面和外圆锥面等。模具零件中圆形凸模、导柱、导套、推杆等零件的外圆柱面需进行外圆磨削，其加工在普通外圆磨床或万能外圆磨床上进行。外圆柱面的磨削精度可达 IT5～IT6，表面粗糙度 Ra 可达 $0.2\sim0.8\mu m$。

外圆磨削一般采用前、后顶尖装夹，如图 3-45（a）所示。这种装夹方式装夹方便，加工精度较高。当磨削细长但不能加工顶尖孔的工件（如小凸模、型芯等）时可采用反顶尖装夹，如图 3-45（b）所示。

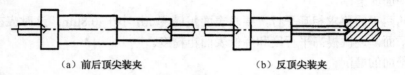

（a）前后顶尖装夹　　　　　　　　（b）反顶尖装夹

图 3-45　外圆磨削

外圆磨削时，淬火工件的中心孔必须准确刮研，使用硬质合金顶尖和采用适当的顶紧力，并在一次装夹中磨出各段以保证其同轴度。

（3）内、外圆同时磨削

模具中有许多零件要求内、外表面同时进行磨削，例如，导套及拉深模的凸凹模等，此类加工除了要求保证内、外表面各自的精度和表面粗糙度之外，还要求保证内、外圆表面的同轴度要求。此类零件在进行磨削加工时，一般先磨削内孔，然后插入芯棒，再磨削外圆。

3.5.2　坐标磨削

坐标磨削主要用于对淬火后的模具零件进行精加工，不仅能加工圆孔，也能对非圆形孔进行加工，不仅能加工内成型表面，也能加工外成型表面。

坐标磨床与坐标镗床加工原理相似，也是利用准确的坐标定位实现孔的精密加工的，只是坐标磨床用砂轮作为切削工具。坐标磨床是在淬火后进行孔加工的机床中精度最高的一种。加工精度可达 $5\mu m$ 左右，表面粗糙度 Ra 可达 $0.2\mu m$，可磨削的孔径范围为 $0.8\sim200mm$。对于精密模具，常把坐标镗床的加工作为孔加工的预备工序，最后用坐标磨床进行精加工。

模具加工常用立式坐标磨床。图 3-46 所示为单立柱坐标磨床，立柱支撑着主轴箱 2 和磨头 4 等构成的磨削机构。它与普通立式磨床结构上的区别：其工作台由一对互相垂直的精密丝杠螺母副驱动，其坐标精度可达 $0.001mm$，且能进行数字显示。

坐标磨床能完成三种基本运动：砂轮的转动（自转），主轴的行星回转（公转）和上下往复运动，如图 3-47 所示。磨头（砂轮主轴）的高速自转由高频电动机驱动，转速一般为 $4000\sim80000r/min$，更高的转速可由压缩气机驱动达 $250000r/min$。主轴的回转运动由电动机通过变速机构直接驱动，主轴转速一般为 $25\sim300r/min$，并使高速磨头随之作行星运动，改变公转半径的大小，可适应不同孔径的加工。主轴可随主轴套筒作上下往复运动，这一运动由液压传动或液压—气动传动完成；主轴行程分别由微动开关控制，主轴上下往返运动可达 $120\sim190$ 次/min。

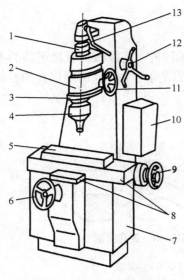

图 3-46 单立柱坐标磨床

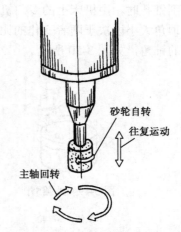

图 3-47 坐标磨床的三种基本运动

1-砂轮外进刻度盘；2-主轴箱；3-磨削轮廓刻度盘；4-磨头；

5-工作台；6-横向进给手轮；7-床身；8-纵、横工作台；9-纵向进给手轮；

10-控制箱；11-主轴定位手轮；12-主轴箱定位手轮；13-离合器拉杆

磨削直线段时，主轴被锁住，并垂直于 X 或 Y 坐标轴，通过精密丝杠来移动工作台使磨头沿加工表面在两切点之间移动。磨削圆弧面时，磨头主轴在被磨削圆弧面的中心定位，磨头通过外进刻度盘移动预定尺寸，使磨头作圆周旋转运动的同时又作行星运动和轴向上下往复运动，它既可以磨削内圆柱面，又可以磨削内圆锥面和外圆柱面。

在坐标磨床上磨削之前，必须先使工件定位，并进行找正，使工件的基准侧面与机床主轴中心线重合。定位、找正方法及所用的工具均与坐标镗床类似。找正后利用工作台的纵、横方向移动使机床主轴中心与工件圆弧中心重合。磨削余量通常为单边 0.05～0.2mm。

在坐标磨床上进行磨削加工的基本方法有以下几种。

（1）内孔磨削

利用砂轮的高速自转、行星运动和轴向的直线往复运动，即可进行内孔磨削，如图 3-48 所示。利用行星运动直径的增大实现径向进给。

进行内孔磨削时，由于砂轮直径受孔径限制，同时为降低磨头的转速，应使砂轮直径尽可能接近磨削的孔径，一般可取砂轮直径为孔径的 0.8～0.9 倍。但当磨孔直径大于 ϕ50mm 时，则砂轮直径要受到磨头允许安装砂轮最大直径（ϕ40mm）的限制。砂轮高速回转（主运动）的线速度，一般比普通磨削的线速度低。行星运动（圆周

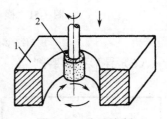

图 3-48 内孔磨削

1-工件；2-砂轮

进给）的速度大约是主运动线速度的 0.15 左右。过慢的行星运动速度会使磨削效率降低，而且容易出现烧伤。砂轮的轴向往复运动（轴向进给）的速度与磨削的精度有关，粗磨时往复运动速度为 0.5～0.8m/min；精磨时，往复运动速度为 0.05～0.25m/min。尤其在精加工结束时，要用很低的行程速度。

（2）外圆磨削

外圆磨削也是利用砂轮的高速自转、行星运动和轴向往复运动实现的，如图 3-49 所示。利

用行星运动直径的缩小，实现径向进给。

（3）锥孔磨削

磨削锥孔时，由机床上的专门机构使砂轮在轴向进给的同时，连续改变行星运动的半径。锥孔的锥顶角大小取决于两者变化的比值，所磨锥孔的最大锥顶角为 12°。磨削锥孔的砂轮，应修出相应的锥角，如图 3-50 所示。

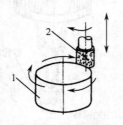

图 3-49　外圆磨削

1-工件；2-砂轮

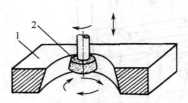

图 3-50　锥孔磨削

1-工件；2-砂轮

（4）横向磨削

平面磨削时，砂轮仅自转不作行星运动，工作台送进，如图 3-51 所示。平面磨削适合于平面轮廓的精密加工。

（5）侧磨

侧磨是使用专门的磨槽附件进行的，砂轮在磨槽附件上的装夹和运动情况，如图 3-52 所示。它可以对槽及带清角的内表面进行加工。

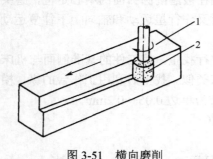

图 3-51　横向磨削

1-工件；2-砂轮

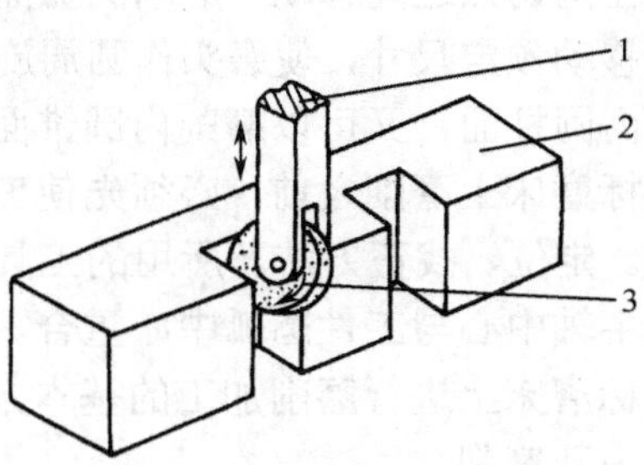

图 3-52　侧磨

1-磨槽附件；2-工件；3-砂轮

（6）异形孔的磨削

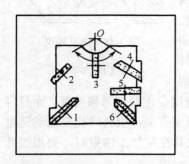

图 3-53　带清角的型孔轮廓磨削

将基本磨削方法综合运用，可以对一些形状复杂的型孔进行磨削加工，图 3-53 所示为利用磨槽附件对带清角的型孔轮廓进行磨削加工。磨削 1、4、6 时是采用成型砂轮进行磨削；磨削 2、3、5 时则是利用平砂轮进行磨削；磨削中心孔 O 的圆弧时要使中心孔 O 与主轴轴线重合，操纵磨头来回摆动磨削圆弧至要求的尺寸。磨削时要注意保证圆弧与平面在交点处衔接准确。

由多个圆弧面构成的复杂形状型孔的磨削可以采用点位控制方式进行，一般采用分段加工方法。磨削时用回转工作台装夹工件，逐次找正工件回转中心，使之与机床主轴中心重合，分别磨出各段圆弧。

具体磨削方法：如图 3-54 所示的凹模型孔，可先将回转工作台固定在机床工作台上，用回转工作台装夹工件，经找正使工件的对称中心与转台回转中心重合，调整机床使孔 O_1 的轴线与机床主轴轴线重合，用内孔磨削法磨出孔 O_1 的圆弧线。再调整工作台使工件上圆弧 O_2 的轴线与机床主轴轴线重合，磨削该圆弧到要求尺寸。利用圆形工作台将工件回转 180°，磨削 O_3 的圆弧到要求尺寸。使圆弧 O_4 的轴线与机床主轴轴线重合，磨削时使行星运动停止，操纵磨头来回摆动磨削 O_4 的凸圆弧。砂轮的径向进给方向与磨削外圆相同。注意使凸、凹圆弧在连接处平整光滑。利用回转台换位逐次磨削 O_5、O_6、O_7 的圆弧，磨削方法与磨削 O_4 相同。

在连续轨迹坐标磨床上，可以用范成法进行磨削，如图 3-55 所示。砂轮沿工件轮廓表面磨削，其运动轨迹由数控装置精确控制。

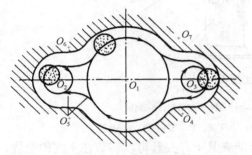 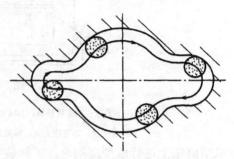

图 3-54　点位控制轮廓磨削　　　　图 3-55　连续轨迹轮廓磨削

3.5.3　成型磨削

成型磨削是成型表面精加工的一种方法，具有高精度、高效率的优点。在模具制造中，成型磨削主要用于精加工凸模、型芯、拼块凹模及电火花加工用的电极等零件。

形状复杂的凸模、型芯的轮廓，一般是由若干直线和圆弧组成的，如图 3-56 所示。成型磨削的原理就是把零件的轮廓分成若干直线与圆弧，然后按照一定的顺序逐段磨削，使之达到图样上的技术要求。成型磨削加工尺寸精度可达 IT5，表面粗糙度 Ra 可达 0.1μm，可以加工淬硬钢和硬质合金材料。

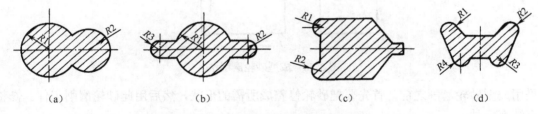

图 3-56　凸模和型芯的常见的形状

成型磨削可在通用平面磨床上采用专用夹具或成型砂轮进行，也可在专用的成型磨床上进行。图 3-57 所示为专门加工模具零件的成型磨床。砂轮 6 由装在磨头架 4 上的电动机 5 带动作高速旋转。磨头架装在精密的纵向导轨 3 上，通过液压传动实现纵向往复运动，此运动用手把 12 操纵。转动手轮 1 可使磨头架沿垂直导轨 2 上下移动，即砂轮作垂直进给运动，此运动除手动外还可机动，以使砂轮迅速接近工件或快速退出。夹具工作台 9 具有纵向和横向滑板，横向滑板上面固定着万能夹具 8。它可在床身 13 右端的精密纵向导轨上作调整运动（只有机动）。正常使用时，可用手把 11 将万能夹具锁紧。转动手轮 10 可使万能夹具作横向移动。床身中间是测量平台 7，它是放置测量工具以及校正工件位置、测量工件尺寸用的。

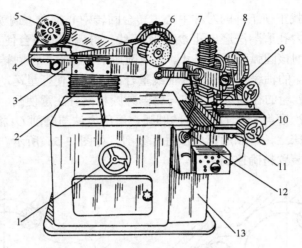

图 3-57　成型磨床

1-手轮；2-垂直导轨；3-纵向导轨；4-磨头架；5-电动机；6-砂轮；

7-测量平台；8-万能夹具；9-夹具工作台；10-手轮；11、12-手把；13-床身

在成型磨床上进行成型磨削时，工件装夹在万能夹具上，夹具可以调节在不同的位置，通过夹具的使用能磨削加工出平面、斜面和圆柱面。必要时配合成型砂轮，则可加工出更复杂的曲面。

成型磨削按加工原理，可分为成型砂轮磨削法与夹具成型磨削法。

1．成型砂轮磨削法

成型砂轮磨削法也称仿形法，如图 3-58 所示，先将砂轮修整成与工件型面完全吻合的相反型面，再用砂轮磨削工件，以获得所需要的成型表面。此法一次所能磨削的表面宽度不能太大。

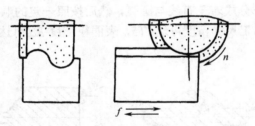

图 3-58　成型砂轮磨削法

采用成型砂轮磨削之前，首先要把砂轮修整成所需的形状，然后用此砂轮磨削工件。修整砂轮的方法有两种。

（1）用挤轮修整成型砂轮

如图 3-59（b）所示，用一个与砂轮所要求的表面形状完全吻合的圆盘，并保持适当压力。由挤轮带动砂轮转动，在挤压力作用下，砂轮被修整成所要求的成型表面。挤轮的旋转可以机动或手动，转速一般为 50～100r/min。挤轮一般用合金钢或优质碳素工具钢制造，硬度为 60～64HRC，其结构如图 3-59（a）所示。挤轮上沿圆周不等分分布的斜槽中有一条直槽，用以嵌入薄钢片，并与挤轮的成型面一起加工，加工后的薄钢片用于检查挤轮的形状。一套挤轮有 2～3 个，一个为标准挤轮，其余为工作挤轮。当工作挤轮磨损后，再用标准挤轮修整的砂轮进行修整。采用挤压方法适合于修整形状复杂或带小圆弧的成型砂轮，尤其适用于难以用金刚石进行修整的成型砂轮。但这种方法要设计和制造挤轮，只宜在加工零件较多的情况下采用。

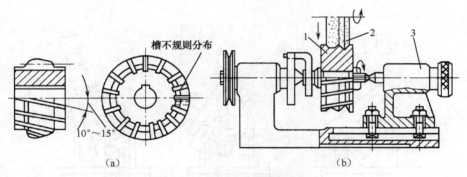

图 3-59　用挤轮修整成型砂轮

1-挤轮；2-砂轮；3-挤轮夹具

（2）用金刚石修整成型砂轮

图 3-60 所示为修整砂轮角度工具。螺母 11 将正弦尺座 1 锁紧在支架 12 上，旋转手轮 10，使齿轮 5 转动，带动齿条 4 移动，从而带动滑块 2 以及金刚石刀具 3 沿正弦尺座的导轨作往复移动，对砂轮进行角度修整。

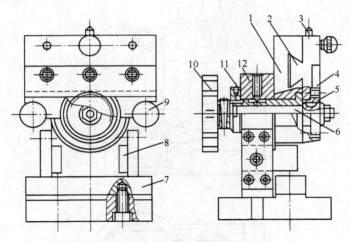

图 3-60　修整砂轮角度工具

1-正弦尺座；2-滑块；3-金刚刀；4-齿条；5-齿轮；6-心轴；7-平板；8-垫板；9-正弦圆柱；10-手轮；11-螺母；12-支架

这种工具是按照正弦原理设计的，可修整 0°～100° 的各种角度砂轮。图 3-61 所示为修整不同角度砂轮时，块规在正弦尺座上的位置。修整时将金刚石固定在修整夹具上对砂轮进行修整，正弦尺座绕心轴 6 旋转至所需要角度，根据需要修整的角度 α 来计算应垫的块规值 H。当砂轮角度 $\alpha>45°$ 时，若仍在正弦圆柱 9 与平板 7 之间垫块规，就会造成较大的误差，而且当角度很大时，正弦尺座会妨碍放置块规，所以，支架上还设有两块可移动的垫板 8。当 $\alpha>45°$ 时，块规可垫在正弦圆柱与垫板的左侧面或右侧面之间。当 $\alpha<45°$，不需要使用垫板时，可将它们推进去，使其不妨碍正弦尺座的转动，也不妨碍在平板上垫放块规。

图 3-62 所示为修整圆弧砂轮工具，是一种典型的、应用广泛的结构。当转动摆动夹具时，金刚石刀尖绕夹具回转轴线运动（摆动），并对砂轮进行修整。该工具是用块规控制金刚刀与支架的相对位置来调节圆弧半径的，可以修整各种形状的凸、凹圆弧砂轮。

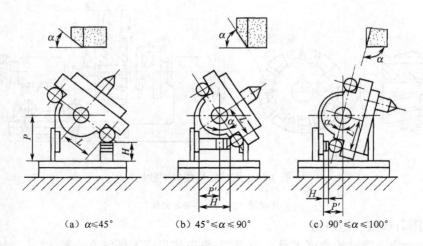

（a）α≤45°   （b）45°≤α≤90°   （c）90°≤α≤100°

图 3-61   块规在正弦尺座上的位置

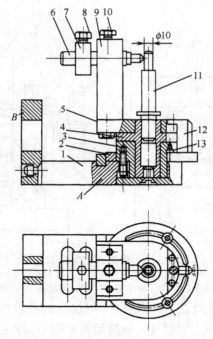

图 3-62   修整圆弧砂轮工具

1-直角底座；2-刻度盘；3-滑动轴承；4-转盘；5-面板；6-金刚刀杆；

7-调节环；8、10-螺钉；9-支架；11-标准心棒；12-指针块；13-挡块

　　若被磨削工件形状复杂，其轮廓又是非圆弧时，可用专用的靠模修整砂轮。图 3-63 所示为修整凸面成型砂轮的靠模工具。其原理是金刚笔 1 固定在靠模工具 2 上，在支架 3 上装有样板 4，靠模工具的下面有平面触头。使用时，手持靠模工具，使触头紧靠样板沿曲线移动，便能修整出与样板曲线形状相同的砂轮。修整凹面成型砂轮的靠模工具与凸面成型砂轮的靠模工具基本一样，其差别在于修整凹面时采用的靠模工具的触头不是平的，而是尖的。

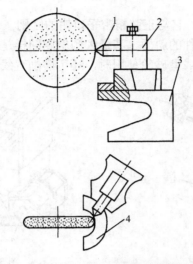

图 3-63　修整凸面成型砂轮的靠模工具

1-金刚笔；2-靠模工具；3-支架；4-样板

2．夹具磨削法

夹具磨削法也称范成法，是借助于夹具，使工件的被加工表面处在所要求的空间位置上，或使工件在磨削过程中获得所需的进给运动，磨削出成型表面。图 3-64 所示为用夹具磨削圆弧面的加工示意图。工件除作纵向进给（由机床提供）外，可以借助夹具使工件作断续的圆周进给，这种磨削圆弧的方法称为回转法。

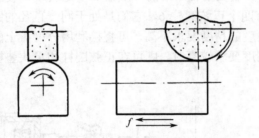

图 3-64　夹具磨削法

常见的成型磨削夹具有以下几种。

（1）正弦精密平口钳

正弦精密平口钳按正弦原理构成，主要由带有精密平口钳的正弦尺和底座组成（见图 3-65）。工件 3 装夹在精密平口钳 2 上，在正弦圆柱 4 和底座 1 的定位面之间垫入量块，可使工件倾斜一定的角度。这种夹具用于磨削工件上的斜面，最大的倾斜角度为 45°。

为了使工件倾斜一定角度，需要垫入块规的高度为

$$H = L\sin\alpha$$

式中　H——需要垫入的块规高度；

L——两正弦圆柱之间的中心距；

α——工件所需倾斜的角度。

（2）正弦磁力台

正弦磁力台如图 3-66 所示，它与正弦精密平口钳的区别，仅仅在于用电磁吸盘代替平口钳装夹工件。这种夹具用于磨削工件的斜面，其最大倾斜度同样是 45°，适于磨削扁平工件。

上述两种磨削斜面夹具配合成型砂轮使用时，还可磨削直线与圆弧组成的复杂几何形状。

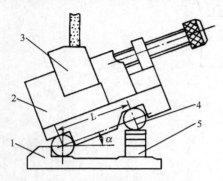
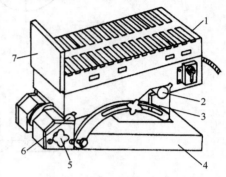

图 3-65　正弦精密平口钳　　　　　　　　　　图 3-66　正弦磁力台

1-底座；2-精密平口钳；3-工件；4-正弦圆柱；5-块规　　　1-电磁吸盘；2、6-正弦圆柱；3-块规；4-底座；5-偏心锁紧器；7-挡板

（3）正弦分中夹具

正弦分中夹具主要用于磨削凸模、型芯等具有同一回转中心的不同圆弧面、平面及等分槽等，其结构如图 3-67 所示。

磨削时，工件支撑在前顶尖 1 和尾顶尖 14 上。尾顶尖座 12 可沿底座 10 上的 T 形槽移动，到达适当位置用螺钉 11 固定。手轮 13 可使尾顶尖沿轴向移动，用以调整工件与顶尖间的松紧程度。前顶尖 1 安装在主轴 2 的锥度孔内，转动蜗杆 7 上的手轮（图中未画出），通过蜗杆 7、蜗轮 3 的转动，可使主轴、工件和装在主轴后端的分度盘 5 一起转动，使工件实现圆周进给运动。安装在主轴后端的分度盘上有四个正弦圆柱 6，它们是处于同一直径的圆周上，并将该圆分为四等份。磨削时，若工件回转角度的精度要求不高，可直接利用分度盘上的刻度和分度指针读出其角度。如果工件的回转角度精度要求较高时，则可在正弦圆柱和量块垫板 8 之间垫入适当尺寸的量块，以控制工件转角的大小。

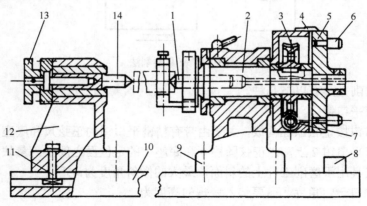

图 3-67　正弦分中夹具

1-前顶尖；2-主轴；3-蜗轮；4-分度指针；5-分度盘；6-正弦圆柱；7-蜗杆；

8-量块垫板；9-主轴座；10-底座；11-螺钉；12-尾顶尖座；13-手轮；14-尾顶尖

例如，工件需回转的角度为 α，转动前正弦分度盘的位置如图 3-68（a）所示，转过角度 α 后，正弦分度盘的位置如图 3-68（b）和图 3-68（c）所示。为了控制回转角度大小而垫入的量块尺寸为：

$$H_1=H_0-L\sin\alpha$$
$$H_2=H_0+L\sin\alpha$$

式中　H_1，H_2——垫入量块的尺寸，mm；

H_0——正弦圆柱处于水平位置时所垫量块尺寸，mm；

L——正弦圆柱至分度盘中心距离，mm。

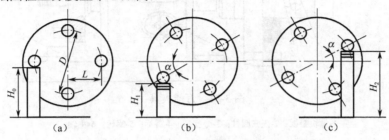

图 3-68　量块的计算

应用正弦分度夹具进行磨削时，被磨削表面的测量一般采用测量调整器、量块和百分表进行比较测量。测量调整器的结构如图 3-69 所示。它主要是由三角架 1 与量块座 2 组成。量块座 2 能沿三角架 1 斜面上的 V 形槽上下移动，当达到适当位置可用锁紧螺母 3 固定。为了保证测量精度，调整器的制造精度很高。量块座沿斜面移至任何位置，量块支撑面 A、B 分别与安装基面 C、D 保持平行。

在正弦分度夹具上磨削平面或圆弧面，都是以夹具的回转中心线作为测量基准的。因此，磨削前应调整好测量调整器上的量块支撑面（A 或 B）与夹具回转中心线的相对位置。一般将量块支撑面的位置调整到低于夹具回转中心线 50mm 处。为此，在夹具两顶尖之间需装一直径为 d 的标准圆柱，并在测量调整器量块支撑面上放置尺寸为 $50+d/2$ 的量块；用百分表测量、调整量块座的位置，使量块上平面与标准圆柱面最高点等高后，将量块座固定。如图 3-70 所示，当工件的被测表面位置高于（或低于）夹具回转中心线的尺寸为 h 时，只要在量块支撑面上放置尺寸为 $50+h$ 或 $50-h$ 的量块，用百分表测量量块上平面与工件被测表面，两者读数相同时即表示工件已磨削到所要求的尺寸。

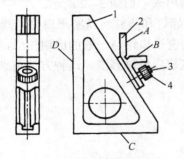

图 3-69　测量调整器

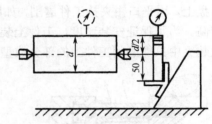

图 3-70　测量调整器的调整

1-三角架；2-量块座；3-螺钉；4-锁紧螺母

（4）万能夹具

万能夹具是从正弦分度夹具发展起来的更为完善的成型磨削夹具，是成型磨床的主要附件，也可在平面磨床或万能工具磨床上使用。

1）万能夹具的结构

万能夹具的结构组成如图 3-71 所示，主要由分度部分、回转部分、十字拖板部分及工件装夹部分组成。

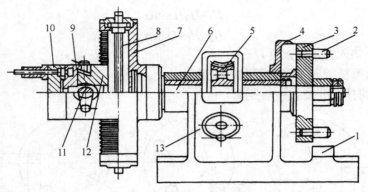

图 3-71　万能夹具

1-量块垫板；2-正弦圆柱；3-分度盘；4-游标；5-蜗轮；6-主轴；

7-拖板座；8、11-丝杆；9-小拖板；10-转盘；12-中拖板；13-手轮

① 分度部分由分度盘 3 控制工件的回转角度，其结构及分度原理与正弦分度夹具完全相同。利用分度盘和游标直接分度，精度可达 3′；若利用正弦圆柱和量块控制转角大小，其精度可达 11″～30″。

② 回转部分是由主轴 6、蜗轮 5 和蜗杆（图中未画出）组成。摇动手轮 13 转动蜗杆，通过蜗轮带动主轴、分度盘、十字拖板及工件一起围绕夹具的轴线回转。

③ 十字拖板是由固定在主轴上的拖板座 7、中拖板 12 和小拖板 9 组成。转动丝杆 8 使中拖板沿拖板座上的导轨上、下运动。转动丝杆 11 能使小拖板沿中拖板的导轨左、右运动，形成两个方向上相互垂直的运动，使安装在转盘 10 上的工件，可以调整到所需要的合适的位置。

工件装夹部分主要由转盘和装夹工具组成。

2）工件装夹方法

万能夹具上工件的装夹通常有以下几种方法。

① 螺钉和垫柱装夹。在工件上预先制作工艺螺孔，用螺钉和垫柱紧固在万能夹具的转盘上。这种方法装夹工件，一次装夹可将凸模或型芯轮廓全部磨削出来，如图 3-72 所示。

② 精密平口钳装夹。利用精密平口钳端部的螺孔，用螺钉和垫柱将精密平口钳紧固在万能夹具的转盘上，用平口钳夹持工件磨削，如图 3-73 所示。精密平口钳与一般的虎钳相似，但其制造精度较高。为了保证安装精度，工件上装夹与定位的面应事先经过磨削。这种方法装夹方便，但在一次装夹中只能磨削工件上的部分成型表面。

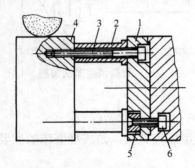

图 3-72　螺钉和垫柱装夹工件

1-转盘；2-垫柱；3、6-螺钉；4-工件；5-螺母

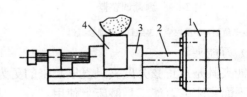

图 3-73　精密平口钳装夹工件

1-转盘；2-垫柱；3-精密平口钳；4-工件

③ 磁力台装夹。依靠磁力台的电磁力装夹工件，磁力台和转盘的连接与精密平口钳相同，如图 3-74 所示。这种方法装夹工件方便、迅速，适于磨削扁平的工件。它与精密平口钳装夹法相似，一次装夹后也只能磨削工件上的一部分表面。

利用万能夹具可磨削由直线与凸、凹圆弧组成的各种形状复杂的工件。在磨削平面时，需利用夹具将磨削表面调整到水平（或垂直）位置。磨削圆弧时，是利用十字拖板将圆弧中心调整到夹具主轴的回转轴线上，进行间断的回转磨削。磨削表面尺寸的测量和正弦分中夹具磨削工件表面尺寸的测

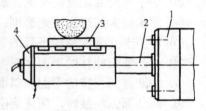

图 3-74　磁力台装夹工件

1-转盘；2-垫柱；3-工件；4-磁力台

量方法一样，是用测量调整器、量块和百分表对磨削表面进行比较测量。

3）成型磨削工艺尺寸的换算

由于冲模零件的尺寸在设计图上是按设计基准标注的，而成型磨削过程中所选定的工艺基准与设计基准往往不一致。因此，在成型磨削之前，应根据成型磨削和测量的需要，通过设计尺寸换算出所需要的工艺尺寸，并绘制出成型磨削的工艺尺寸图和磨削工序图，如图 3-75 所示，以利于成型磨削的顺利进行。

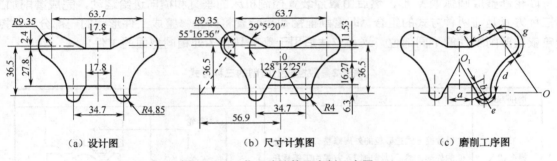

（a）设计图　　　　　　　（b）尺寸计算图　　　　　　　（c）磨削工序图

图 3-75　工艺尺寸计算及磨削工序图

利用万能夹具磨削工件时，工艺尺寸换算的要求如下：

① 各圆弧中心之间的坐标尺寸；

② 回转中心至各斜面或平面的垂直距离；

③ 各斜面对坐标轴的倾斜角度；

④ 各圆弧的包角（又称回转角）。磨削圆弧时，如工件可自由回转而不致碰伤其他表面，则不必计算圆弧包角。

在正弦分中夹具上磨削工件时，工件只有一个回转中心，故在进行工艺尺寸换算时不必计算各圆弧中心之间的坐标尺寸，其余各项要求则与万能夹具相同。

在工艺尺寸换算时，为了减少计算过程的累计误差，在运算过程中的数据应精确到六位小数，最终结果则要精确到小数点后二位或三位。当工件尺寸有公差时，为了减少工艺基准与设计基准之间的误差，一般应采用其平均尺寸进行计算。

成型磨削是凸模、型芯类零件的最终加工工序。由于尺寸精度要求高，工艺过程复杂，所以，要求操作者的技术高而且熟练。为了能顺利地磨削出合格的零件，在绘制磨削工序图和操作过程中，应遵循以下基本原则：

① 工件的基准面应预先磨削，并保证精度；

② 与基准面有关的平面应优先磨削；

③ 对于精度要求高的平面先磨削，精度要求低的平面后磨削，以避免产生累积误差；

④ 面积较大的平面应先磨削；

⑤ 与笛卡儿坐标系相平行的平面先磨削，斜面后磨削；

⑥ 与凸圆弧相接的平面和斜面先磨削，圆弧面后磨削；

⑦ 与凹圆弧相接的平面和斜面，应先磨削凹圆弧面，后磨削斜面和平面；

⑧ 两凸圆弧相接时，应先磨削半径较大的圆弧面，后磨削半径较小的圆弧面；

⑨ 两凹圆弧相接时，应先磨削半径较小的圆弧面，后磨削半径较大的圆弧面；

⑩ 凸圆弧与凹圆弧相接时，应先磨削凹圆弧面，后磨削凸圆弧面。

3. 数控成型磨削

目前，国内外已研制出数控成型磨床，在实际生产应用中效果良好。上述成型磨削方法一般都采用手动操作，其加工精度依赖于操作技巧，劳动强度大，生产率低。而采用数控成型磨床，则能够解决成型磨削加工中的不足。

表 3-2 为数控成型磨削的三种方式。第一种方式是利用数控装置控制安装在工作台上的砂轮修整装置，自动修整出需要的成型砂轮，然后利用成型砂轮磨削工件；第二种方式是利用数控装置将砂轮修整成圆弧或 V 形，然后由数控装置控制机床的垂直和横向进给运动，完成磨削加工；第三种方式是前两种方式的组合，即磨削前用数控装置将砂轮修整成工件形状的一部分，并控制砂轮依次磨削工件的不同部位，这种方法适用于磨削具有多处相同型面的工件。

表 3-2　数控成型磨削的三种方式

磨削方式	说　明	简　图
横向切入	以数控方式把砂轮的外周修整成与工件相似的外形，然后以横向切入方式加工模具和刀具。此方法适用于加工面窄的工件	
仿形磨削	以数控方式把砂轮的外周修整成单一的形状，再以数控仿形的方式磨出工件形状。可用做量块靠模板等长形工件及用金刚石砂轮对硬质合金的磨削。此方法适用于宽面工件	
复合磨削	综合以上两种方法，用来磨削齿条、齿轮等具有连续的相同形状的工件	

3.5.4　光学曲线磨削

光学曲线磨削（又称仿形磨削）是在具有放缩尺的曲线磨床或光学曲线磨床上，按放大样板或放大图对成型表面进行磨削加工。主要用于磨削尺寸较小的凸模和凹模拼块。其加工精度可达 $\pm0.01\text{mm}$，表面粗糙度 Ra 可达 $0.32\sim0.63\mu\text{m}$。

光学曲线磨床的结构如图 3-76 所示，它主要由床身 1、坐标工作台 2、砂轮架 3 和光屏 4 组成。坐标工作台用于固定工件，可作纵、横方向移动和垂直方向的升降。砂轮除作旋转运动外，还可在砂轮架的垂直导轨上作自动的直线往复运动，其行程可在一定范围内（0～50mm）调整。此外，砂轮架还可作纵向和横向的送进（手动）及两个调整运动。一个是沿垂直轴转动，以利于磨削曲面轮廓的侧边（见图 3-77）；另一个是沿砂轮架上的弧形导轨进行调整，使砂轮的往复运动与垂直方向成一定角度，可对非垂直表面进行磨削。

　　光学曲线磨床的光学投影放大原理，如图 3-78 所示。光线从机床的下部光源 1 射出，通过砂轮 3 和工件 2，将两者的影像射入物镜 4，经过三棱镜 5、6 和平面镜 7 的反射，可在光屏 8 上得到放大的影像。将该影像与光屏上的工件放大图进行比较。由于工件留有加工余量，放大影像轮廓将超出光屏上的放大图形。操作者即根据两者的比较结果操纵砂轮架，在纵、横方向运动，使砂轮与工件的切点沿着工件被磨削轮廓线将加工余量磨去，完成仿形加工。

　　对于光屏尺寸 500mm×500mm，放大 50 倍的光学投影放大系统，一次所能看到的投影区域范围为 10mm×10mm。当磨削的工件轮廓超出 10mm×10mm 时，应将被磨削表面的轮廓分段，如图 3-79（a）所示。把每段曲线放大 50 倍绘图，如图 3-79（b）所示。为了保证加工精度，放大图应绘制准确，其偏差不大于 0.5mm，图线粗细为 0.1～0.2mm。

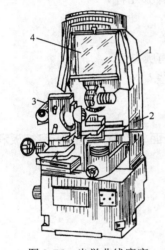

图 3-76　光学曲线磨床

1-床身；2-坐标工作台；3-砂轮架；4-光屏

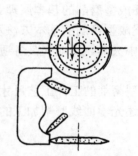

图 3-77　磨削曲线轮廓侧边

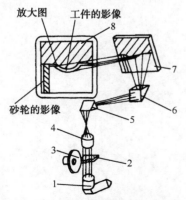

图 3-78　光学曲线磨床的光学投影放大原理

1-光源；2-工件；3-砂轮；4-物镜；5、6-三棱镜；7-平面镜；8-光屏

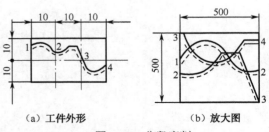

（a）工件外形　　　（b）放大图

图 3-79　分段磨削

　　磨削时先按放大图磨出曲线 1～2 所对应的工件轮廓。由于放大图上曲线段 1～2 的终点 2 和 2～3 的起点所对应的都是工件上的同一点，点 2 在两段放大图上具有相同的纵坐标，沿水平方向两者却相距 500mm，所以在磨完 1～2 段的形状后，必须借助量块和百分表使工作台向左移动 10mm，将工件上的分段点 2 移到放大图 2～3 段起点上，以便按 2～3 段的放大图磨削工件。如此，逐段将工件的整个形状磨出。

　　对于放大 50 倍的光学放大系统，在按工件轮廓分段绘制放大图时，其分段长度不能超过 10mm。但各分段的长短不一定相等，应根据工件形状、方便操作等因素来确定。

思考题和习题

　3-1　模具加工时，常用成型车削的方法有哪些？

　3-2　利用回转工作台如何进行模具圆弧面的加工？

　3-3　用仿形铣床加工型腔时，仿形铣削的加工方式有哪几种？

　3-4　成型刨削是怎样进行成型加工的？

　3-5　坐标镗削时工件是如何在机床上定位、装夹的？

　3-6　坐标磨削有何特点？坐标磨削加工的基本方法有哪些？

　3-7　在磨削模具零件垂直平面时，其装夹方式有哪些？

　3-8　简述成型磨削的基本原理。

　3-9　简述成型磨削的基本方法及其特点。

　3-10　分中夹具、万能夹具各适用磨削怎样的成型表面？万能夹具的十字拖板和分度转盘各起什么作用？

　3-11　成型磨削的工件工艺尺寸换算的内容有哪些？

　3-12　简述光学曲线磨削加工的基本原理。

第 4 章

模具的数控加工

教学目标： 了解数控机床的工作原理、组成及分类；了解数控加工的特点及在模具制造中的应用；掌握数控铣削加工工艺；掌握数控加工的基本编程方法。

教学重点和难点：

✧ 数控铣削加工工艺

✧ 数控机床的程序编制

随着产品多样化、生产批量小和生产周期短等现代企业生产特点的出现，要求模具制造业在短时期内为新产品的开发和投产提供高精度的模具。模具制造业为了满足用户的这一要求，充分利用数控加工等先进制造技术，促使模具加工技术由传统的手工操作进入到以数控加工为主的新阶段。本章主要介绍数控机床、数控铣削加工工艺及编程的基础知识。

4.1　概述

数控即数字控制（Numerical Control，NC）。数控技术即 NC 技术，是指用数字化信息（数字量及字符）发出指令并实现自动控制的技术。计算机数控（Computer Numerical Control，CNC）是指用计算机实现部分或全部基本数控功能。采用数字控制技术的自动控制系统称为数字控制系统，采用 CNC 技术的自动控制系统则为 CNC 系统，其被控对象可以是各种生产过程或设备。如果被控对象是机床，则称为数控机床（CNC 机床）。

很久以来，模具的制造生产通常采用人工操作，多采用普通机床。自 20 世纪 80 年代以来，由于市场竞争激烈，产品更新迅速，中、小批量零件的生产越来越多，其产量几乎占产品产量的75%～80%，而且零件形状越来越复杂，精度要求也越来越高。传统的普通机床已不能满足要求，转而使柔性加工的重要性更加突出，柔性自动化也就迅速发展起来。数控机床是发展柔性生产的基础，是柔性自动化的最重要的设备。

4.1.1　数控机床的工作原理

在普通金属切削机床上加工零件，是由操作者根据图纸要求，手动操作机床，不断改变刀具与工件相对运动参数（位置、速度等），使刀具从工件上切除多余材料，最终获得符合技术要求的尺寸、形状、位置精度及表面质量要求的零件。

在数控机床上加工零件则是将加工过程所需要的各种操作（如主轴的启停、换向及变速，工件或刀具的送进，刀具选择，冷却液供给等）及零件的形状、尺寸按规定的编码方式写成数控加工程序，输入到数控装置中。再由数控装置对这些输入的信息进行处理和运算，并控制伺服驱动系统，使坐标轴协调移动，从而实现刀具与工件间的相对运动，完成零件的加工。当被加工工件改变时，除了重新装夹工件和更换刀具外，只需更换零件加工程序。

为了能够加工出符合要求的零件轮廓，数控装置必须具有插补功能。插补功能是在知道了要加工曲线轮廓的种类、起点、终点及速度等信息后，根据给定的数字函数（如线性函数、圆函数、高次曲线函数等）在起点和终点之间确定一些中间点，以达到数据点密化的功能。处理插补的算法称为插补算法。插补算法是数控加工技术中的一个基本问题。为了满足数控机床在实时控制下快速性和精确性的双重要求，采用一种既简单又精确的插补算法是十分重要的。目前，常用的插补算法有两大类：一类是以脉冲形式输出的脉冲增量法，它适合于以步进电动机作为驱动元件的开环伺服驱动系统；另一类是以数字量形式输出的数字增量法，它适合于以交、直流伺服电动机作为驱动元件的闭环（或半闭环）伺服驱动系统。

4.1.2　数控加工的特点

数控加工经历了半个世纪的发展，已成为应用于当代各个制造领域的先进制造技术。与普通机床加工相比，数控加工具有如下优点：

① 采用数控机床能加工出普通机床难以加工或不能加工的复杂型面，如复杂型面模具、整体涡轮、发动机叶片等零件。

② 数控机床按预先编写的零件加工程序自动加工，没有人为干扰，而且加工精度还可以利用软件进行校正和补偿。因此，可以获得高的加工精度和重复精度。

③ 与普通机床加工相比，在数控机床上加工可提高生产率 2～3 倍，对于一些复杂零件，生产率可提高十几倍甚至几十倍。

④ 数控加工一般借用通用夹具，几乎不需要专用的工装夹具，只需要更换零件加工程序，即可适应不同零件的加工，具有广泛的适应性和较大的灵活性，因此，可大大缩短生产周期。

⑤ 数控加工可以实现一机多用，特别是可自动换刀的加工中心，工件一次装夹几乎能完成其全部加工部位的加工，可以替代 5～7 台普通机床，既节省了劳动力，也节省了工序间的运输、测量和装夹等辅助时间，还节省了厂房面积。

⑥ 数控加工可以大大减少在制品数量，从而可加速流动资金的周转，提高经济效益。

⑦ 数控加工可以改善生产环境，大大减轻操作者的劳动强度。

⑧ 数控加工可实现精确的成本核算和生产进度安排。

由此可见，数控加工的最大特点有两点：一是可以最大程度地提高零件加工质量，包括加工精度及表面粗糙度；二是可以提高加工零件的重复精度，稳定加工质量，保持加工零件质量的一致。也就是说加工零件的质量及加工时间是由数控程序决定而不是由机床操作人员决定的。

虽然数控机床的前期投资费用以及维修（技术）费用比较高，对管理及操作人员素质的要求也比较高。但是采用数控机床不仅节约劳动力，提高劳动生产率，还可以提高产品质量，对开发新产品和促进老产品更新换代，加速流动资金周转和缩短交货期都有很大作用。合理选用数控机床可以降低企业的生产成本，提高企业的经济效益与竞争力。

4.1.3　数控机床的组成

图 4-1 所示为数控机床的组成框图。可以把数控机床分成两大部分，即 CNC 系统和机床主机（包括辅助装置）。

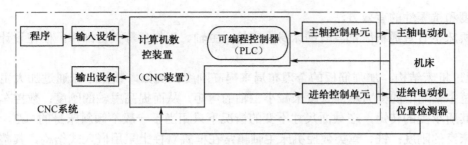

图 4-1 数控机床组成

1. CNC 系统

CNC 系统由程序、输入/输出（I/O）设备、CNC 装置及主轴、进给控制单元组成。数控机床是按照预先编写好的零件加工程序进行自动加工的。零件加工程序是 CNC 系统的重要组成部分。

输入/输出设备主要用于零件加工程序的编制、存储、打印、显示等。简单的输入/输出设备只包括键盘、米字管和数码管等。一般的输入/输出设备除了人机对话编程键盘和阴极射线管（CRT）显示器或液晶显示器（LCD）外，还包括纸带、磁带输入机或磁盘驱动器、穿孔机和电传机等。高级的输入/输出设备还包括自动编程机乃至（CAD/CAM）。

CNC 装置是 CNC 系统的核心部件，它由三部分组成，即计算机（包括硬件和软件）、可编程序控制器（PLC）和接口电路。

主轴控制单元与交、直流主轴电动机及其速度检测元件组成主轴驱动装置，用于控制主轴的旋转运动，实现在宽范围内速度连续可调，并在每种速度下都能提供切削所需要的功率。进给控制单元与进给伺服电动机及其检测元件组成进给驱动装置，用于控制机床各坐标轴的切削进给运动，提供切削过程中所需要的转矩，并可以任意调节运动速度。再配以位置控制系统，可实现对工作台（或刀具）位置的精确控制，这就是进给伺服驱动系统。进给伺服驱动系统中的伺服电动机可以是功率步进电动机（多用于经济型数控机床）或交、直流伺服电动机。

2. 主机

主机是数控机床的主体，是用于完成各种切削加工的机械部分。根据不同的零件加工要求，有车床、铣床、钻床、镗床、磨床、重型机床、电加工机床以及其他类型机床。数控机床是一种高度自动化的机床，零件加工完全按照零件加工程序自动完成。数控机床应能同时进行粗加工和精加工，既可以进行大切削量的粗加工，以获得高效率；也可以进行半精加工和精加工，以获得高的加工精度，这就要求数控机床具有大功率和高精度。数控机床的主轴转速和进给速度远高于同规格的普通机床，高速度是数控机床的一大特点。数控机床应能在高负荷下长时间无故障工作，因而应具有高可靠性。可靠性对于用于柔性制造单元（FMC）和柔性制造系统（FMS）的数控机床尤其重要。

为了满足数控机床高自动化、高效率、高精度、高速度、高可靠性的要求，其机械结构具有以下特点。

（1）高刚度和高抗振性

机床刚度是机床的性能之一，它反映了机床结构抵抗弹性变形的能力。机床在静态力作用下所表现的刚度称为机床静刚度，机床在动态力作用下所表现的刚度称为机床动刚度。机床静刚度直接影响工件的加工精度和生产率。机床静刚度和固有频率是影响机床动刚度的主要因素。另外，阻尼越大，动刚度也越大。可见，提高机床静刚度和固有频率，改进机床结构的阻尼特性是提高机床动刚度和抗振性的有效方法。

数控机床也有普通机床都具有的床身、立柱、主轴、工作台等关键部件，但在设计上已有很大变化。

① 通过机床结构、加强筋板的合理布局来提高刚度。例如，数控车床通过加大主轴的支撑轴径，缩短主轴端部的受力悬伸长度来减小主轴的弯矩，从而提高主轴的刚度；数控车床采用倾斜床身，其所承受的转矩，在截面尺寸不变的情况下只相当于一般不倾斜床身的 1/3，这样就大大提高了床身的刚度；铣、镗类数控机床主轴箱常在框式立柱上采用嵌入式结构，其整体刚度远比传统的侧挂箱体布局高；有些数控机床，其立柱构件采用加强筋布局设计，对提高立柱构件的抗扭、抗弯刚度十分有效。

② 通过新材料、特殊结构的采用来提高动刚度和抗振能力。例如，采用聚合物混凝土取代铸铁材料制作机床大件，大件中充填泥芯和混凝土等阻尼材料，在大件表面采用阻尼涂层等都是数控机床常采用的措施。

（2）机床热变形小

机床的热学特性是影响加工精度的主要因素之一。对于数控机床，热变形对加工精度的影响很难由操作者来修正。因此，减小数控机床的热变形尤其重要。在数控机床的设计中，为了减小热变形，采取的改进措施如下：

① 采用热对称结构及热平衡措施。对于机床发热部件（如主轴箱、静压导轨液压油等）采取散热、风冷、液冷等控制温升。对切削部位采取强冷措施，如采用多喷嘴、大流量冷却液，并对冷却液采取大容量循环散热或采用冷却装置制冷。

② 专门采用热位移补偿，即预测热变形规律，建立数学模型，存入计算机，来进行实时补偿。

（3）高效率、无间隙、低摩擦传动

数控机床在高速下运行应该平稳，并且具有高定位精度，因此，要求进给系统中的机械传动装置和元件具有高灵敏度、低摩擦阻力、无间隙以及高寿命等特点。

（4）机械传动结构简化

采用高性能、宽调速范围的交、直流主轴电动机和伺服电动机，使主轴箱、进给变速箱及其传动系统大为简化，多级齿轮传动被一、二级齿轮传动所代替，甚至取消了齿轮传动，缩短了传动链，提高了传动精度和可靠性。

3．辅助装置

辅助装置是保证数控机床功能充分发挥所需要的配套部件，包括：电器、液压、气动元件及系统；冷却、排屑、防护、润滑、照明、储运等装置；交换工作台；数控转台；数控分度头；刀具及其监控检测装置等。

4.1.4　数控机床的分类

1．按工艺用途分类

数控机床根据不同的加工方式及工艺类型分类，种类非常多，一般可分为钻、车、铣、镗、磨床和齿轮加工、线切割、电火花、冲压、火焰切割等。在模具制造中数控铣床、加工中心、线切割、电火花机床应用最为广泛。

2. 按控制方式分类

（1）开环控制数控机床

这类数控机床没有检测反馈装置，如图 4-2 所示。数控装置发出的指令信号的流程是单向的，其精度主要取决于驱动元器件和电动机的性能。工作台的移动速度和位移量是由输入脉冲的频率和脉冲数决定的。

开环控制就是无位置反馈的一种控制方法，它采用的控制对象、执行机构多半是步进电动机或电液脉冲电动机。开环系统结构简单、控制方法简便、成本低，工作比较稳定、调试方便。它适用于精度、速度要求不高的场合，如经济型、中小型简易数控机床。

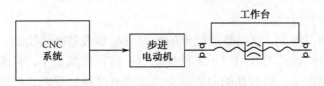

图 4-2　数控机床开环控制示意图

（2）半闭环控制系统

半闭环控制系统是电动机轴或丝杠的端部装有角度测量装置（光电编码器或感应同步器）作为间接的位置反馈，如图 4-3 所示。因为零件尺寸精度应由刀具的运动来测量，但半闭环控制系统不是直接测量刀具的实际位移，而是测量带动刀具或工件移动了多大角度，然后根据丝杠的螺距进行计算，计算出它的位置。显然半闭环控制系统精度的保证必须要求丝杠加工的精确，还要确保丝杠上的螺母只有很小的间隙，在保证了上述丝杠制造精度的前提下，数控系统通过软件还可以对螺距误差进行补偿。大多数数控机床采用半闭环控制系统。

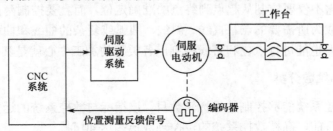

图 4-3　数控机床半闭环控制示意图

（3）闭环控制系统

闭环控制系统是对机床移动部件的位置直接用直线位置检测装置进行检测，再把实际测量出的位置反馈到数控装置中去，与输入指令比较是否有差值，然后用这个差值去控制，使运动部件按实际需要值去运动，从而实现准确定位。即数控装置中插补器发出的指令信号与工作台末端测得的实际位置反馈信号进行比较，根据其差值不断控制运动，进行误差修正，直至差值在误差允许的范围内为止。闭环控制系统的控制精度主要取决于测量装置（光栅尺）的精度，而与传动链的精度无关。采用闭环控制的数控机床（见图 4-4），可以消除由于传动部件制造中存在的精度误差给工件加工带来的影响，从而得到很高的加工精度。

但由于很多机械传动环节（尤其是惯量较大的工作台等）包括在闭环控制的环路内，各部件的摩擦特性、刚性及间隙等都是非线性量，直接影响伺服系统的调节参数，故闭环控制系统的设计和调整都有较大的难度，设计和调整得不好，很容易造成系统不稳定。所以，闭环控制数控机床主要用于一些精度要求高和速度高的精密数控机床，如镗铣床、超精密车床、精密磨床等。

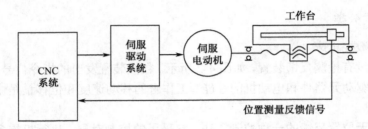

图 4-4　数控机床闭环控制示意图

3．按运动轨迹分类

（1）点位控制数控机床

点位控制又称点到点控制。这类数控机床的数控系统要求精确地控制一个坐标点到另一个坐标点的定位精度。它的特点是刀具相对于工件移动中不进行切削加工，机床只实现从一个坐标点到另一个坐标点的准确定位，而对移动中的运动轨迹没有严格的要求，机床各坐标轴之间没有关联。这类的典型机床有数控钻床、数控冲床等，单纯的只具有点位控制的机床通常是一些功能单一、简单的机床。

（2）直线控制数控机床

直线控制又称平行切削控制。这类数控机床的控制系统是在点位控制的基础上增加对机床坐标轴运动的速度控制功能，其特点是刀具相对于工件的运动除了要保证控制两点间的准确定位，还要控制两点之间移动的速度和轨迹。这类数控机床有数控车床、某些数控镗铣床和加工中心等。

（3）轮廓控制数控机床

轮廓控制又称连续轨迹控制。这类数控机床的控制系统能对两个或两个以上的坐标轴同时实施严格的连续控制，它不仅要控制从起点到终点的准确定位，而且要控制两点之间每一点的位置和速度，使运动轨迹成为所需要的点、直线、斜线、圆弧或复杂的曲线和曲面等。具有轮廓控制功能的数控机床，一般也能进行点位和直线控制。各类型的加工中心就是其典型代表。

4．按控制与联动轴数分类

可控轴数是指数控系统能够控制的坐标轴数目。该指标与数控系统的运算能力、运算速度以及内存容量等有关。目前，高档数控系统的可控轴数已多达 40 轴。

联动轴数是指按照一定的函数关系同时协调运动的轴数。机床可联动（同时控制）轴数，目前，常见的有两轴联动、两轴半联动、三轴联动、四轴联动、五轴联动等。联动轴数越多，其空间曲面加工能力越强。如五轴联动数控加工中心可以用来加工宇航中使用的叶轮、螺旋桨等零件。

4.2　数控加工在模具制造中的应用

模具零件的凸凹模和型芯、型腔的形状一般结构比较复杂，难以在短时间内进行制造加工，而且也不容易保证加工精度。在数控技术应用之前，除了用于大批量生产的专门生产线具有较高的自动化程度外，各种模具及零件的制造基本上由手工操作完成。此时零件一般由直线、圆弧和曲面等几何元素构成。数控技术的产生和发展，为复杂曲线、曲面模具零件的单件小批量自动加工提供了广阔的发展空间。

1．模具加工的特点

模具加工一般具有以下特点：

① 模具型腔、型面复杂且不规则，甚至某些曲面必须用数学计算方法进行处理；

② 模具的加工精度及表面质量要求高；

③ 生产批量小；

④ 加工工序多，一套模具的制作总离不开车、铣、钻、镗、铰和攻螺纹等多种工序；

⑤ 模具材料硬度高、价格贵。

目前，模具零件加工广泛采用数控加工技术，提高了位置精度和定位精度，如果使用加工中心，则一次装夹可完成所有的加工内容。由于减少了装夹和工序转移的等待时间，大幅度缩短了加工周期，同时也减少了多次装夹带来的误差，从而为单件小批量的曲线、曲面模具自动加工提供了极为高效的加工手段。

2．数控加工的适用范围

数控加工的特点是加工的零件重复精度高、质量稳定和加工质量好。但是，数控加工设备投资大，生产周期短。因此，数控加工有其一定的适用范围。

① 多品种小批量零件。这是因为数控机床设备对模具零件的变化有较高的适应性，加工柔性强，与通用机床、专用机床相比只需要改变加工程序。

③ 结构比较复杂的零件。通常数控机床适用于加工结构比较复杂的零件，在非数控机床上加工时需要有昂贵的工艺装备（工具、夹具、模具）。

④ 价格昂贵、不允许报废的关键零件。

④ 需要最少生产周期的急需零件。

推广数控机床的最大障碍是设备的初始投资大，且系统本身比较复杂，增加了维修的难度。同时数控机床加工需要编制程序，当加工零件形状不太复杂时，可以手工编程，但易出错且速度慢；当零件形状复杂时，则必须使用自动编程系统，这就需要配备专门的程序设计人员，并对程序进行校验与试切削验证，最后才能进行实际生产加工。

因此，在决定选用数控加工时，需要进行反复对比和仔细的经济分析，使数控机床能发挥出其最好的经济效益。

3．数控加工在模具制造中的应用

数控加工的方式很多，包括数控铣削、数控电火花加工、数控电火花线切割、数控车削、数控磨削以及其他一些数控加工方式，这些加工方式为模具提供了丰富的生产手段。应用最多的是数控铣床及加工中心，数控线切割加工与数控电火花加工在模具数控加工中的应用也非常普遍，而数控车床主要用于加工模具杆类标准件以及回转体的模具型腔或型芯，数控钻床的应用也可以起到提高加工精度和缩短加工周期的作用。

（1）数控车削加工

数控车削在模具加工中主要用于标准件的加工，如各种杆类零件顶尖、导柱、复位杆等。另外，在回转体的模具中，如瓶体、盆类的注射模，轴类、盘类零件的锻模，冲压模具的冲头等，也使用数控车削进行加工。

（2）数控铣削加工

数控铣削在模具加工中应用十分广泛，可以加工各种复杂的曲面，也可以加工平面、孔等。对于复杂的外形轮廓或带曲面的模具，如电火花成型加工用电极、注射模、压铸模等，都可以采用数控铣削加工。

（3）数控电火花线切割加工

对于微细复杂形状、特殊材料模具、塑料镶拼型腔及嵌件、带异形槽的模具，都可以采用数控电火花线切割加工。线切割主要应用在各种直壁的模具加工，如冲压模具中的凸模和凹模，注射模中的镶块、滑块，电火花加工用电极等。

（4）数控电火花成型加工

模具的型腔、型孔，包括各种塑料模、橡胶模、锻模、压铸模等，都可以采用数控电火花成型加工。

在模具数控制造中，应用数控加工可以起到提高加工精度、缩短制造周期、降低制造成本的作用，同时由于数控加工的广泛应用，可以减少对钳工经验的过分依赖。因此，数控加工在模具中的应用给模具制造带来了革命性的变化。目前，先进的模具制造企业都是以数控加工为主来制造模具，并以数控加工为核心进行模具制造流程的安排。

4.3　数控铣削加工工艺

机械加工中，经常遇到各种平面轮廓和立体轮廓的零件，如模具、凸轮、叶片、螺旋桨等。其母线形状除直线和圆弧外，还有各种曲线，如以数学方程表示的抛物线、双曲线、阿基米德螺线等曲线和以离散点表示的列表曲线。而其空间曲面可以是解析曲面，也可以是以列表点表示的自由曲面。由于这类零件的型面复杂，需要多轴联动加工，因此，数控铣削在机械制造中的应用十分广泛。

4.3.1　数控铣削加工工艺设计的主要内容

数控加工工艺设计主要包括以下几个步骤。

（1）阅读零件图纸

充分了解图纸的技术要求，如尺寸精度、形位公差、表面粗糙度、工件的材料、硬度、加工性能及工件数量等。

（2）工艺分析

根据零件图纸的要求进行工艺分析，其中包括零件的结构工艺性分析、材料和设计精度合理性分析、大致工艺步骤等。

（3）制定工艺

根据工艺分析制定出加工所需要的一切工艺信息，如加工工艺过程、工艺要求、刀具的运动轨迹、位移量、切削用量（主轴转速、进给量、吃刀深度）及辅助功能（换刀、主轴正转或反转、切削液开或关）等，并填写机械加工工序卡和机械工艺过程卡。

（4）数控编程

根据零件图和制定的工艺内容，再按照所用数控系统规定的指令代码及程序格式进行数控编程。

（5）程序传输

将编写好的程序通过传输接口，输入到数控机床的数控装置中。调整好机床并调用该程序后，就可以加工出符合图纸要求的零件。

数控加工具体工艺过程：选择并确定进行数控加工的内容→数控加工的工艺分析→零件图形的数学处理及编程尺寸设定值的确定→制定数控加工工艺方案→确定工步和进给路线→选择数控机床的类型→选择和设计刀具、夹具与量具→确定切削参数→编写、校验和修改加工程序→首件试加工与现场问题处理→数控加工工艺技术文件的定型与归档。

4.3.2　确定加工方案的基本原则

一个零件往往可能有多种加工方案，确定加工方案既要遵循切削加工原理，同时也要考虑加工工艺的合理性，针对具体零件加工方案可以考虑以下几点：

① 设计数控铣床加工工艺时，要依据工件毛坯的种类，确定是否需要安排粗、精加工。

② 要合理给出粗、精加工余量，一般单边余量为 4～6mm，当直径大于 30mm 时，粗加工最好放在其他普通机床上进行，精加工余量一般留 1mm 左右。

③ 对于精度要求较高的零件，应根据零件的形状、尺寸和精度等因素尽量将粗、精加工分开，特别是对于薄壁类零件，控制其加工余量就更加重要。

④ 对于形状比较复杂的工件的加工，应按各加工内容的难易程度进行区分，先加工几何形状复杂的部位，后加工容易加工的部分。

⑤ 工序合理划分。在数控铣床上加工零件时，工序可相对集中，一次装夹即可完成的内容可以安排在一台机床上加工，但零件的定位面一般是由前工序机床加工完成的。数控铣床主要完成精度要求高、形状复杂的加工。对于有同轴度要求的孔系的加工，最好要在一次定位装夹后，完成半精加工和精加工，尽量避免重复装夹时定位误差的影响。

数控加工工序划分的一般方法如下：

① 以一次安装的加工作为一道工序。适合于加工内容不断的工件。

② 以同一把刀具加工的内容划分工序。这种划分方法最为常用，适合于较复杂零件的综合切削加工。

③ 以加工部位划分工序。适合于加工内容很多的零件。

④ 以粗、精加工划分工序。对于易发生加工变形的零件，由于粗加工后可能发生的变形而需要进行校形，故一般来说凡要进行粗、精加工的都要将工序分开。

设计数控加工工艺方案时，一定要扬长避短，充分发挥数控加工的优越性。

4.3.3　刀具进给路线的确定

刀具进给路线是指刀具中心运动的轨迹和方向。合理地选择刀具进给路线既可以提高切削效率，又可以提高零件表面的加工质量。确定刀具进给路线主要考虑以下几个方面。

① 在铣削加工中，刀具旋转与刀具前进的方向相同时为顺铣，方向相反时为逆铣。对于普通机床，逆铣可以消除丝杠间隙，提高加工精度；顺铣可以减小表面粗糙度和刀具寿命，为提高加工精度常采用逆铣。对于数控机床，由于机床刚度高，滚珠丝杠结构已解决消除间隙问题，所以，应尽量采用顺铣方式，以提高被加工零件的表面质量。

选择顺铣或逆铣时，还应根据零件加工要求、工件材料的性质特点以及具体机床刀具条件综合考虑，对于铝镁合金、钛合金和耐热合金等材料来说，最好采用顺铣，这对于降低加工表面粗糙度和提高刀具寿命都有利。但如果零件毛坯为钢铁金属锻件或铸件（表皮硬而且余量一般较大），这时采用逆铣较为有利。

② 外轮廓铣削加工的刀具进给路线。工件的外轮廓加工，常采用面铣刀的侧刃进行外轮廓平面的铣削。切入时，应先与轮廓的延长线接触、然后沿轮廓曲线的切线方向切入。对于精度要求较高的零件来说，要避免法向切入零件轮廓。进刀、退刀位置应选在零件不大重要的部位，以避免产生刀痕。

③ 内轮廓铣削加工的刀具进给路线。在铣削内表面轮廓时，切入、切出无法外延，此时铣刀可以沿圆弧轨迹由切线方向切入和切出，并且切入、切出点应选在零件轮廓的两个几何元素的交点上。

封闭内轮廓铣削加工的常用刀具进给路线如图 4-5 所示。切削内腔时，环切和行切在生产中都有应用。从刀具进给路线的长短比较来看，行切法要优于环切法。但使用行切法加工比使用环切法加工的表面质量差。因此，采用先行切后环切的刀具进给路线较为合理，但刀位点的计算相对较复杂。

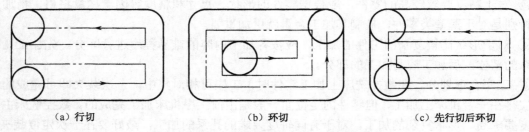

（a）行切　　　　　　　（b）环切　　　　　　　（c）先行切后环切

图 4-5　封闭内轮廓铣削加工的刀具进给路线

④ 在轮廓加工过程中，应尽量避免进给停顿，以免刀具在进给停顿处的零件轮廓上留下切痕。

⑤ 孔加工的刀具进给路线。对于孔加工来说，一般要求定位精度较高，定位过程尽可能的快，可节省空行程所占用的时间，定位过程中刀具相对于工件的运动轨迹却无关紧要。因此，应仔细分析零件图样，力求各点间的进给路线总和最短。

如图 4-6 所示，最好的走刀路线应该是要使空行程最短，即图 4-6（c）所示的走刀路线。

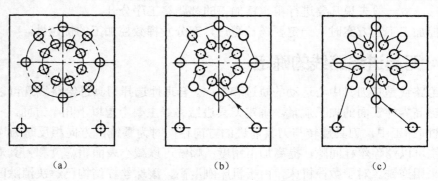

（a）　　　　　　　　（b）　　　　　　　　（c）

图 4-6　孔加工的刀具进给路线

4.3.4　切削用量的选择

1．切削用量选择的依据

① 根据工件材料选择适合加工用的刀具材料；

② 根据刀具材料选择机床主轴转速；

③ 根据机床、刀具和工件的刚度选择切削用量;

④ 根据机床和刀具情况确定进给速度。

2. 切削用量的确定

数控机械加工的背吃刀量、切削速度和进给量的确定原则与普通机械加工相似。

（1）背吃刀量

在机床、工件和刀具的刚度允许的情况下，背吃刀量就等于加工余量，这是提高生产率最有效的措施。有时为了要保证加工精度和表面粗糙度，需要留一点余量最后精加工。数控机床的精加工余量可以略小于普通机床。

（2）切削速度

切削速度大，也能提高生产率，但是提高生产率的最有效措施还是尽可能采用大的背吃刀量。因为切削速度与刀具寿命的关系比较密切，随着切削速度的加大，刀具寿命将急剧降低，故切削速度的选择主要决定于刀具寿命。用立铣刀铣削高强度钢零件轮廓时，切削速度可能只有 8～10m/min；而用同样立铣刀轮廓铣削铝合金时，切削速度可达 200m/min 以上。

切削用量的选择可根据实际经验或参阅有关手册。数控机床主轴转速根据切削速度来选定，在编程中用 S 代码给予规定，数控机床的操作面板上配有主轴转速倍率开关，加工中可由人工随时调整。

（3）进给速度

进给速度应根据零件的加工精度和表面粗糙度要求以及刀具和工件的材料来选择。加工表面粗糙度值要求低时，进给速度应选择得小些。一般数控机床进给量是连续变化的，编程时要将选定的进给速度填入相应指令，F 代码为进给速度的编程指令。各挡进给速度可在一定范围内进行无级调整，在加工过程中也可根据安装在控制板上的进给速度倍率开关由人工修正，有较大的灵活性。

切削用量的选择可根据实际经验或参阅有关手册。数控机床主轴转速在编程中用 S 代码给予规定，数控机床的操作面板上配有主轴转速倍率开关，加工中可由人工随时调整。

4.3.5　数控机床加工用工、夹具

数控机床加工用工、夹具有以下特点：对复杂零件的加工，不需要制造仿形件，省去调整刀具位置、行程挡块等工作，只需要正确的加工程序和简单的夹具，消除了操作者人为误差因素。因此，数控加工广泛用于零件形状复杂、批量小、加工精度要求高的模具生产。由于数控机床对刀具的要求较高，需要配备相应的工具系统。

1. 对刀仪

对刀仪用于刀具参数的测量和调整，为加工编程提供可靠的刀具长度和半径补偿值。

对刀仪的结构主要由刀座、立柱、测量装置和底座等组成。测量装置可由升降装置带动沿立柱上、下移动，底座上的滑轨可调节测量装置与刀座的水平距离。测量装置分为用千分表直接接触测量式和投影放大测量式，图 4-7 所示为投影测量对刀仪的示意图。对刀仪配有调整用检验棒，用来调整测量装置的零位或确定测量读数的基数。检验棒为锥柄，另一端部镶有精制钢珠，圆锥台肩刻有数值，代表钢珠至机床主轴端面尺寸参数。

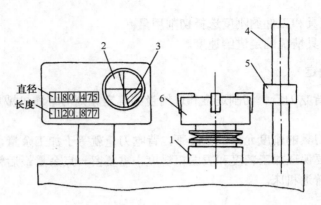

图 4-7   对刀仪的示意图

1-刀座；2-可旋转刻线屏；3-刀具刃口投影；4-立柱；5-光学测量头；6-刀具

对刀仪的使用方法：首先根据刀具尺寸选择适当长度的检验棒插入对刀仪刀座，调整测量镜头相对检验棒的上、下和水平位置，使屏幕上出现钢珠影像，通过屏幕米字线对准钢珠中心，在数字显示器上读出相应的 X、Z 方向值。将刀具插入刀座，调整测量装置使米字线与刃口重合，同时读数。将两次读数及检验棒参数进行计算处理，可确定刀具的结构尺寸和调整尺寸。

2．刀柄和刀具接杆

在数控机床和加工中心上，使用的刀具种类较多，刀柄和刀具接杆可使各种刀具既满足加工时刀具的尺寸要求，又能准确地安装在机床上或刀库中。为了适应数控机床和加工中心的加工特点、编排加工程序及刀具管理，我国制定了镗铣类数控机床用工具（TSG）系统。该系统中规定了各式刀柄、刀杆、接长杆等工具的代号、结构、尺寸系列、连接形式及适用范围。其中按刀柄分为锥柄和直柄两类，用于安装接杆或刀具部分的结构有弹簧夹头、直壁或莫氏圆锥衬套，以及可调镗头装置等。图 4-8 所示为部分工具结构。

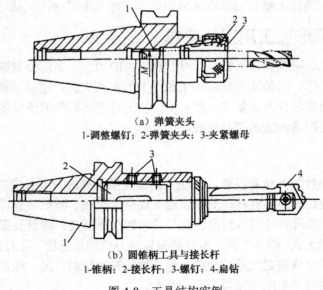

（a）弹簧夹头

1-调整螺钉；2-弹簧夹头；3-夹紧螺母

（b）圆锥柄工具与接长杆

1-锥柄；2-接长杆；3-螺钉；4-扁钻

图 4-8   工具结构实例

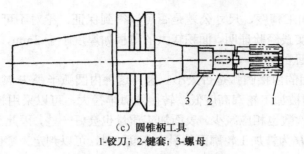

（c）圆锥柄工具
1-铰刀；2-键套；3-螺母

图 4-8　工具结构实例（续）

图 4-8（a）所示为弹簧夹头用于夹固直柄立铣刀的实例。拧松滚珠夹紧螺母 3，可同时带动弹簧夹头 2 与被夹紧的刀具一同作轴向移动，以松开刀具。调整螺钉 1 用以调节刀具的轴向位置。弹簧夹头一般用于夹固 $\phi 3 \sim 25$mm 的直柄刀具。

图 4-8（b）所示为用于扁钻的圆锥柄工具与接长杆结构。图中接长杆 2 在锥柄 1 中用键定位，利用螺钉 3 固定。

图 4-8（c）所示为镗铣类数控机床上使用的套装铰刀的圆锥柄工具。铰刀 1 上的锥孔与圆锥柄工具连接定位，由端面键传递转矩。

3. 卸刀钳

卸刀钳为数控机床刀具的组装和拆卸工具。如图 4-9 所示，卸刀钳的结构主要包括可紧固于钳工台案的钳座 2、装卡刀具的钳口 1 和使钳口转换方向的转位装置 3 及其操作手柄。

为满足不同的刀具更换方式，钳口的形式也为多样。图 4-9（a）所示为卸刀钳用钳口夹紧刀具的机械手凹槽，可用于刀具更换刀柄、接刀杆等。图 4-9（b）所示为卸刀钳钳口为锥孔结构，上端面有一个定位块，使用时刀具插入锥孔，定位块将嵌入刀具台肩上凹槽，阻止刀具旋转。适用于机械夹固式结构刀具，如硬质合金端铣刀更换刀片等。

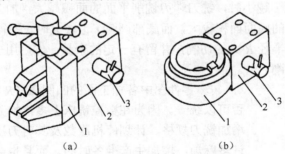

（a）　　　　　　　（b）

图 4-9　卸刀钳

1-钳口；2-钳座；3-转位装置

4.3.6　数控铣削的工艺分析

数控铣削加工的工艺分析关系到加工效果和成败，是编程前重要的工艺准备工作。针对数控铣削加工的特点，下面重点讨论一些常见的工艺性问题。

1. 数控铣削加工工艺性分析

① 图样尺寸的标注方法是否方便编程，构成工件轮廓图形的各种几何元素的条件是否充分，各几何元素的相互关系（如相切、相交、垂直和平行等）是否明确等。

② 零件所要求的加工精度、尺寸公差是否可以得到保证，绝对不可以认为数控机床加工精度高就放弃这种分析。实践经验证明，面积较大的薄板如厚度小于 3mm，其厚度的尺寸公差及表面粗糙度要求是很难保证的。

③ 内槽及缘板之间的内接圆弧是否太小。因为这种内圆弧半径 R 常常限制刀具的直径。如图 4-10 所示，如工件的被加工轮廓高度低，转接圆弧半径大，可以采用较大直径的铣刀来加工，加工其腹板面时，走刀次数也相应减少，表面加工质量也会好一些，因此工艺性较好，反之亦然。一般来说，当 $R<0.2H$（H 为被加工轮廓面的最大高度）时，可以判定为零件该部位的工艺性不好。

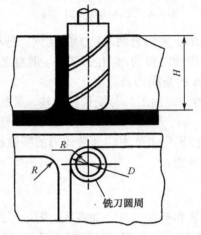

图 4-10　内接圆弧半径对零件铣削工艺性的影响

④ 零件铣削面的槽底圆角或腹板与缘板相交处的圆角半径 r 是否太大。如图 4-11 所示，当 r 越大，铣刀端刃铣削平面的能力越差，效率也越低。当 r 大到一定程度时就必须用球头刀（圆头铣刀）加工，这是应当尽量避免的。因为平头铣刀与铣削平面接触的最大直径 $d=D-2r$（D 为铣刀直径），当 D 越大而 r 越小时，铣刀端刃铣削平面的面积越大，加工平面的能力越强，铣削工艺性也就越好。当铣削的底面面积较大，而底部圆弧 r 也较大时，不得不用两把半径 R 不同的铣刀进行两次切削：先用半径 R 大的切削，并留有一定的余量；然后用一把圆角半径 r 符合零件图要求的铣刀进行最后铣削。

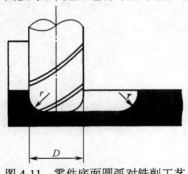

图 4-11　零件底面圆弧对铣削工艺性的影响

⑤ 零件图中各加工面的凹圆弧（R 与 r）是否过于零乱，是否可以统一。因为在数控铣床上多次换刀要产生一些新问题，如增加铣刀规格、计划停机次数及其对刀次数等，不但给编程带来许多麻烦，增加生产准备时间，而且也会因频繁换刀增加加工面上的接刀印而影响表面质量。一般来说，应尽力将圆弧半径数值向相近的分组靠拢，以减少铣刀规格与换刀次数。

⑥ 零件上有无统一基准，以保证两次装夹加工后其相对位置的正确性。为了减少两次装夹误差，最好采用统一基准定位。零件上最好有合适的孔作为定位基准孔，或是专门设置工艺孔作为定位基准。

⑦ 分析零件的形状及材料的热处理状态，会不会在加工过程中变形。通常，要采取一些必要的工艺措施进行预防，如对钢件进行调质处理，对铸铝进行退火处理，或是用粗、精加工方法等。

⑧ 采用合适的切削路线（轮廓仿形或周期性进给）保证加工质量。这需要根据零件形状来决定。在轮廓仿形时，加工腔体一般选用逆时针方向进给，而加工型芯则选用顺时针方向进给。

2．平面与曲面加工的工艺处理

（1）平面轮廓加工

这类零件的表面多由直线和圆弧或各种曲线构成，常用二轴联动的三轴数控铣床加工，是模具制造中常见的一种，编程也较简单。

图 4-12 所示为由直线和圆弧构成的平面轮廓。工件轮廓为 *ABCDEA*，采用圆柱铣刀周向加工，刀具半径为 *r*，单点画线为刀具中心的运动轨迹。当机床具备 G41、G42 功能并可跨象限编程时，则按轮廓 *AB*、*BC*、*CD*、*DE*、*EA* 划分程序段。当机床不具备刀具半径补偿功能时，则按刀心轨迹 *A′B′*、*B′C′*、*C′D′*、*D′E′*、*E′A′* 划分程序段，并按单点画线所示的坐标值编程。对于按象限划分圆弧程序段时，则程序段数相应增加。为保证加工面平滑过渡，增加了切入外延 *PA′*、切出外延 *A′K*、让刀 *KL* 以及返回 *LP* 等程序段。应尽可能避免法向切入和进给中途停顿。

当平面轮廓为任意曲线时，由于实现任意曲线的数控装置是相当复杂甚至是不可能的，而一般数控装置只具备直线和圆弧插补功能，所以，常用多个直线段或圆弧段去逼近它。

（2）曲面二轴联动加工

X，Y，Z 三轴中任意二轴作插补联动，第三轴作单独的周期进刀，常称二轴半联动。如图 4-13 所示，将 *X* 向分成若干段，圆头铣刀沿 *YZ* 面所截的曲线进行铣削，每段加工完后进给 ΔX，再加工另一相邻曲线，如此依次切削即可加工出整个曲面。由于它是一行行截面加工的，故称"行切法"。根据表面粗糙度要求及刀头不干涉相邻表面的原则选取 ΔX。行切法加工所用的刀具通常是球头铣刀，这种刀具加工曲面不易干涉毗邻表面，计算也比较简单。球头铣刀的刀头半径选得大一些，有助于减小加工表面粗糙度、增强刀具刚性及改善散热条件等，但刀头半径必须小于曲面的最小曲率半径。

由于二轴半坐标加工的刀心轨迹是一条平面曲线，所以，编程计算比较简单，数控逻辑装置也不复杂，常用于曲率变化不大及精度要求不高的加工场合。

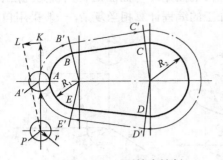

图 4-12　平面轮廓铣削

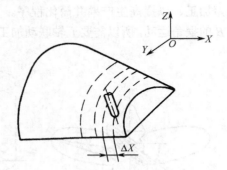

图 4-13　曲面行切法

（3）曲面三轴联动加工

三轴联动加工，即 *X，Y，Z* 三轴可同时插补联动。用三轴联动加工曲面时，通常也用行切法。如图 4-14 所示，*P* 平面为平行 *YZ* 坐标的一个行切面，若要求它与曲面的交线 *ab* 为一条平面曲线，应使球头刀与曲面的切削点总是处在平面曲线 *ab* 上（沿 *ab* 切削），以获得规则的残留沟纹，保证加工质量。显然，这时的刀心轨迹 O_1O_2 不在 P_{YZ} 平面上，而是一条空间曲线（实际上是空间折线），因此，需要 *X，Y，Z* 三轴联动加工。

三轴联动加工常用于复杂空间曲面的精确加工（如精密锻模），但编程计算较为复杂，所用机床的数控装置还必须具备三轴联动功能。

（4）曲面四轴联动加工

如图 4-15 所示的工件（飞机大梁），侧面为直纹扭曲面。若在三轴联动的机床上用球头铣刀按行切法加工时，不但生产率低，而且表面粗糙。为此，采用圆柱平头铣刀周边切削，并用四轴铣床加工，即除三个笛卡儿坐标运动外，为保证刀具与工件型面始终贴合，刀具还绕 O_1（或 O_2）作摆角联动。由于摆角运动，导致笛卡儿坐标（图中 Y）需要作附加运动，其编程计算较为复杂。

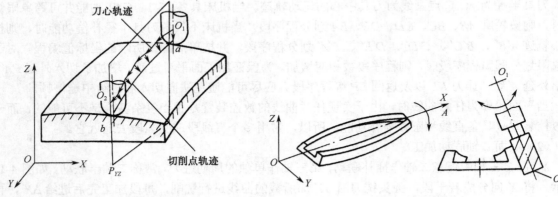

图 4-14　三轴联动加工　　　　　　　　图 4-15　四轴联动加工

（5）曲面五轴联动加工

螺旋桨叶片是五轴联动加工的典型零件之一，其叶片的形状和加工原理如图 4-16 所示。在半径为 R_i 的圆柱面上与叶面的交线 ab 为螺旋线的一部分，螺旋角为 ψ_i，叶片的径向叶形线（轴向割线）EF 的倾角 α 为后倾角，螺旋线 ab 用极坐标加工方法，并且以折线段逼近。逼近段 mn 是由 C 坐标旋转 $\Delta\theta$ 与 Z 坐标位移 ΔZ 的合成。当 ab 加工完后，刀具径向位移 ΔX（改变 R_i），再加工相邻的另一条叶形线，依次加工即可形成整个叶面。由于叶面的曲率半径较大，所以常采用端面铣刀加工，以提高生产率并简化程序。为保证铣刀端面始终与曲面贴合，铣刀还应作坐标 A 和坐标 B 的摆角运动，所以需要五轴联动加工。这种加工的编程计算相当复杂，一般采用自动编程。

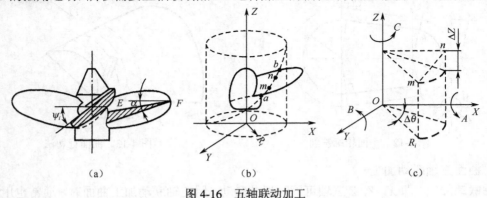

（a）　　　　　　　　　（b）　　　　　　　　　（c）

图 4-16　五轴联动加工

4.4　数控机床的程序编制

数控机床是严格按照从外部输入的程序来自动地对被加工工件进行加工的，从外部输入的直接用于加工的程序称为数控加工程序。

4.4.1　概述

在普通机床上加工零件时，一般是由工艺人员按照设计图样事先制定好零件的加工工艺规程。在工艺规程中确定零件的加工工序、切削用量、机床的规格及工具、夹具等内容。操作人员按工艺规程的各个步骤操作机床，加工出图样给定的零件。也就是说，零件的加工过程是由人来完成的。例如，改变主轴转速、改变进给速度和方向、切削液的开关等都是由工人手工操作的。在由凸轮控制的自动机床或仿形机床加工零件时，虽然不需要人对它进行操作，但必须根据零件的特点及工艺要求设计出凸轮的运动曲线或靠模，由凸轮、靠模控制机床运动，最后加工出零件。在这个加工过程中，虽然避免了操作者直接操作机床，但每一个凸轮机构或靠模只能加工一种零件。当改变被加工零件时，就要更换凸轮、靠模。因此，它只能用于大批量、专业化生产中。

数控机床与以上机床不同，它是按照事先编好的加工程序，自动地对工件进行加工。把工件的加工路线、工艺参数、刀具的运动轨迹、位移量、切削参数（主轴转速、进给量等），按照数控机床规定的指令代码及程序格式编写成加工程序清单，然后输入到数控机床的控制装置中，从而控制机床加工，这种从零件图的分析到制成控制介质的全部过程称为数控程序的编制。

数控编程方法分为手工编程和自动编程两大类。对于简单平面零件可以手工直接编写数控加工程序；对于复杂零件，特别是三维以上零件加工程序的编制，需要大量复杂的计算工作，程序段的数量也非常多，在许多情况下用手工编程几乎是不可能的，在这种情况下必须采用自动编程。自动编程又可分为图形交互自动编程（CAD/CAM）、语言数控自动编程（APT 语言）和语音提示自动编程等。目前，较广泛应用的主要是手工编程和图形交互式自动编程。手工编程在目前仍是广泛采用的编程方式，即使在自动编程高速发展的今天，手工编程的作用也不可取代，仍然是自动编程和计算机辅助编程的基础。

4.4.2　数控机床的坐标系

1. 坐标系分类

根据结构和运动方式的不同，数控机床有很多的结构类型。根据 JB/T3051—1999 规定如下：

① 在坐标命名或编程时，被加工工件的坐标系均看做是相对静止的，而刀具是运动的。

② 一个直线进给运动或一个圆周进给运动定义一个坐标轴。标准坐标系是一个用 X、Y、Z 表示的直线进给运动的笛卡儿坐标系，用右手定则规定笛卡儿坐标系，如图 4-17 所示。大拇指指向 X 的正方向，食指指向 Y 轴的正方向，中指指向 Z 轴的正方向。

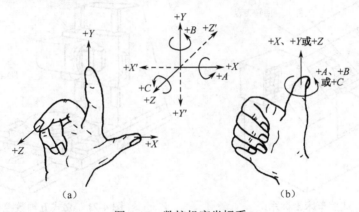

(a)　　　　　　　　　　　　　(b)

图 4-17　数控机床坐标系

围绕 X、Y、Z 轴旋转的圆周进给运动坐标轴分别用 A、B、C 表示，根据右手定则判定，以大拇指指向+X、+Y、+Z 方向，则食指、中指等指向是圆周进给运动的+A、+B、+C 方向。

2. 运动部件方向的规定

机床某一运动部件的正方向，规定为刀具远离工件的方向。

① Z 坐标轴的确定。通常把传递切削动力的主轴定为 Z 轴。对刀具旋转的铣床、钻床、镗床、攻螺纹机床等，转动刀具的主轴为 Z 轴；对工件旋转的车床、磨床和其他成型旋转表面的机床，转动工件的轴则为 Z 轴；Z 轴的正方向规定为刀具远离工件的方向。

② X 坐标轴的确定。X 轴是水平的，一般平行于工件装夹面，且与 Z 轴垂直，它是刀具或工件定位平面内运动的主要坐标。对于工件旋转的机床，X 轴沿工件的径向且平行于横向导轨。刀具离开工件旋转中心的方向是 X 轴的正方向；对刀具旋转的机床，如 Z 轴为水平，则从主轴向工件看，X 轴的正方向指向右边；如 Z 轴为垂直，则从主轴向立柱看，X 轴的正方向指向右边。

③ Y 坐标轴的确定。同时垂直于 X 轴和 Z 轴，且 Y 轴的正向必须使 X、Y、Z 三轴之间符合图 4-17 所示的右手法则。

④ 回转或摆动轴。A、B、C 相应表示围绕 X、Y、Z 三轴轴线的回转或摆动运动，其正方向分别按 X、Y、Z 轴右螺旋法则判定。

⑤ 附加坐标轴。如果机床除有 X、Y、Z 主要坐标轴以外，还有平行于它们的坐标轴，可分别指定为 U、V、W。如果还有第三组运动，则分别指定为 P、Q、R。

图 4-18～图 4-21 所示分别为立式数控铣床坐标系、卧式数控铣床坐标系、数控车床坐标系和立式五轴数控机床坐标系的示意图。

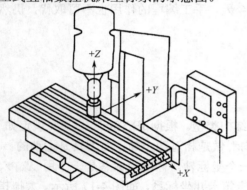

图 4-18　立式数控铣床坐标系

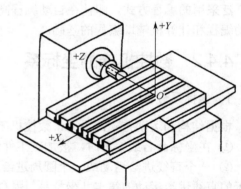

图 4-19　卧式数控铣床坐标系

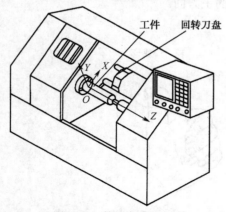

图 4-20　数控车床坐标系

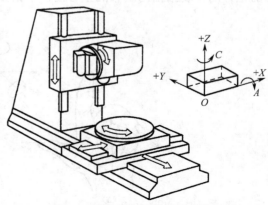

图 4-21　立式五轴数控机床坐标系

3. 机床原点与机床坐标系

机床原点 M 称为机床零点，是机床上的一个固定点，由机床生产厂在设计机床时确定，原则上是不可改变的（见图 4-22）。以机床原点为坐标原点的坐标系称为机床坐标系。机床原点是机床坐标系的原点，同时也是其他坐标系与坐标值的基准点。也就是说只有确定了机床坐标系，才能建立工件坐标系，才能进行其他操作。

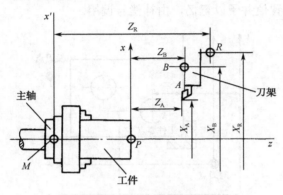

图 4-22　数控车床坐标系

4. 机床参考点

机床原点 M 是通过机床参考点 R 间接确定的。机床参考点的作用就是每次数控机床启动时，执行机床返回参考点（又称"回零"）的操作，使数控系统的坐标系统与机床本身坐标系统相一致（见图 4-22）。

机床参考点是由机床制造厂人为定义的点，它与机床原点之间的坐标位置关系是固定的，并被存放在数控系统的相应机床数据存储器中，一般是不允许改变的，仅在特殊情况下可通过变动机床参考点的限位开关位置来变动，但同时必须能准确测量出改变后机床参考点相对机床原点的几何尺寸距离并存放到数控系统的相应机床数据存储器中，才能保证原设计的机床坐标系统不被破坏。

机床参考点的位置在每个轴上都是通过减速行程开关粗定位，然后由编码器零位电脉冲（或称栅格零点）精定位的。当返回参考点的工作完成后，显示器即显示出机床参考点在机床坐标系中的坐标值，这表明机床坐标系已经建立。

5. 工件原点与工件坐标系

工件原点 P 又称工件零点或编程零点（见图 4-22），是为编制加工程序而定义的点，它可由编程员根据需要来定义，一般选择工件图样上的设计基准作为工件原点，例如，回转体零件的端面中心、非回转体零件的角边、对称图形的中心作为几何尺寸绝对值的基准。

这种在工件上以工件原点为坐标系原点建立的坐标系称为工件坐标系，其坐标轴及方向与机床坐标系一致。工件坐标系是编程人员在编程时使用的坐标系，目的是为了编程方便，编程尺寸按工件坐标系中的尺寸确定。在加工时，工件安装在机床上，这时测量工件原点与机床原点之间的距离，该距离称为工件原点偏置，加工前需要将偏置值预存到数控系统中，加工时，工件原点偏置便能自动加到工件坐标系上，使数控系统可按机床坐标系确定加工时的坐标值。除此之外，还可以用编制程序的方式来确定工件坐标系。

6. 起刀点与对刀点

起刀点是指刀具起始运动的刀位点，即程序开始执行时的刀位点。刀位点即刀具的基准点，如圆柱铣刀底面中心、球头刀中心、车刀与镗刀的理论刀尖（见图 4-22 中的 A 点）；当用夹具时常用与工件零点有固定联系尺寸的圆柱销等进行对刀，则用对刀点作为起刀点。如图 4-23 所示，对刀元件在夹具上，X_1 与 Y_1 为固定尺寸，X_0 与 Y_0 为零点偏置，可用 MDI 方式以对刀点相对于机床零点间的显示值确定偏置值并予以记忆，由补偿号调用。

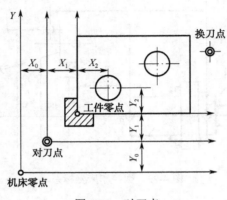

图 4-23　对刀点

4.4.3　数控程序的构成

1. 程序结构

一个完整的加工程序由程序号、若干程序段及程序结束指令组成。

程序号又称程序名，置于程序的开头，用做一个具体加工程序存储、调用的标记。程序号一般由字母 O、P 或符号"%"、":"后加 2～4 位数组成，也有机床用零件名称、零件号及其工序号等内容表示，具体情况视数控系统而定。

程序段是由一个或若干字组成，每个字又由字母和它后面的数字数据组成（有时还包括代数符号），每个字母、数字、符号都称为字符。

例如，数控加工程序：

```
O020
N010   G92   X200   Z200；
N020   G00   X80    Z3    S300   T0101   M03   M08；
N030   G01   Z-60   F0.2；
N040   X100；
N050   G00   X200   Z200   T0100   M09；
N060   M02；
```

这表示一个完整的加工程序，由 6 条程序段按操作顺序排列而成。整个程序的开始用 O020，它表示从数控装置的存储器中调出程序编号为"O020"的加工程序。以 M02（或 M30）作为该加工程序的结束。每个程序段用"N"开头，结束用分号"；"（或星号"*"），或根据具体机床选用；纸带穿孔时，国际标准化组织（ISO）标准用 LF 或 NL（换行），EIA 标准用（CR）。

每条程序段表示一种操作过程，除程序段结束字符"；"外，一般都由 8 个字组成。例如，N020 表示运行的第二条程序段；G00 定义为快速点定位；X80 表示 X 轴正向位移至 80（此处为

80mm，也有用脉冲数表示的）；Z3 表示刀具位移至 Z 轴正方向 3mm 处；S300 表示主轴转速为 300r/min；T0101 为 1 号刀具用 1 号刀补；M03 表示主轴正转；M08 表示 1 号切削液开。该程序段表示一个完整的操作，即命令机床用 1 号刀具和 1 号刀补以快速点定位方式位移到 X80 和 Z3 处，主轴的正向转速为 300r/min，同时开启 1 号切削液。

一个程序段的字符数有一定限制，字符数大于限度时，可分成两条程序段。

2．程序段格式

程序段格式就是一条程序段中字、字符及数据的排列形式。不同的数控系统往往有截然不同或大同小异的程序格式。若程序格式不合规定，数控装置会报警出错。

目前，广泛应用字—地址程序格式，也有少数数控系统采用分隔符的固定顺序格式（如我国生产的快速走丝数控电火花线切割机床）。

字—地址程序格式如上例所示：每个字前有地址 G，X，Z，F，…；各字的先后排列并不严格；数据的位数可多可少，但不得大于规定的最大允许位数；不需要的字以及与上一程序段相同的续效字可以不写（如上例 N040）程序段中，G01、Z-60、F0.2、S300、T0101、M03、M08 这些续效字继续有效。现在的数控系统绝大多数对程序段中各类字的排列不要求有固定的顺序，即在同一程序段中各个指令字的位置可以任意排列。上例 N020 程序段如下：

　　N020　M08　M03　T0101　S300　Z3　X80　G00；

当然还有很多排列形式，它们对数控系统是等效的。在大多数场合，为了书写、输入、检查和校对的方便，程序字在程序段中习惯按一定的顺序排列：

　　N_　G_　X_　Y_　Z_　R_　F_　S_　T_　M_；

这种程序段格式的优点是程序简短、直观、不易出错，故应用广泛。ISO 已对这种可变程序段字—地址格式制定了 ISO6983—I—1982 标准，该标准为数控系统的设计，特别是程序编制带来很大方便。

分隔符固定顺序程序格式的特点：所有字的地址用分隔符"HT"或"B"表示，但各字的顺序固定，不可打乱；不需要的或与上一程序段相同的续效字可以省略，但必须补上分隔符。这种程序格式不需要判别地址的电路，系统简化，主要用于功能不多且较固定的数控系统，但程序不直观、易错。

4.4.4　数控程序的指令代码

在数控编程中，是用 G 指令代码、M 指令代码及 F，S，T 等指令来描述加工工艺过程、数控系统的运动特征、数控机床的启动与停止、冷却液的开关等辅助功能以及给出进给速度、主轴转速等。

必须注意，国际上广泛应用 ISO 标准制定的 G 代码和 M 代码与我国根据 ISO 标准制定的 JB3208—1983 标准完全等效，但也有些国家或集团公司所制定的 G 代码和 M 代码的含义与此完全不同，操作时务必根据使用说明书进行编程。

1．准备功能"G"指令

它是由字母"G"和其后的二位数字组成，从 G00 至 G99 共有 100 种。该指令主要是命令数控机床进行何种运动，为控制系统的插补运算做好准备。所以，一般它们都位于程序段中坐标数字指令的前面。常用的 G 指令如下：

G01——直线插补指令。使机床进行二轴（或三轴）联动的运动，在各个平面内切削出任意斜率的直线。

G02，G03——圆弧插补指令。G02 为顺时针圆弧插补指令，G03 为逆时针圆弧插补指令。使用圆弧插补指令之前必须应用平面选择指令，指定圆弧插补的平面。

G00——快速点定位指令。它命令刀具以定位控制方向从刀具所在点以最快速度移动到下一个目标位置。它只是快速定位，而无运动轨迹要求。

G17，G18，G19——坐标平面选择指令。G17 指定零件进行 XY 平面上的加工，G18 和 G19 分别为 ZX，YZ 平面上的加工。这些指令在进行圆弧插补、刀具补偿时必须使用。

G40，G41，G42——刀具半径补偿指令。利用该指令之后，可以按零件轮廓尺寸编程，由数控装置自动地计算出刀具中心轨迹。其中 G41 为左偏刀具半径补偿指令，G42 为右偏刀具半径补偿指令，G40 为刀具半径补偿撤消指令。

G90，G91——绝对坐标尺寸及增量坐标尺寸编程指令。其中 G90 表示程序输入的坐标值按绝对坐标值取值，G91 表示程序段的坐标值按增量坐标值取值。

2．辅助功能 M 指令

辅助功能 M 指令是由字母"M"和其后的二位数字组成，从 M00 至 M99 共 100 种。这些指令与数控系统的插补运算无关，主要是为了数控加工、机床操作而设定的工艺性指令及辅助功能。常用的辅助功能指令如下：

M00——程序停止。完成该程序段的其他功能后，主轴、进给、冷却液送进都停止。

M01——计划停止。该指令与 M00 类似。所不同的是，必须在操作面板上预先按下"任选停止"按钮，才能使程序停止，否则 M01 不起作用。当零件加工时间较长或在加工过程中需要停机检查、测量关键部位以及交接班等情况时使用该指令很方便。

M02——程序结束。当全部程序结束时使用该指令，它使主轴、进给、冷却液送进停止，并使机床复位。

M03，M04，M05——分别命令主轴正转、反转和停转。

M06——换刀指令。常用于加工中心机床刀具库换刀前的准备动作。

M07，M08——分别命令 2 号切削液和 1 号切削液开（冷却泵启动）。

M09——切削液停。

M10，M11——运动部件的夹紧及松开。

M30——程序结束并倒带。该指令与 M02 类似。所不同的是，可使程序返回到开始状态，即使纸带倒回起始位置。

M98——子程序调用指令。

M99——子程序返回到主程序指令。

3．其他功能指令

（1）进给功能指令 F

该指令用以指定切削进给速度，其单位为 mm/min 或 mm/r。F 地址后跟的数值有直接指定法和代码指定法。现在一般都使用直接指定方式，即 F 后的数字直接指定进给速度，例如，"F120"即为进给量 120mm/min，"F0.2"即为 0.2mm/r，进给速度的数值按有关数控切削用量手册的数据或经验数据直接选用。

（2）主轴转速功能指令 S

该指令用以指定主轴转速，其单位为 r/min。S 地址后跟的数值有直接指定法和代码指定法之分。现在数控机床的主轴都用高性能的伺服驱动，可以用直接法指定任何一种转速，如"S2000"即为主轴转速 2000r/min。代码法用于异步电动机与齿轮传动的有级变速，现已很少运用。

（3）刀具功能指令 T

该指令用以指定刀号及其补偿号。T 地址后跟的数字有二位（如 T11）和四位（如 T0101）之分。对于四位，前二位为刀号，后二位为刀补寄存器号。如 T0202，02 为 2 号刀，02 为从 02号刀补寄存器取出事先存入的补偿数据进行刀具补偿。若后二位为 00，则无补偿或注销补偿。编程时常取刀号与补偿号的数字相同（T0101），显得直观。

上述 T 指令中含有刀补号的方法多用于数控车床的编程。

（4）坐标功能指令

坐标功能指令（又称尺寸功能指令）用来设定机床各坐标之位移量。它一般使用 X、Y、Z、U、V、W、P、Q、R、A、B、C 等地址符为首，在地址后紧跟着"+"或"−"及一串数字。该数字以系统脉冲当量为单位（如 0.01mm/脉冲或以 mm 为单位），数字前的正负号代表移动方向。

（5）程序段号功能指令 N

该指令用于指定程序段名，由 N 地址及其后的数字组成。其数字大小的顺序不表示加工或控制顺序，只是程序段的识别标记，用做程序段检索、人工查找或宏程序中的无条件转移。因此，在编程时，数字大小的排列可以不连续，也可以颠倒，甚至可以部分或全部省略。但习惯上还是按顺序并以 5 的倍数编程，以备插入新的程序段。例如，"N10"表示第一条程序段，"N20"表示第二条程序段等。

思考题和习题

4-1　试述数控机床的组成和基本工作原理。

4-2　试述数控机床的加工特点和与普通机床的区别。

4-3　数控铣削加工工艺分析需要注意哪些问题？

4-4　机床坐标系与工件坐标系有何区别与联系？

4-5　简述数控程序的构成。

第5章

模具的特种加工

教学目标： 了解电火花加工的原理及特点；掌握电火花加工的基本工艺规律；掌握凹模型孔和型腔电火花加工工艺；掌握电火花线切割加工工艺；了解超声波加工与电化学加工的原理及特点。

教学重点和难点：

✧ 影响电火花加工质量的主要工艺因素
✧ 模具电火花穿孔加工
✧ 型腔模电火花加工
✧ 电火花线切割加工

随着工业生产的发展和科学进步，具有高强度、高硬度、高韧性、高脆性、耐高温等特殊性能的新材料不断出现，使切削加工面临着许多新的困难和难以解决的问题。在模具制造过程中，对于一些形状复杂的凸凹模型孔和型腔等往往也难以采用切削加工。因此，人们除进一步完善和发展模具机械加工方法外，还借助于现代科学技术的发展，开发了一种有别于传统机械加工的新型加工方法——模具特种加工，也称电加工或非传统加工。

模具的特种加工与机械加工有着本质的不同，主要不同点如下：

① 不是主要依靠机械能，而是主要用其他形式的能量（如电、化学、光、声、热等）去除金属材料；

② 加工过程中工具和工件之间不存在显著的机械切削力；

③ 工具硬度可以低于被加工材料的硬度。

正因为特种加工工艺具有上述特点，所以，特种加工可以加工任何硬度、强度、韧性、脆性的金属或非金属材料，且专长于难加工的材料及复杂零件的加工问题，同时，有些方法还可以用于进行超精加工、镜面光整加工和纳米级（原子级）加工。

模具特种加工的方法很多，主要包括电火花成型加工、电火花线切割加工、电化学加工、超声波加工、激光加工等。特种加工具有加工精度高、不受工件材料及复杂程度的限制、便于自动控制等特点，目前，成为模具制造中一种不可缺少的重要加工方法。

5.1 电火花成型加工

电火花加工又称放电加工（Electrical Discharge Machining，EDM），在20世纪40年代开始研究并逐步应用于生产。它是在加工过程中，使工具和工件之间不断产生脉冲性的电火花放电，靠放电时局部、瞬时产生的高温把金属蚀除下来。因为放电过程中可见到电火花，故称为电火花加工，日本、英、美等国称为放电加工，原苏联也称电蚀加工。

5.1.1　电火花加工原理、特点及分类

电火花加工的原理是基于工具和工件（正、负电极）之间脉冲性电火花放电时的电腐蚀现象来蚀除多余的金属，以达到对零件的尺寸、形状及表面质量预定的加工要求。

1. 电火花加工的基本原理

图 5-1 所示为一简单的电火花加工原理图，工具电极 4 和工件 1 相对置于具有绝缘性能的液体介质（如煤油）中，并分别与脉冲电源的两极相连接。液体供给箱的作用是将工作箱中的工作液 5 过滤与更换。自动进给调节装置 3（此处为电动机及丝杆螺母机构）使工具和工件间经常保持一很小的放电间隙，当脉冲电压加到两极之间，便在当时条件下相对某一间隙最小处或绝缘强度最低处击穿介质，在该局部产生电火花放电，瞬时高温可使工具和工件表面都蚀除掉一小部分金属，各自形成一个小凹坑，如图 5-2 所示。其中图 5-2（a）表示单个脉冲放电后的电蚀坑；图 5-2（b）表示多次脉冲放电后的电极表面。脉冲放电结束后，经过一段间隔时间（脉冲间隔 t_0），使工作液恢复绝缘后，第二个脉冲电压又加到两极上，又会在当时极间距离相对最近或绝缘强度最弱处击穿放电，又电蚀出一个小凹坑。这样随着相当高的频率，连续不断地重复放电，工具电极不断地向工件进给，就可将工具的形状复制在工件上，加工出所需要的零件，整个加工表面将由无数个小凹坑所组成。

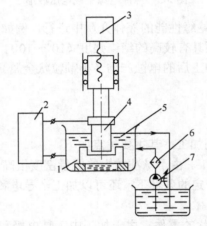

图 5-1　电火花加工原理图

1-工件；2-脉冲电源；3-自动进给调节装置；4-工具电极；5-工作液；6-过滤器；7-工作液泵

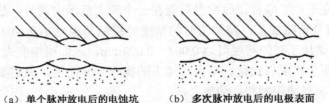

（a）单个脉冲放电后的电蚀坑　　　（b）多次脉冲放电后的电极表面

图 5-2　电火花加工表面局部放大图

脉冲放电用于尺寸加工时必须满足的条件如下：

① 必须使两极（工具电极和工件）表面之间经常保持一定的放电间隙，其间隙大小视加工电压、工作液介质等因素而定，间隙约为 0.01～0.1mm。如果间隙过大，工作电压无法击穿介质，

电流接近于零；间隙过小，形成短路接触，极间电压也接近于零。这两种情况都不能形成电火花放电条件。为此，在加工过程中，必须靠工具电极的进给和调节装置来保证这一放电间隙，使脉冲放电能连续进行。

② 脉冲放电必须具有脉冲性、间歇性。图 5-3 所示为脉冲电源的空载电压波形，图中 t_i 为脉冲宽度，t_0 为脉冲间隔，t_p 为脉冲周期，$\hat{u}_i$ 为脉冲峰值电压或空载电压。脉冲宽度 t_i 是指放电延续时间，一般应小于 $10^{-3}s$，使得放电所产生的热量来不及从放电点过多传导扩散到其他部位；脉冲间隔 t_0 是指相邻脉冲之间的间隔时间，其作用是避免持续放电，否则会使整个工件发热、表面"烧糊"，形成电弧焊，而无法用于尺寸加工。因此，电火花加工必须采用脉冲电源。

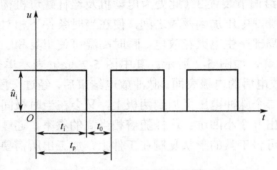

图 5-3　脉冲电源空载电压波形

③ 脉冲放电必须在有一定绝缘性能的液体介质中进行，例如，煤油、皂化液或去离子水等。液体介质又称工作液，它们必须具有较高的绝缘强度（$10^3 \sim 10^7 \Omega \cdot cm$），以有利于产生脉冲性的火花放电。工作液的作用是将加工后的电蚀产物（小颗粒状金属）从放电间隙中排除出去，同时也起到了冷却电极表面的作用。

2．电火花加工的特点

电火花加工不同于一般切削加工，其主要优点如下：

① 适合于难切削材料的加工。由于脉冲放电的能量密度很高，故可以加工任何硬度、脆性、韧性及高熔点的导电材料，在一定的条件下，还可以加工半导电和非导电材料，从而扩大了模具材料的选用范围。

② 可以加工特殊及复杂形状的零件。由于加工中工具电极和工件不直接接触，没有机械加工宏观的切削力，因此，适宜加工低刚度工件及微细加工。由于可以简单地将工具电极的形状复制到工件上，因此，特别适用于复杂表面形状工件的加工，如复杂型腔模具加工等。

③ 易于选择和变更加工条件。脉冲参数能在一个较大范围内调节，故可以在同一台机床上连续进行粗、中、精及精微加工。精加工时的精度能控制其误差小于±0.01mm，表面粗糙度为 $Ra0.63 \sim 1.25\mu m$；精微加工时的精度可达 $0.002 \sim 0.004mm$，表面粗糙度为 $Ra0.04 \sim 0.16\mu m$。

④ 易于操作，便于实现自动化。电火花加工的操作十分简便，只需要将电极和工件安装好后，开动机床便可实现自动控制和自动加工。

电火花加工也不可避免地存在一些问题，其加工局限性主要表现如下：

①主要用于加工金属等导电材料，但在一定条件下也可以加工半导体和非导体材料。

②一般加工速度较慢。因此，通常安排工艺时多采用切削来去除大部分余量，然后再进行电火花加工以求提高生产率。

③存在电极损耗。由于电极损耗多集中在尖角或底面，因而影响成型精度。

3．电火花加工方法分类

按工具电极和工件相对运动的方式和用途的不同，大致可分为电火花穿孔成型加工、电火花线切割、电火花磨削和镗磨、电火花同步共轭回转加工、电火花高速小孔加工、电火花表面强化与刻字 6 类。前 5 类属于电火花成型、尺寸加工，是用于改变零件形状或尺寸的加工方法；后者则属于表面加工方法，用于改善或改变零件表面性质。其中以电火花穿孔成型加工和电火花线切割应用最为广泛。

5.1.2　电火花加工的基本工艺规律

影响电火花加工的工艺因素：极性效应、电规准、电极损耗、放电间隙、形状精度、表面质量、生产率等。这些因素相互影响并存在一定的关系。

1．极性效应

在电火花加工过程中，无论是正极还是负极，都会受到不同程度的电蚀。即使是相同材料，例如，钢加工钢，正、负电极的电蚀量也是不同的。这种单纯由于正、负极性不同而彼此电蚀量不一样的现象称为极性效应。如果两极材料不同，则极性效应更加复杂。在生产中，通常把工件接脉冲电源正极时的加工称为"正极性"加工；工件接负极时则称为"负极性"加工。

产生极性效应的主要原因：在通道中电离放电时，由于电子的质量较小，在电场力的作用下容易在短时间内获得较大的运动速度；而正离子质量较大，运动较慢，在相同的时间内所获得的速度远小于电子。所以，在脉冲放电的前阶段，电子对正极的轰击多于正离子对负极的轰击，即正极获得的能量多于负极。当采用窄脉冲进行加工时，由于脉冲时间短，电子运动的速度又快于正离子，正极的蚀除速度将大于负极，此时要保证工件的蚀除速度大于电极，工件应接正极，工具电极应接负极，即形成"正极性"加工。当采用宽脉冲加工时，正离子可以有足够的时间加速，获得较大的运动速度，并有足够的时间到达负极表面，由于正离子的质量大，因此，正离子对负极的轰击作用远大于电子对正极的轰击，负极的蚀除量则大于正极。这种情况下加工时，工件应接负极，工具电极应接正极，形成"负极性"加工。

一般认为极性效应越显著越好。因为极性效应越显著，加工时工具电极损耗较小，生产率较高。

影响极性效应的主要因素有脉冲宽度、脉冲能量及电极材料。脉冲宽度影响极性效应的程度及"正、负极性"的选择。用窄脉冲进行精加工时，应采用"正极性"加工；用宽脉冲进行粗加工时，应采用"负极性"加工。脉冲能量（放电量）的大小影响极性效应的程度，能量越大，极性效应就越明显。电极材料的热学性能与极性效应的程度密切相关，熔点、沸点越高，热导率、比热容、熔解热、汽化热越大的电极材料（如石墨、钨），其极性效应特别显著。

2．电规准

电火花加工时，所选用的一组脉冲电源参数（如脉冲宽度、峰值电流、击穿电压等）称为电规准，又称电参数。电规准决定着每次放电所形成的凹坑大小，进而决定电极损耗、加工精度、表面粗糙度及加工生产率等工艺指标。

对单个脉冲产生的放电凹坑尺寸大小，有如下经验公式。

① 放电凹坑平均直径为

$$D = K_D t_e^{0.4} I_m^{0.5}$$

式中　D——放电凹坑平均直径，mm；

　　　K_D——系数，$K_D = 9 \times 10^{-3}$；

　　　t_e——电流脉冲宽度，μs；

　　　I_m——放电峰值电流，A。

② 实际表面粗糙度评定参数为

$$Ra = K_R t_e^{0.3} I_m^{0.4}$$

式中　Ra——表面轮廓算术平均偏差，μm；

　　　K_R——系数（用铜电极加工淬火钢，负极性加工时，$K_R = 2.3$）。

③ 单个脉冲蚀除量为

$$M_0 = K_M t_e^{1.1} I_m^{1.1}$$

式中　M_0——实测单个脉冲蚀除量，g；

　　　K_M——系数，$K_M = 9.4 \times 10^{-11}$。

从上述公式可看出，影响凹坑尺寸大小的主要参数是一组电脉冲参数，即电规准参数。由于电火花的加工表面是由许多单个脉冲放电所产生的放电凹坑重叠形成，因此，电规准参数是影响加工工艺指标的重要因素。

电规准参数的不同组合可构成三种电规准，即粗规准、中规准与精规准。每一种规准又可分为数挡。粗规准用于粗加工，中规准用于过渡性加工，精规准是用来保证工件各项技术要求的终结性加工。

3. 电极损耗

电极损耗是影响加工精度的一个重要因素，也是衡量电规准参数选择是否合理、电极材料的加工性能好坏的一个重要指标。一般来说，要求电极损耗越小越好。

① 型腔加工时，以体积损耗率来衡量电极损耗的大小，即

$$C_V = \left(\frac{V_1}{V_2} \right) \cdot 100\%$$

式中　C_V——电极的体积损耗率；

　　　V_1——电极的体积损耗量；

　　　V_2——工件的体积损耗量。

② 穿孔加工时，以长度损耗率来衡量电极的损耗，即

$$C_L = \left(\frac{h_1}{h_2} \right) \cdot 100\%$$

式中　C_L——电极的长度损耗率；

　　　h_1——电极长度方向上的损耗尺寸；

　　　h_2——工件穿透的深度尺寸。

一般情况下，用窄脉冲进行精加工时，电极的相对体积损耗率比较大，通常为 20%～40%；但其绝对损耗并不大，这是因为在精加工时蚀除余量很小。用宽脉冲进行粗加工时，电极的相对损耗率比较小，通常小于 5%。正确地选择电极材料、加工电规准、加工面积、冲油方式及电极结构形状等，可减少电极损耗。

4．放电间隙

由于电加工需要一定的放电间隙，这就要使电极尺寸比工件型孔（腔）尺寸沿加工轮廓均匀地缩小一个间隙值。若不考虑电蚀产物的影响和电极进给时的机械误差，则放电间隙为

$$\delta = K_\delta t_e^{0.3} I_m^{0.3}$$

式中　δ——放电间隙，μm；

　　　K_δ——工艺系数，与电极、工件材料有关；

　　　t_e——电流脉冲宽度，μs；

　　　I_m——放电峰值电流，A。

从上式可知，脉冲宽度及脉冲能量越大，则放电间隙越大。单面放电间隙约为 0.01～0.1mm。加工精度与放电间隙的大小及其稳定性和均匀性有关。间隙越小、越稳定、越均匀，加工精度则越高。另外，电脉冲参数的稳定性，也影响放电间隙的稳定性及均匀性。目前，在采用稳定的脉冲电源和高精度机床的情况下，放电间隙的误差可控制在 0.05δ 范围内。

5．形状精度

（1）斜度

电火花加工时侧面会产生斜度（见图 5-4），使上端尺寸大而底端尺寸小，这是由于二次放电和电极损耗而产生的。

二次放电是指已加工的表面上，由于电蚀产物的混入而使极间实际距离减小或是极间工作液介电性能降低，而再次发生脉冲放电现象，使间隙扩大。在进行深度加工时，上面入口处加工的时间长，产生二次放电的机会多，间隙扩大量也大。而接近底端的侧面，因加工时间短，二次放电的机会少，间隙扩大量也小，因而产生加工斜度。

工件电极损耗也会产生斜度。因为工具电极的下端加工时间长，绝对损耗量大，而上端加工时间短，绝对损耗量使电极形成一个有斜度的锥形电极。

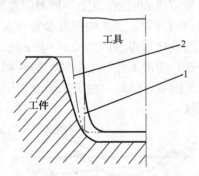

图 5-4　电火花加工时的加工斜度

1-电极无损耗时的工具轮廓线；2-电极有损耗而不考虑二次放电时的工件轮廓线

（2）圆角

电火花加工时，工具电极上的尖角和凹角，很难精确地复制在工件上，而是形成一个小圆角。这是因为当工具电极为凹角时，工件上对应的尖角易形成尖端放电，容易遭受腐蚀而形成圆角，如图 5-5（a）所示；当工具电极为尖角时，一方面由于放电间隙的等距离特性，工件上只能加工出以尖角顶点为圆心、放电间隙 δ 为半径的圆弧；另一方面工具电极尖角处电场集中，放电蚀除的概率很大而损耗成圆角，如图 5-5（b）所示。

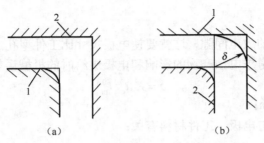

图 5-5   电火花加工尖角变圆

1-工件；2-工具电极

由此可知，采用高频窄脉冲进行精加工时，由于放电间隙小，圆角半径也可以很小，一般可以获得圆角半径小于 0.01mm 的尖棱。

6. 表面质量

（1）表面粗糙度

由前述凹坑尺寸大小的计算公式可知表面粗糙度 $Ra = K_R t_e^{0.3} I_m^{0.4}$，$Ra$ 值随电流脉冲宽度 t_e 与电流峰值 I_m 的增大而增大，而 t_e、I_m 与脉冲能量成正比，即单个脉冲能量越大，Ra 值越大，表面越粗糙，要减少 Ra 值，必须使单个脉冲能量减小。

（2）表面变化层

经电火花加工后的工件表面将产生包括凝固层和热影响层等表面变化层（见图 5-6），其化学、物理及金相组织性能均有所变化。凝固层是由未被抛出的残留熔融部分金属再凝固后形成的，其晶粒结构非常细小，其化学成分因工作介质和石墨电极的碳元素渗入工件表面而发生变化，其表面上留有许多微细裂纹。热影响层位于凝固层和工件基体材料之间，该层金属受到放电高温影响，使材料的金相组织发生了变化。对未淬火钢，热影响层就是淬火层；对经过淬火的钢，热影响层就是重新淬火层。一般热影响层硬度达 60HRC 以上，而凝固层的硬度更高。

表面变化层的厚度与工件材料的种类、加工电规准参数有关。单个脉冲能量越大，表面变化层就越厚。一般粗、中规准加工的变化层厚度约为 0.1～0.5mm，精规准约为 0.01～0.05mm。由于凝固层与热影响层的高硬度特性，使得工件加工后的耐磨性和使用寿命都大大提高，但给后续加工工序（研磨、抛光等）增加了困难。另外，由于表面变化层的金相组织变化，使得工件抗疲劳强度下降，并造成表面微观裂纹。

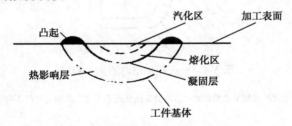

图 5-6   表面变化层剖面示意图

7. 生产率

单位时间从工件上蚀除的金属量称为电火花加工的生产率。生产率的高低主要受电规准参数、电极与工件材料的热学性能及电蚀产物的排除效果等因素的影响。生产率与各影响因素之间的关系为

$$Q_d = K_Q W_n f$$

式中　Q_d——电火花加工的生产率，g/min；

　　　　K_Q——系数，（与电极材料、电脉冲参数、工作液成分有关）；

　　　　W_n——单个脉冲能量，J；

　　　　f——脉冲频率，Hz。

从上式可知，提高生产率 Q_d 的途径在于增加单个脉冲能量 W_n、提高脉冲频率 f 及提高系数 K_Q。增加 W_n 可通过提高脉冲电压、增大脉宽和脉冲峰值电流来实现。但 W_n 的提高，会使加工表面粗糙度大幅度增大。因此，只有用在粗、中规准加工时，才考虑提高生产率的问题；对精规准加工，应采用高频、小能量的窄脉冲加工，以获得较高的加工精度。

提高脉冲频率 f 是靠减小脉冲宽度和缩短脉冲间隔来实现的，但这会造成电极损耗的增加和连续的电弧放电，破坏其加工的稳定性。因此，提高脉冲频率 f 受到工艺上的限制。目前，脉冲电源的最大频率可提高到 10^5Hz 以上，用在精加工时，频率一般为 $3 \times 10^4 \sim 4 \times 10^4$Hz。

提高系数 K_Q 的途径很多。例如，合理地选择电极材料、脉冲参数和工作液，改善工作液的循环和过滤方式等。

5.1.3　模具电火花穿孔加工

用电火花加工通孔的方法称为电火花穿孔加工。其主要加工对象为冲裁模、复合模、级进模等各种冲模的凹模、凸凹模、固定板、卸料板等零件的型孔及拉丝模、拉深模等具有复杂型孔的零件和曲线孔。穿孔加工的特点：能加工型孔复杂的整体式凹模；可直接利用其斜度加工凹模的斜度；加工的冲裁模间隙均匀、刃口平直耐磨、寿命长；但对小的棱边及尖角处的加工比较困难。

1. 型孔电火花加工方法

凹模型孔的加工精度与电极的精度和穿孔时的工艺条件密切相关。设凹模孔口尺寸为 L_1，工具电极相应的尺寸为 L_2（见图 5-7），单面电火花放电间隙值为

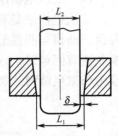

$$L_1 = L_2 + 2\delta$$

式中，放电间隙 δ 主要取决于电参数和机床精度。

当选择的电极参数恰当且加工稳定时，　δ 的误差就很小，这样就可以用尺寸精确的工具电极加工出比较精确的凹模型孔。

模具的冲裁间隙是一个很重要的技术指标，在电火花加工中，保证配合间隙的常用工艺方法有以下几种。

图 5-7　型孔加工间隙

（1）直接法

直接法是用加长的钢凸模作为电极加工凹模的型孔，加工后再将凸模上的损耗部分截去，如图 5-8 所示。凸模与凹模的配合间隙应靠控制脉冲放电间隙来保证。用这种方法可以获得均匀的配合间隙，模具质量高，不需要另外制造电极，工艺简单。但是，钢凸模电极加工速度低，在直流分量的作用下易磁化，使电蚀产物被吸附在电极放电间隙的磁场中形成不稳定的二次放电。此方法适用于形状复杂的凹模或多型孔凹模，如电动机定子、转子硅钢片冲模等。

（2）混合法

混合法是将凸模加长，其加长部分选用与凸模不同的材料，如纯铜、铸铁等黏结或钎焊在凸模上，与凸模一起加工，以加长部分作穿孔电极的工作部分，加工后再将电极部分去除，如图 5-9

所示。此方法电极材料可选择，因此，电加工性能比直接法好，电极与凸模连接在一起加工，电极形状、尺寸与凸模一致，加工后凸模与凹模配合间隙均匀。是一种使用较广泛的方法。

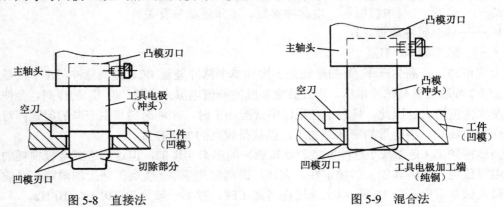

图 5-8　直接法　　　　　　　　　　图 5-9　混合法

上述两种加工方法是靠调节放电间隙来保证凸模与凹模配合间隙的。当凸模与凹模配合间隙很小时，必须保证放电间隙也很小，但过小的放电间隙使加工困难，这时可将电极的工作部分用化学酸蚀法蚀除一层金属，使断面尺寸单边缩小 $\delta - Z/2$（Z 为凸模与凹模双边配合间隙；δ 为单边放电间隙），以利于放电间隙的控制。反之，当凸模与凹模配合间隙较大时，可用电镀法将电极工作部位的断面尺寸单边扩大 $Z/2 - \delta$，以满足加工时的间隙要求。

（3）修配凸模法

凸模和工具电极分别制造，在凸模上留一定的修配余量，按电火花加工好的凹模型孔修配凸模，达到所要求的凸模与凹模配合间隙。这种方法的优点是电极可以选用电加工性能好的材料，加工间隙不受配合间隙的限制，配合间隙可由修配凸模来保证。其缺点是增加了制造电极和钳工修配的工作量，而且不易得到均匀的配合间隙。故此方法只适合于加工形状比较简单的冲模。

（4）二次电极法

二次电极法是利用一次电极制造出二次电极，再分别用一次和二次电极加工出凹模和凸模，并保证凸模与凹模配合间隙达到要求。其应用有两种情况：一种情况是一次电极为凹型，用于凸模制造有困难时；另一种情况是一次电极为凸型，用于凹模制造有困难时。图 5-10 所示为一次电极为凸型电极时的加工方法。

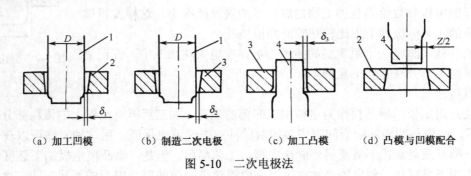

（a）加工凹模　　　（b）制造二次电极　　　（c）加工凸模　　　（d）凸模与凹模配合

图 5-10　二次电极法

1-一次电极；2-凹模；3-二次电极；4-凸模

用二次电极法加工，操作过程较为复杂，一般不常采用。但此法能合理调整放电间隙 δ_1、δ_2、δ_3，可加工无间隙或间隙极小的精冲模。对于硬质合金模具，在无成型磨削设备时可采用二次电极法加工凸模。

上述电火花成型加工型孔的四种加工方法，各有不同的特点和应用范围，可根据不同的配合间隙来选择，见表 5-1。

表 5-1　不同配合间隙的冲模型孔加工方法的选择

配合间隙（单边）	直接配合法	间接配合法	修配凸模法	二次电极法
0～0.005	×	×	×	○
0.005～0.015	×	×	△	○
0.015～0.1	○	○	△	△
0.1～0.2	△	△	△	△
>0.2	△	△	△	×

注：表中"×"不宜采用；"△"可以采用；"○"适宜采用。

2．电极设计

为了保证型孔的加工精度，在设计电极时必须合理选择电极材料和确定电极尺寸。此外，还要使电极在结构上便于制造和安装。

（1）电极材料

由于不同材料的电极对于电火花加工的稳定性、生产率及模具的加工质量等都有很大影响。因此，在生产中应选择损耗小、加工过程稳定、生产率高、机械加工性能良好、来源丰富、价格低廉的材料作为电极材料。常用电极材料的种类和性能见表 5-2。

表 5-2　常用电极材料的种类和性能

电极材料	电火花加工性能		机械加工性能	说　　明
	加工稳定性	电极损耗		
钢	较差	中等	好	常用电极材料，选择电参数时应注意加工稳定性
铸铁	一般	中等	好	常用电极材料
石墨	尚好	较小	尚好	常用电极材料，机械强度较差，易崩角
黄铜	好	大	尚好	电极损耗太大
纯铜	好	较小	较差	常用电极材料，磨削困难
铜钨合金	好	小	尚好	价格贵，多用于深孔、直壁孔、硬质合金的穿孔
银钨合金	好	小	尚好	价格昂贵，用于精密冲模及有特殊要求的加工

（2）电极结构

电极结构形式应根据电极外形尺寸大小与复杂程度、电极的结构工艺性等因素综合考虑。

① 整体式电极。是用一块整体材料加工而成，是最常用的结构形式。对于横断面积及质量较大的电极，可在电极上开孔以减小电极质量，但孔不能开通，孔口向上，如图 5-11 所示。

② 组合式电极。同一凹模上有多个型孔时，在某些情况下可以把多个电极组合在一起一次穿孔可完成各型孔的加工，这种电极称为组合式电极，如图 5-12 所示。用组合式电极加工，生产率高，各型孔间的位置精度，取决于各电极间的位置精度。

③ 镶拼式电极。对于形状复杂的电极，整体加工有困难时，常将其分成几块，分别加工后再镶拼成整体，这样既节省材料又便于电极制造，如图 5-13 所示。

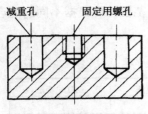

图 5-11　整体式电极

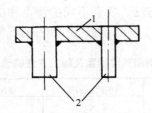

图 5-12　组合式电极

1-固定板；2-电极

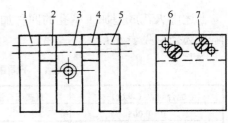

图 5-13　镶拼式电极

1、2、3、4、5-电极拼块；6-定位销；7-固定螺钉

电极不论采用哪种结构都应有足够的刚度，以利于提高加工过程的稳定性。对于体积小、易变形的电极，可将电极工作部分以外的截面尺寸增大以提高刚度。对于体积较大的电极，要尽可能减小电极的质量，以减小机床的变形。电极与主轴连接后，其重心应位于主轴中心线上，这对于较重的电极尤为重要。否则会产生附加偏心力矩，使电极轴线偏斜，影响模具的加工精度。

（3）电极尺寸的确定

1）电极横截面尺寸的确定

垂直于电极进给方向的电极截面尺寸称为电极的横截面尺寸。在凸模与凹模图样上的公差有不同的标注方法。当凸模与凹模分开加工时，在凸模与凹模图样上均标注公差；当凸模与凹模配合加工时，落料模将公差标注在凹模上，冲孔模将公差标注在凸模上，另一个只标注基本尺寸。因此，电极横截面尺寸的设计可分下列两种情况：

① 按凹模尺寸和公差设计电极横截面尺寸。由于穿孔加工所获得的凹模型孔与电极横截面轮廓相差一个放电间隙值，因此，根据凹模尺寸 D 和放电间隙 δ，便可计算出电极横截面的相应尺寸，如图 5-14 所示。

单面放电间隙通常是指末挡精规准加工凹模孔口的单面放电间隙 δ，为了保证加工表面粗糙度，最后必须用精规准修出，此时的单面放电间隙为 0.01～0.03mm。

② 按凸模尺寸和公差确定电极横截面尺寸。根据凸模与凹模配合间隙的不同，可有下列三种情况：

a. 当凸模与凹模的双面配合间隙 z 等于双面放电间隙（$z=2\delta$）时，电极与凸模横截面尺寸完全相同；

b. 当凸模与凹模的双面配合间隙 z 小于双面放电间隙（$z<2\delta$）时，电极截面轮廓比凸模横截面尺寸均匀缩小 $\frac{1}{2}(z-2\delta)$；

c. 当凸模与凹模的双面配合间隙 z 大于双面放电间隙（$z>2\delta$）时，则电极截面尺寸比凸模横截面尺寸均匀增大 $\frac{1}{2}(z-2\delta)$。

2）电极长度尺寸的确定

电极的长度取决于凹模结构形式、型孔的复杂程度、加工深度、电极材料、电极使用次数、装夹形式及电极制造工艺等一系列因素，可按图 5-15 进行计算，即

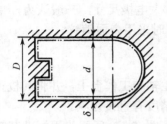

图 5-14　按型孔尺寸计算电极横截面尺寸

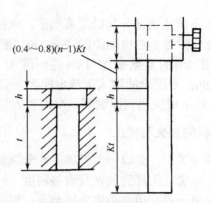

图 5-15　电极长度尺寸

$$L = Kt + h + l + (0.4 \sim 0.8)(n-1)Kt$$

式中　t——凹模有效厚度（电火花加工的深度），mm；

　　　h——当凹模下部挖空时，电极需要加长的长度，mm；

　　　l——为夹持电极而增加的长度，mm（约为 10～20mm）；

　　　n——电极的使用次数；

　　　K——与电极材料、型孔复杂程度等因素有关的系数。电极材料损耗小、型孔简单、电极
　　　　　　轮廓无尖角时，K 取小值；反之取大值（见表 5-3）。

表 5-3　常用电极材料经验数据 K 的取值范围

材　　料	K	材　　料	K
纯铜	2～2.5	黄铜	3～3.5
石墨	1.7～2	铸铁	2.5～3

3）电极的制造公差

电极的制造公差精度一般应不低于 IT7 级，由于加工过程中存在机床导向、校正误差和间隙波动等，其尺寸公差一般取型孔（或凸模）制造公差的 1/3～1/2。电极在长度方向上的尺寸公差没有严格要求。电极侧面的平行度误差在 100mm 长度上不超过 0.01mm。表面粗糙度为 $Ra\ 0.8$～$1.6\mu m$。

4）阶梯电极尺寸的确定

在生产中为了减少脉冲参数的转换次数，使操作简化，有时将电极适当增长，并将增长部分的截面尺寸均匀减少，做成阶梯状，称为阶梯电极，如图 5-16 所示。阶梯部分的长度 L_1 一般取凹模加工厚度的 1.5 倍左右；阶梯部分的均匀缩小量 $h_1 = 0.10$～0.15mm。对阶梯部分不便进行切削加工的电极，常用化学浸蚀方法将断面尺寸均匀缩小。

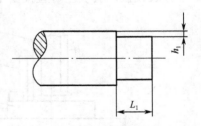

图 5-16　阶梯电极

在电火花穿孔加工时，先用加长部分的电极在粗规准下加工，然后用原来的电极在精规准下进行精修。采用阶梯电极可充分发挥粗规准加工速度高、电极损耗低的优点，又能使精加工余量降低到最小值。

（4）电极制造

目前，一般都用电火花线切割来加工穿孔用的工具电极。但也可以用普通机械加工，然后成型磨削。采用成型磨削法加工电极时，电极材料大多选用铸铁和钢，将铸铁电极与凸模连接在一起，而钢电极则与凸模做成一个整体进行成型磨削。

电极与凸模连接在一起成型磨削后，电极的轮廓尺寸与凸模完全相同，这只能适用于凸模与凹模的配合间隙等于放电间隙的情况。如果配合间隙小于放电间隙，则应用化学腐蚀法缩小尺寸，腐蚀剂可用 6%的氢氟酸加 14%的硝酸加 80%的蒸馏水，铸铁的平均腐蚀速度（单面）为 0.005mm/min；若配合间隙大于放电间隙，则可用电镀法扩大电极尺寸，一般认为，单面扩大量在 0.06mm 以下时采用表面镀铜，单面扩大量超过 0.06mm 时采用表面镀锌。

3. 电极的装夹与校正

电火花加工时，必须将电极和工件分别装夹到机床的主轴和工作台上，并将其校正、调整到正确位置。电极、工件的装夹及调整精度，对模具的加工精度有直接影响。

整体电极一般使用夹头将电极装夹在机床主轴的下端。图 5-17 所示为用标准套筒装夹的圆柱形电极。直径较小的电极可用钻夹头装夹，如图 5-18 所示。尺寸较大的电极用标准螺钉夹头装夹，如图 5-19 所示。镶拼式电极一般采用一块连接板，将几个电极拼块连接成一个整体后，再装到机床主轴上校正。加工多型孔凹模的多个电极可在标准夹具上加定位块进行装夹，或用专用夹具进行装夹。

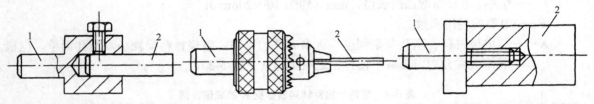

图 5-17 标准套筒装夹电极   图 5-18 钻夹头装夹电极   图 5-19 标准螺钉夹头装夹电极

1-标准套筒；2-电极   1-钻夹头；2-电极   1-标准螺钉夹头；2-电极

电极装夹时必须进行校正，使其轴心线或电极轮廓的素线垂直于机床工作台面，在某些情况下电极横截面上的基准，还应与机床工作台拖板的纵、横运动方向平行。

校正电极的方法较多，图 5-20 所示为用角尺观察它的测量边与电极侧面的一条素线间的间隙，在相互垂直的两个方向上进行观察和调整，直到两个方向观察到的间隙上下都均匀一致时，电极与工作台的垂直度即被校正。这种方法比较简便，校正精度也较高。

图 5-21 所示为用千分表校正电极的垂直度。将主轴上下移动，在相互垂直的两个方向上用千分表找正，其误差可直接由千分表显示。这种校正方法可靠、精度高。

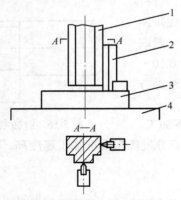

图 5-20 用角尺校正电极垂直度

1-电极；2-角尺；3-凹模；4-工作台

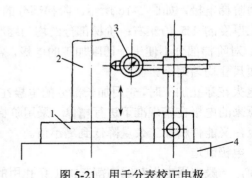

图 5-21 用千分表校正电极

1-凹模；2-电极；3-千分表；4-工作台

4．工件的装夹

装夹工件时应使工件相对于电极处于一个正确的相对位置，以保证所需的位置精度要求。使工件在机床上相对于电极具有正确位置的过程称为定位。在电火花加工中根据加工条件可采用不同的定位方法。

（1）画线法

按加工要求在凹模的上、下平面画出型孔轮廓，工件定位时将已安装正确的电极垂直下降，靠上工件表面，用眼睛观察并移动工件，使电极对准工件上的型孔线后将其压紧。经试加工后观察定位情况，并用纵横拖板进行补充调整。这种方法定位精度不高，且凹模的下平面不能有台阶。

（2）量块角尺法

如图 5-22 所示，按加工要求计算出型孔至两基准面之间的距离 x、y。将安装正确的电极下降至接近工件，用量块、角尺确定工件位置后将其压紧。这种方法不需专用工具，操作简单方便。

5．电规准的选择与转换

电火花加工中所选用的一组电脉冲参数称为电规准。电规准应根据工件的加工要求、电极和工件材料、加工的工艺指标等因素来选择。选择的电规准是否恰当，不仅影响模具的加工精度，还直接影响加工的生产率和经济性，在生产中主要通过工艺试验确定。通常要用几个规准才能完成凹模型孔加工的全过程。电规准分为粗、中、精三种。从一个规准调整到另一个规准称为电规准的转换。

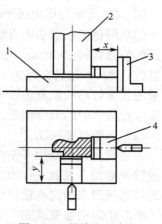

图 5-22　量块角尺定位

1-凹模；2-电极；3-角尺；4-量块

粗规准主要用于粗加工。对它的要求是生产率高，工具电极损耗小。被加工表面的表面粗糙度小于 $Ra12.5\mu m$。所以，粗规准一般采用较大的电流峰值，较长的脉冲宽度（$t_i=20\sim60\mu s$），采用钢电极时电极相对损耗应低于 10%。

中规准是粗、精加工间过渡性加工所采用的电规准，用以减小精加工余量，促进加工稳定性和提高加工速度。中规准采用的脉冲宽度一般为 $6\sim20\mu s$。被加工表面粗糙度为 $Ra3.2\sim6.3\mu m$。

精规准用来进行精加工，要求在保证冲模各项技术要求（如配合间隙、表面粗糙度和刃口斜度）的前提下尽可能提高生产率。故多采用小的电流峰值、高频率和短的脉冲宽度（$t_i=2\sim6\mu s$）。被加工表面粗糙度可达 $Ra0.8\sim1.6\mu m$。

粗、精规准的正确配合，可以较好地解决电火花加工的质量和生产率之间的矛盾。凹模型孔用阶梯电极加工时，电规准转换的程序：当阶梯电极工作端的台阶进给到凹模刃口处时，转换成中规准过渡加工 $1\sim2mm$ 后，再转入精规准加工，若精规准有两挡，还应依次进行转换。在规准转换时其他工艺条件也要适当配合，粗规准加工时排屑容易，冲油压力应小些，转入精规准后加工深度增大，放电间隙小，排屑困难，冲油压力应逐渐增大；当穿透工件时冲油压力适当降低。对加工斜度、表面粗糙度要求较小和精度要求较高的冲模加工，要将上部冲油改为下端抽油，以减小二次放电的影响。

5.1.4　型腔模电火花加工

型腔电火花加工的特点：型腔形状复杂、精度要求高、表面粗糙度小；因为是盲孔加工使工作液循环困难，电蚀物排出条件差；工具电极损耗后不能用增加电极长度来补偿；加工面积变化较大，加工过程中电规准的调节范围较大，电极损耗较大，对精加工影响较大。因此，在型腔的电火花加工中，应从设备电源、工艺等方面采取相应措施，以减少或补偿电极的损耗，从而保证加工精度和提高生产效率。

1．型腔电火花加工的工艺方法

型腔电火花加工的主要工艺方法：单电极平动法、多电极更换法和分解电极法等。

（1）单电极平动法

单电极平动法是型腔加工中应用最广泛的一种。它是采用机床的平动头，用一个电极完成型腔的粗、中、精加工。加工时先用低损耗（电极相应损耗小于 1%）、高效率的电规准对型腔进行粗加工。然后启用平动头作平面圆周运动，按照粗、中、精的顺序逐级转换电规准，并相应加大电极的平动量，完成对型腔的加工。

图 5-23 所示为单电极平动法加工时，电极上各点的运动轨迹。图中 δ 为放电间隙，电极轮廓线上的小圆是电极表面上点的运动轨迹，其半径为电极作平面圆周运动的回转半径。该法一次装夹定位便可获得 ±0.05mm 的加工误差，但难以获得高精度的型腔，特别是难以加工出尖棱、尖角的型腔。此外，电极在粗加工中容易引起表面龟裂，影响型腔的表面粗糙度。为了弥补这一缺点，可采用精度较高的重复定位夹具，将粗加工后的电极取下，经均匀修光后再重复定位装夹，用平动头来完成型腔的最终加工。

（2）多电极更换法

多电极更换法是用多个电极，依次更换加工同一型腔，如图 5-24 所示。每个电极都要对型腔的整个被加工表面进行加工，但电规准各不相同。所以，设计电极时必须根据各电极所用电规准的放电间隙来确定电极尺寸。每更换一个电极进行加工，都必须把被加工表面上由前一个电极加工所产生的电蚀痕迹完全去除。

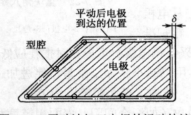

图 5-23　平动法加工电极的运动轨迹

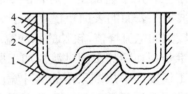

图 5-24　多电极加工示意图

1-模块；2-精加工后的型腔；3-中加工后的型腔；4-粗加工后的型腔

用多电极加工法加工型腔精度高，尤其适用于加工尖角、窄缝多的型腔。其缺点是需要设计制造多个电极，并且对电极的制造精度要求很高，更换电极需要保证高的定位精度。因此，这种方法一般只用于精密型腔加工。

（3）分解电极法

分解电极法是单电极平动法与多电极更换法的综合应用，是根据型腔的几何形状，把电极分解成主型腔电极和副型腔电极并分别制造。先用主型腔电极加工出型腔的主要部分，再用副型腔电极加工型腔的尖角、窄缝等部位。此方法能根据主、副型腔的不同加工条件，选择不同的电规准。有利于提高加工速度和加工质量，使电极易于制造和修整。但主、副型腔电极的安装精度要求高。

2．型腔电极的设计与制造

（1）电极材料

型腔加工常用电极材料主要是石墨和紫铜。紫铜组织致密，适用于形状复杂、轮廓清晰、精度要求较高的塑料成型模、压铸模等，但机械加工性能差，难以成型磨削；由于密度大、价格贵、不宜作为大、中型电极。石墨电极容易成型，密度小，所以宜作为大、中型电极；但机械强度较差，在采用宽脉冲大电流加工时容易起弧烧伤。

（2）电极结构

型腔电极与型孔电极一样，也可分为整体式、镶拼式和组合式。

整体式电极适用于尺寸大小和复杂程度一般的型腔。镶拼式电极适用于型腔尺寸较大、单块电极坯料尺寸不够或电极形状复杂，将其分块才易于制造的情况。组合式电极适于一模多腔时采用，以提高加工速度，简化各型腔之间的定位工序，易于保证型腔的位置精度。

由于型腔加工中，一般都是盲孔加工，它的排屑、排气条件差，影响加工状态的稳定和表面质量。因此，可在电极上适当设置排气孔和冲油孔来改善加工条件。一般排气孔设置在蚀除面积较大的位置和电极端部有凹入的位置，如图 5-25 所示。冲油孔则要设置在排屑困难的位置，如拐角窄缝等处，如图 5-26 所示。排气孔和冲油孔的直径为平动头偏心量的 1/2（一般为 1～2mm），过大将造成电蚀表面形成柱状凸台不易清除。为了便于排气和排屑，可将排气孔和冲油孔上端孔径加大到 5～8mm。各孔间的距离一般为 20～40mm 左右，直径较大的多排孔要相互错开。

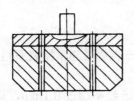 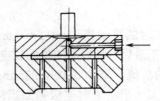

图 5-25　电极排气孔的位置　　　图 5-26　电极冲油孔的位置

在实际型腔加工中，对排气孔和冲油孔的设置也可采用部分排气、部分冲油的方法。如果型腔有通孔或型腔下面有工艺孔，也可改为从下面抽油。对排气孔和冲油孔的设置应以不产生气体和电蚀物积存为原则。

（3）电极的制造

型腔加工用的电极，水平和垂直方向尺寸要求都较严格，比加工穿孔电极困难。型腔电极的制造方法，主要根据电极材料、型腔的精度及数量来确定。

① 石墨电极的制造。石墨材料主要以机械加工为主。当石墨坯料尺寸不够时，可采用螺栓连接或用环氧树脂、聚乙烯醋酸溶液等黏结制成。对于镶拼电极，一个型腔电极的各个拼块都要用同一牌号的石墨材料，并使其纤维组织的方向一致，避免因方向不同的不合理拼合（见图 5-27）引起电极的不均匀损耗，降低加工质量。

（a）合理拼合　　　　　　　　　（b）不合理拼合

图 5-27　石墨纤维方向及拼块组合

② 紫铜电极的制造。紫铜电极主要用机械加工配合钳工修光的方法制造。除采用切削加工法加工外，还可采用电铸法、精锻法等进行加工，最后由钳工精修达到要求。对于多电极更换加工法或品种多、数量少、形状复杂的型腔，采用电铸电极能节省大量工时，减轻钳工工作量。

3．型腔电极尺寸的确定

型腔电极的尺寸是根据所加工型腔的大小与加工方式、加工时的放电间隙、电极损耗及是否采用平动等因素而确定的。型腔电极尺寸分为水平方向尺寸和垂直方向尺寸。

（1）电极的水平方向尺寸

电极的水平方向尺寸指电极在垂直于主轴进给方向上的尺寸，如图 5-28 所示。当型腔采用单电极进行电火花加工时，电极的水平方向尺寸确定与穿孔加工相同，只需考虑放电间隙，即电极的水平方向尺寸等于型腔的水平方向尺寸均匀地缩小一个放电间隙。当型腔采用单电极平动加工时，其电极的水平方向尺寸为

$$a = A \pm Kb$$

式中　a——电极水平方向上的基本尺寸，mm；

　　　A——型腔的基本尺寸，mm；

　　　K——与型腔尺寸标注有关的系数；

　　　b——电极单边缩放量，mm。

电极单边缩放量为

$$b = e + \delta_j - \gamma_j$$

式中　e——精加工时的平动量，e=0.5～0.6mm；

　　　δ_j——精加工最后一挡规准的单面放电间隙，最后一挡规准通常指表面粗糙度小于 Ra0.8μm 时的δ_j 值，δ_j=0.02～0.03mm；

　　　γ_j——精加工（平动）时电极侧面损耗（单边），一般不超过 0.1mm，通常忽略不计。

① 式中"+"、"−"号的确定原则。电极的凹入部分（对应型腔凸出部分）尺寸应放大，取"+"号；反之，电极的凸出部分（对应型腔凹入部分）尺寸应缩小，取"−"号。

② K 值的选择原则。当图中型腔尺寸完全标注在边界上（相当于直径方向尺寸）时，K=2；一端以中心或非边界线为基准（相当于半径方向尺寸）时，K=1；对于图样上型腔中心线之间的位置尺寸及角度值，电极上相对应的尺寸不增不减，K=0；对于圆弧半径，也按上述原则确定。

（2）电极的垂直方向尺寸

电极的垂直方向尺寸指电极在平行于主轴轴线方向上的尺寸（见图 5-29），即

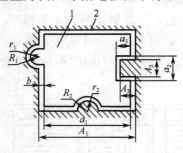

图 5-28　型腔电极的水平尺寸

1-型腔电极；2-型腔

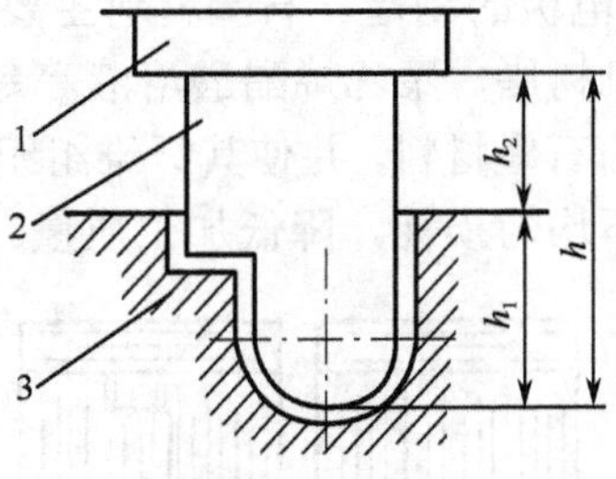

图 5-29　型腔电极的垂直方向尺寸

1-电极固定板；2-型腔电极；3-工件

$$h = h_1 + h_2$$
$$h_1 = H_1 + C_1 H_1 + C_2 S - \delta_j$$

式中　h——电极垂直方向的总高度，mm；

　　　h_1——电极垂直方向的有效工作尺寸，mm；

　　　H_1——型腔垂直方向的尺寸（型腔深度），mm；

C_1——粗规准加工时，电极端面相对损耗率，其值小于 1%，C_1H_1 只适用于未预加工的型腔；

C_2——中、精规准加工时端面的相对损耗率，C_2=20%～25%；

S——中、精规准加工时端面的总的进给量，S=0.4～0.5mm；

δ_j——最后一挡精规准加工时端面的放电间隙，δ_j=0.02～0.03mm，可忽略不计；

h_2——加工结束时，为避免电极固定板和模块相碰，同一电极能多次使用等因素而增加的高度，h_2= 5～20mm。

4．电极、工件的装夹和调整

型腔在进行电火花加工前，应分别将加工电极和型腔模坯装夹到机床上，并调整到正确的加工位置。

（1）电极的装夹

电火花加工时，用夹具将电极装夹到机床主轴的下端。电火花加工过程中，粗、中、精加工分别使用不同的电极，即采用多个电极加工时电极要进行多次更换和装夹。每次更换，电极都必须具有唯一确定的位置。要采用专门的夹具来安装电极，以保证高的重复定位精度。图 5-30 所示为几种用于电极安装的重复定位夹具的定位方式。

如果电火花加工只使用一个电极（如平动法加工）完成型腔的全部（粗、中、精）加工时，则电极的装夹比多电极加工简单，只需要根据电极的结构和尺寸大小选用相应夹具进行装夹即可。

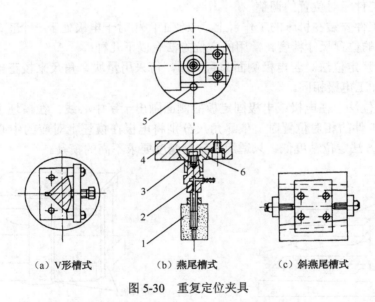

（a）V形槽式　　　　（b）燕尾槽式　　　　（c）斜燕尾槽式

图 5-30　重复定位夹具

1-电极；2-接头；3-滑块；4-安装板；5-定位销；6-压板

（2）电极的校正

电极装夹后应对其进行校正，以使电极轴线（或中心线）与机床主轴的进给方向一致，常用的校正法如下：

① 按电极固定板的上平面校正。在制造电极时使电极轴线与固定板的上平面垂直。校正电极时以固定板的上平面作为基准用百分表进行校正，如图 5-31 所示。

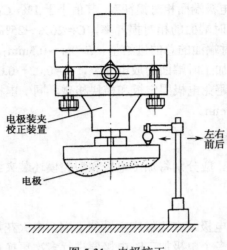

图 5-31　电极校正

② 按电极的侧面校正。当电极侧面为较长的直壁面时，可用角尺或百分表直接校正电极，其操作法与校正穿孔电极相同。

③ 按电极的下端面校正。当电极的下端面为平面时，可用百分表按下端面进行校正，其操作方法与按固定板的上平面校正相似。

（3）电极、工件相对位置的调整

加工型腔时工件安装在机床的工作台上，应使工件相对于电极处于一个正确的位置（称为定位），以保证型腔的位置尺寸精度。常用的定位方法有以下几种：

① 量块、角尺定位法。若电极侧面为直平面，可采用量块、角尺来校正电极，其操作方法与校正凹模型孔加工电极相同。

② 十字线定位法。在电极或电极固定板的侧面画出十字中心线，在模坯上也画出十字中心线，校正电极和工件的相对位置时，依靠角尺分别将电极在模坯上对应的中心线对准即可，如图 5-32 所示。此方法定位精度低，只适用于定位精度要求不高的模具。

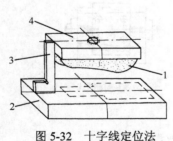

图 5-32　十字线定位法

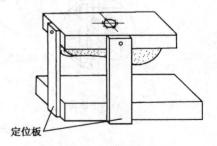

图 5-33　定位板法定位

1-电极；2-模坯；3-角尺；4-电极固定板

③ 定位板定位法。在电极固定板和型腔模坯上分别加工出相互垂直的两定位基准面，在电极的定位基准面分别固定两个平直的定位板，定位时将模坯上的定位基准面分别与相应的定位板贴紧，如图 5-33 所示。此方法较十字线定位法定位精度高。

5. 电规准的选择与转换

电规准的选择和转换正确与否，对型腔表面的加工精度、表面粗糙度及生产率有很大的影响。

当电流峰值一定时，脉冲宽度越宽，则单个脉冲能量越大，生产率越高，放电间隙越大，工件表面越粗糙，电极损耗越小。当电流峰值增大，则生产率提高，电极损耗增加且与脉冲宽度有关。因此，选择电规准时应综合考虑这些因素。

粗规准主要进行粗加工，要求具有较高的蚀除速度，电极损耗小，电蚀表面不要太粗糙；一般选用脉冲宽度 $t_i > 500\mu s$，大的电流峰值，用负极性加工。中规准主要是减小被加工表面的表面粗糙度，为精加工作准备；一般选用脉冲宽度 $t_i = 20 \sim 400\mu s$，以及较小的电流峰值。精规准主要作用是对型腔进行精修，使其达到最终加工要求；其加工余量一般不超过 $0.1 \sim 0.2mm$，一般选用脉冲宽度 $t_i < 20\mu s$ 和小的电流峰值进行加工。

电规准转换的挡数，应根据具体的加工对象而定。对于尺寸小、形状简单、深度浅的型腔，加工时电规准的转换挡数可少些；对于结构复杂、尺寸大、深度大的型腔，其电规准转换挡数应多些。在实际生产中，一般粗加工选择一个挡；中、精加工则应选择 2～4 挡。开始加工时，应选粗规准进行加工，当型腔轮廓接近加工深度（约 1mm 余量）时，依次转换成中、精规准各挡参数进行加工，直至达到最终要求。

当采用单电极平动加工时，型腔的侧面修光，是靠调节电极的平动量来实现的。在使用粗规准加工时电极无平动，在转换到中、精规准加工的同时，应相应调节电极的平动量。

5.2　电火花线切割加工

5.2.1　电火花线切割加工原理、特点及设备

1．线切割加工基本原理

电火花线切割加工与电火花成型加工原理相同，但加工方式不同，电火花线切割加工采用连续移动的金属丝作为电极，如图 5-34 所示。

工件接脉冲电源的正极，电极丝接负极，工件（工作台）相对电极丝按预定的要求运动，从而使电极丝沿着所要求的切割路线进行电腐蚀，实现切割加工。在加工中，电蚀产物由循环流动的工作液带走；电极丝以一定的速度运动（称为走丝运动），其目的是减少电极损耗，且不被电火花放电烧断，同时也有利于电蚀产物的排除。

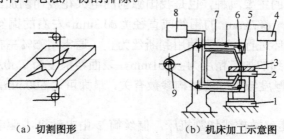

(a) 切割图形　　　　(b) 机床加工示意图

图 5-34　电火花线切割示意图

1-工作台；2-夹具；3-工件；4-脉冲电源；5-电极丝；6-导轮；7-丝架；8-工作液箱；9-储丝筒

2．线切割加工特点

与电火花成型加工相比，电火花线切割加工具有下列特点：

① 不需要制作成型电极，可大大节约电极的设计、制造等费用，缩短生产周期。

② 能方便地加工出形状复杂、细小的通孔和外形表面。

③ 在加工过程中，电极是运动着的长金属丝，单位长度上的电极损耗小，有利于提高加工精度。

④ 脉冲电源的加工电流较小，脉冲宽度较窄，属中、精加工范畴，故采用正极性加工（脉冲电源正极接工件，负极接电极丝）。线切割过程基本是一次加工成型，一般不需要中途转换电规准。

⑤ 仅对工件进行切割，实际金属去除量很少，材料利用率很高。

⑥ 采用水或水基工作液，不会引燃起火，容易实现安全无人运转。但由于工作液的电阻率远比煤油小，因此，在开路状态下，仍有明显的电解电流，电解效应有益于改善加工表面粗糙度。

⑦ 采用四轴联动，可加工锥度及上、下面异形体零件。

⑧ 自动化程度高，操作安全、方便，加工周期短，成本低。

3. 线切割加工的应用范围

（1）加工模具

适用于各种形状的冲模，调整不同的间隙补偿量，只需要一次编程就可切割出凸模、凸模固定板、凹模及卸料板等。还可加工挤压模、粉末冶金模、弯曲模、塑压模等通常带锥度的模具。

（2）加工电火花成型加工用的电极

适用于一般穿孔加工的电极、带锥度型腔加工的电极及各种微细复杂形状的电极，尤其对于铜钨、银钨合金之类的材料，用线切割加工特别经济。

（3）加工零件

在新产品试制、品种多而数量少、特殊难加工材料等情况下，直接采用线切割加工制造零件，可缩短制造周期。

4. 线切割加工机床

目前，我国广泛使用的线切割机床主要是数控电火花线切割机床，按其走丝速度分为快速走丝线切割机床和慢速走丝线切割机床。

（1）快速走丝线切割机床

这是我国生产和使用的主要机种，也是我国独创的电火花线切割加工模式。快速走丝线切割机床采用直径为 $\phi0.08\mathrm{mm}\sim\phi0.2\mathrm{mm}$ 的钼丝或直径为 $\phi0.3\mathrm{mm}$ 左右的铜丝作为电极，走丝速度为 $8\sim10\mathrm{m/s}$，且双向往返循环进行，一直使用到断丝为止。通常用 5%左右的乳化液和去离子水等作为工作液。目前，能达到的加工精度为 $\pm0.01\mathrm{mm}$，表面粗糙度为 $Ra0.63\sim2.5\mu\mathrm{m}$，最大切割速度可达 $50\mathrm{mm}^2/\mathrm{min}$，切割厚度与机床的结构参数有关，最大可达 500mm，可满足一般模具的加工要求。

图 5-35 所示为快速走丝数控线切割机床。储丝筒 2 由电动机 1 驱动，使绕在储丝筒上的电极丝 3 经过丝架 4 上的导轮 5 来回高速移动，并将电极丝整齐地来回排绕在储丝筒上。工件 6 利用压板等工具装夹在工作台上。工作台的运动由步进电动机经减速齿轮传动精密丝杆及滑板 7 来实现，由两台步进电动机分别驱动工作台纵、横方向的移动。控制台每发一个进给信号，步进电动机就旋转一定角度，使工作台移动 0.001mm。根据加工需要步进电动机可正转，也可反转。

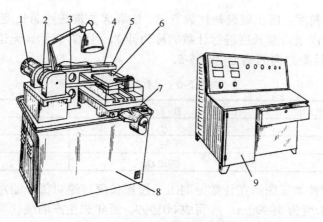

图 5-35　快速走丝线切割机床

1-电动机；2-储丝筒；3-电极丝；4-丝架；5-导轮；6-工件；7-滑板；8-床身；9-控制台

（2）慢速走丝线切割机床

慢速走丝线切割机床采用直径为 0.03～0.35mm 的铜丝作为电极，走丝速度通常在 0.2m/s 以下，线电极只是单向通过间隙，不重复使用，可避免电极损耗对加工精度的影响。主要采用去离子水和煤油作为工作液。加工精度可达±0.001mm，表面粗糙度小于 $Ra0.32\mu m$。机床还能进行自动穿电极丝和自动卸除加工废料等，自动化程度较高，但其价格较贵。

5.2.2　数控线切割程序编制

从被加工的零件图到获得机床所需控制介质的全过程，称为数控编程（简称编程），编程方法分手工编程和自动编程。线切割程序格式有 3B、4B、ISO、ETA 等，使用最多的是 3B 格式，慢走丝多采用 4B 格式，目前，也有许多系统直接采用 ISO 代码格式。

1．3B 格式程序

3B 格式程序是我国生产的快速走丝数控线切割机床所采用的一种程序格式，见表 5-4。在该程序格式中无间隙补偿，但可通过机床的数控装置或一些自动编程软件，自动实现间隙补偿。

表 5-4　3B 程序格式

B	X	B	Y	B	J	G	Z
分隔符号	X坐标值	分隔符号	Y坐标值	分隔符号	计数长度	计数方向	加工指令

表中符号意义如下：

B——分隔符号；

X，Y——直线的终点或圆弧的起点坐标，编程时取绝对坐标，μm；

G——计数方向，分 G_X 和 G_Y 两种；

J——计数长度，μm；

Z——加工指令，分直线和圆弧两类。

① 对于圆弧，坐标原点为圆心，X、Y 为圆弧起点的坐标值；对于直线（斜线），坐标原点为直线的起点，X、Y 为终点坐标值，允许将 X 和 Y 的值按相同的比例放大或缩小；对于平行于 X 轴或 Y 轴的直线，即当 X 或 Y 为零时，X、Y 值均可不写，但分隔符号必须保留。

② 为了保证加工精度，应正确选择计数方向。选取 X 方向进给总长度进行计数的称为计 X，用 G_X 表示；选取 Y 方向进给总长度进行计数的称为计 Y，用 G_Y 表示。无论直线或圆弧，若终点坐标为（X_e，Y_e），则计数方向的确定见表5-5。

表5-5　计数方向

终点坐标（X_e，Y_e）	直　线	圆　弧
$\lvert X_e \rvert > \lvert Y_e \rvert$	G_X	G_Y
$\lvert X_e \rvert < \lvert Y_e \rvert$	G_Y	G_X
$\lvert X_e \rvert = \lvert Y_e \rvert$	G_X 或 G_Y	G_X 或 G_Y

③ 计数长度是指被加工图形在计数方向上的投影长度（绝对值）的总和。对于计数长度 J 应补足六位，如计数长度为 1999μm，应写成 001999。近年来生产的线切割机床，由于数控功能较强，则不必补足六位，只写有效位数即可。

④ 加工指令是用来传送关于被加工图形的形状，所在象限和加工方向等信息的。控制台根据这些指令，正确选用偏差计算公式，进行偏差计算，控制工作台的进给方向，从而实现机床的自动化加工。加工指令 Z 共 12 种，如图 5-36 所示。直线按走向和终点所在象限分为 L_1，L_2，L_3，L_4 四种；圆弧按起点所在象限及走向的顺、逆圆，分为加工顺时针圆弧时的四种加工指令 SR_1，SR_2，SR_3，SR_4 及加工逆时针圆弧时的四种加工指令 NR_1，NR_2，NR_3，NR_4，共 8 种。

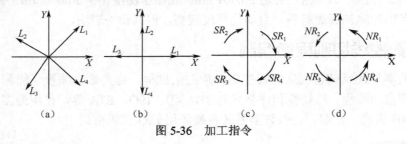

(a)　　　　　　(b)　　　　　　(c)　　　　　　(d)

图 5-36　加工指令

2．4B 格式程序

3B 格式程序的数控系统没有间隙补偿功能，必须按电极丝中心轨迹编程，当零件复杂时编程工作量很大。为了减少编程工作量，近年来已广泛采用了带有间隙自动补偿功能的数控系统。

4B 格式程序是在 3B 格式的基础上发展起来的带有间隙补偿功能的程序，见表5-6。程序格式中增加一个 R 和 D（或 DD）信息符号，数控系统是根据圆弧的凸、凹性以及所加工的是凸模还是凹模实现间隙补偿的。

表5-6　4B 程序格式

B	X	B	Y	B	J	B	R	G	D 或 DD	Z
分隔符号	X坐标值	分隔符号	Y坐标值	分隔符号	计数长度	分隔符号	圆弧半径	计数方向	曲线形式	加工指令

表中符号意义如下：

R——加工圆弧半径，μm；

D（或 DD）——曲线形式，D 代表凸圆弧，DD 代表凹圆弧。

其余代码的含义与 3B 格式程序相同。

加工凸模时，当电极丝偏移补偿距离 ΔR 后，使圆弧半径增大的为凸圆弧，编程时用 D；反之为凹圆弧，编程时用 DD。加工凹模则相反。

4B 格式程序按工件的轮廓线编程，数控系统使电极丝相对工件轮廓自动实现间隙补偿。偏移

的补偿距离 ΔR 是单独输入数控系统的，加工凸模或凹模则是通过控制面板上的凸凹模开关的位置确定。这种格式不能处理尖角的自动间隙补偿，因此，尖角处一般取 $R=0.1\text{mm}$ 的过渡圆弧来编程。

3. ISO 代码程序

使用 ISO 代码进行编程，是数控线切割加工编程和控制发展的必然趋势。现阶段生产厂家和使用单位可以采用 3B、4B 格式和 ISO 代码并存的方式作为过渡。我国快走丝数控电火花线切割机床常用的 ISO 代码，与国际上使用的标准基本一致，见表 5-7。

表 5-7　数控线切割机床常用 ISO 代码

代　码	功　能	代　码	功　能
G00	快速定位	G55	加工坐标系 2
G01	直线插补	G56	加工坐标系 3
G02	顺圆插补	G57	加工坐标系 4
G03	逆圆插补	G58	加工坐标系 5
G05	X 轴镜像	G59	加工坐标系 6
G06	Y 轴镜像	G80	接触感知
G07	X、Y 轴交换	G82	半程移动
G08	X 轴镜像，Y 轴镜像	G84	微弱放电找正
G09	X 轴镜像，X、Y 轴交换	G90	绝对坐标
G10	Y 轴镜像，X、Y 轴交换	G91	增量坐标
G11	Y 轴镜像，X 轴镜像，X、Y 轴交换	G92	定起点
G12	消除镜像	M00	程序暂停
G40	取消间隙补偿	M02	程序结束
G41	左偏间隙补偿，D 偏移量	M05	接触感知解除
G42	右偏间隙补偿，D 偏移量	M96	主程序调用文件程序
G50	消除锥度	M97	主程序调用文件结束
G51	锥度左偏，A 角度值	W	下导轮到工作台面高度
G52	锥度右偏，A 角度值	H	工件厚度
G54	加工坐标系 1	S	工作台面到上导轮高度

5.2.3　影响线切割工艺指标的因素

1. 线切割加工的主要工艺指标

（1）切割速度

在保持一定的表面粗糙度的切割过程中，单位时间内电极丝中心线在工件上切过的面积总和称为切割速度，单位为 mm^2/min。最高切割速度是指在不计切割方向和表面粗糙度等条件下，所能达到的切割速度。通常快速走丝线切割速度为 $40\sim80\text{mm}^2/\text{min}$，它与加工电流大小有关，为比较不同输出电流脉冲电源的切割效果，将每安培电流的切割速度称为切割效率，一般切割效率为 $20\text{mm}^2/(\text{min}\cdot\text{A})$。

（2）表面粗糙度

与电火花加工表面粗糙度一样，我国和欧洲常用轮廓算术平均偏差 $Ra(\mu\text{m})$ 来表示，而日

本常用 R_{max}（μm）来表示。快速走丝线切割一般的表面粗糙度为 $Ra2.5\sim5\mu m$，最佳也只有 $Ra1\mu m$ 左右。低速走丝线切割的表面粗糙度可达 $Ra1.25\mu m$，最佳可达 $Ra0.2\mu m$。

（3）电极丝损耗量

对快速走丝机床，用电极丝在切割 10000mm² 面积后电极丝直径的减少量来表示。一般每切割 10000m² 后，钼丝直径减小不应大于 0.01mm。

（4）加工精度

加工精度是指所加工工件的尺寸精度、形状精度（如直线度、平面度、圆度等）和位置精度（如平行度、垂直度、倾斜度等）的总称。快速走丝线切割的可控加工精度为 0.01～0.02mm 左右，低速走丝线切割可达 0.002～0.005mm 左右。

影响电火花加工工艺指标的各种因素，在 5.1.2 节中已经介绍，这里就电火花线切割工艺的一些特殊问题作补充。

2．电参数的影响

（1）脉冲宽度 t_i

通常 t_i 加大时，加工速度提高而表面粗糙度变差。一般 $t_i=2\sim60\mu s$，在分组脉冲及光整加工时，$t_i<0.5\mu s$。

（2）脉冲间隔 t_0

t_0 减小时平均电流增大，切割速度加快，但 t_0 不能过小，以免引起电弧和断丝。一般取 $t_0=(4\sim8)t_i$。在刚切入、或大厚度加工时，应取较大的 t_0 值。

（3）开路电压 $\hat{u}_i$

$\hat{u}_i$ 会引起放电峰值电流和电加工间隙的改变。开路电压提高，加工间隙增大，排屑变易，提高了切割速度和加工稳定性，但易造成电极丝振动，通常开路电压的提高还会使丝损加大。

（4）放电峰值电流 I_m

I_m 是决定单个脉冲能量的主要因素之一。峰值电流增大时，切割速度提高，表面粗糙度变差，电极丝损耗加大甚至断丝。一般峰值电流小于 40A，平均电流小于 5A。低速走丝线切割加工时，因脉宽很窄，电极丝又较粗，故峰值电流有时大于 50A。

（5）放电波形

在相同的工艺条件下，高频分组脉冲常常能获得较好的加工效果。电流波形的前沿上升比较缓慢时，电极丝损耗较少。不过当脉宽很窄时，必须要有陡的前沿才能进行有效的加工。

3．非电参数的影响

（1）电极丝及其移动速度对工艺指标的影响

对于快速走丝线切割，广泛采用 $\phi0.08mm\sim\phi0.2mm$ 的钼丝，因它耐损耗、抗拉强度高、丝质不易变脆且较少断丝。提高电极丝的张力可减小丝振的影响，从而提高精度和切割速度。丝张力的波动对加工稳定性影响很大，产生波动的原因是：电极丝在卷丝筒上缠绕松紧不均；正反运动时张力不一样；工作一段时间后电极丝伸长、张力下降。采用恒张力装置可以在一定程度上改善丝张力的波动。电极丝的直径决定了切缝宽度和允许的峰值电流。最高切割速度一般都是用较粗的电极丝实现的。在切割小模数齿轮等复杂零件时，采用细电极丝才能获得精细的形状和很小的圆角半径。随着走丝速度的提高，在一定范围内，加工速度也提高。提高走丝速度有利于电极丝把工作液带入较大厚度的工件放电间隙中，有利于电蚀产物的排除和放电加工的稳定。但走丝速度过高，将加大机械振动、降低精度和切割速度，表面粗糙度也恶化，并易造成断丝，一般以小于 10m/s 为宜。低速走丝线切割机床，电极丝的材料和直径有较大的选择范围。高生产率时可用 0.3mm 以下的镀锌黄铜丝，允许较大的峰值电流和汽化爆炸力。精微加工时可用 0.03mm 以上的钼丝。由于电极丝张力均匀，振动较小，所以加工稳定性、表面粗糙度、精度指标等均较好。

（2）工件厚度及材料对工艺指标的影响

工件材料薄，工作液容易进入并充满放电间隙，对排屑和消电离有利，加工稳定性好。但工件太薄，电极丝易产生抖动，对加工精度和表面粗糙度不利。工件材料厚，工作液难于进入和充满放电间隙，加工稳定性差，但电极丝不易抖动，因此精度较高，表面粗糙度较小。切割速度（指单位时间内切割的面积，单位为 mm^2/min）起先随厚度的增加而增加，达到某一最大值（一般为 50～100mm）后开始下降，这是因为厚度过大时，排屑条件变差。

工件材料不同，其熔点、汽化点、热导率等都不一样，因而加工效果也不同。例如，采用乳化液加工时有以下特点：

① 加工铜、铝、淬火钢时，加工过程稳定，切割速度高；

② 加工不锈钢、磁钢、未淬火高碳钢时，稳定性较差，切割速度较低，表面质量不太好；

③ 加工硬质合金时，比较稳定，切割速度较低，表面粗糙度值小。

（3）预置进给速度对工艺指标的影响

预置进给速度（指进给速度的调节）对切割速度、加工精度和表面质量的影响很大。因此，应调节预置进给速度紧密跟踪工件蚀除速度，保持加工间隙恒定在最佳值上。这样可使有效放电状态的比例大，而开路和短路的比例少，使切割速度达到给定加工条件下的最大值，相应的加工精度和表面质量也好。如果预置进给速度调得太快，超过工件可能的蚀除速度，会出现频繁的短路现象，切割速度反而低（欲速则不达），表面粗糙度也差，上下端面切缝呈焦黄色，甚至可能断丝；反之，进给速度调得太慢，大大落后于工件的蚀除速度，极间将偏于开路，有时会时而开路时而短路，上下端面切缝发焦黄色。这两种情况都大大影响工艺指标。因此，应按电压表、电流表调节进给旋钮，使表针稳定不动，此时进给速度均匀、平稳，是线切割加工速度和表面粗糙度均好的最佳状态。

此外，机械部分精度（如导轨、轴承、导轮等磨损、传动误差）和工作液（种类、浓度及其脏污程度）都会对加工效果产生相当的影响。当导轮、轴承偏摆，工作液上下冲水不均匀，会使加工表面产生上下凹凸相间的条纹，恶化工艺指标。

5.2.4 电火花线切割加工工艺

数控线切割加工，一般作为工件加工的最后一道工序，使工件达到图样规定的尺寸、形位精度和表面粗糙度等工艺指标。

1. 零件图的工艺分析

主要分析零件的凹角和尖角是否符合线切割加工的工艺条件，零件的加工精度、表面粗糙度是否在线切割加工所能达到的经济精度范围内。

（1）凹角和尖角的尺寸分析

电极丝具有一定的直径 d，加工时又有放电间隙 δ，使电极丝中心的运动轨迹与加工面相距 l，即 $l=d/2+\delta$，如图 5-37 所示。因此，加工凸模类零件时，电极丝中心轨迹应放大；加工凹模类零件时，电极丝中心轨迹应缩小，如图 5-38 所示。

在线切割加工时，在工件的凹角处不能得到"清角"，而是圆角。对于形状复杂的精密冲模，在凸凹模设计图样上应说明拐角处的过渡圆弧半径 R。同一副模具的凹模与凸模中，半径 R 值要符合下列条件，才能保证加工的实现和模具的正确配合。

对于凹角，$R_1 \geqslant l$

对于尖角，$R_2 = R_1 - \Delta$

式中 R_1——凹角圆弧半径，mm；

R_2——尖角圆弧半径，mm；

Δ——凸模与凹模的配合间隙，mm。

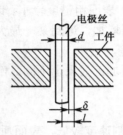

图 5-37　电极丝与工件加工面的位置关系

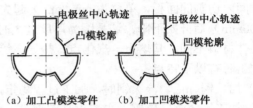

（a）加工凸模类零件　（b）加工凹模类零件

图 5-38　电极丝中心轨迹的偏移

（2）表面粗糙度及加工精度分析

电火花线切割加工表面和机械加工表面不同，它是由无方向性的无数小坑和硬凸边所组成的，特别有利于保存润滑油；而机械加工表面则存在着切削或磨削刀痕，具有方向性。两者相比，在相同的表面粗糙度和有润滑油的情况下，其表面润滑油性能和耐磨损性能均比机械加工表面好。所以，在确定加工表面粗糙度时要考虑到此项因素。

合理确定线切割加工表面粗糙度 Ra 值是很重要的。因为 Ra 值的大小对线切割速度 v_{wi} 影响很大，Ra 值降低一个挡将使线切割速度 v_{wi} 大幅度下降。所以，要检查零件图样上是否有过高的表面粗糙度要求。此外，线切割的加工所能达到的 Ra 值是有限的，例如，欲达到优于 $Ra0.32\mu m$ 的要求比较困难，因此，若不是特殊需要，零件上标注的 Ra 值尽可能不要太小，否则，对生产率的影响很大。

同样，也要分析零件图上的加工精度是否在数控线切割机床加工精度所能达到的范围内，根据加工精度要求的高低来合理确定线切割加工的有关工艺参数。

2. 工艺准备

工艺准备主要包括电极丝和工件的准备、穿丝孔和切割线路的确定、工作液的选配及脉冲参数的选择。

（1）电极丝准备

① 电极丝材料的选择。电极丝应具有良好的导电性和抗电蚀性，抗拉强度高，材质均匀。常用电极丝有钼丝、钨丝、黄铜丝等。钨丝抗拉强度高，直径在 0.03～0.1mm 的范围内，一般用于各种窄缝的精加工，但价格昂贵。黄铜丝适合于低速加工，加工表面粗糙度和平直度较好，蚀屑附着少，但抗拉强度差，损耗大，直径在 0.1～0.3mm 的范围内，一般用于低速单向走丝加工。钼丝抗拉强度高，一般用于快走丝加工。

② 电极丝直径的选择。电极丝直径的选择应根据切缝宽窄、工件厚度和拐角尺寸大小来选择。若加工带尖角、窄缝的小型模具宜选用较细的电极丝；若加工大厚度工件或大电流切割时，应选较粗的电极丝。由图 5-39 可知，电极丝直径 d 与拐角半径 R

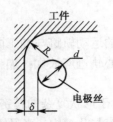

图 5-39　电极丝直径与拐角的关系

的关系为 $d \leqslant 2(R-\delta)$。所以，在拐角要求小的微细线切割加工中，需要选用线径细的电极，但线径太细，能够加工的工件厚度也将会受到限制。表 5-8 列出了线径与拐角极限、工件厚度的关系。

表 5-8 线径与拐角极限、工件厚度的关系 mm

电极丝直径 d	拐角极限 R_{min}	切割工件厚度
钨 0.05	0.04～0.07	0～10
钨 0.07	0.05～0.10	0～20
钨 0.10	0.07～0.12	0～30
黄铜 0.15	0.10～0.16	0～50
黄铜 0.20	0.12～0.20	0～100 以上
黄铜 0.25	0.15～0.22	0～100 以上

（2）工件准备

凸模与凹模等模具工作零件一般采用锻造毛坯，其线切割加工常在淬火与回火后进行。由于受材料淬透性的影响，当大面积去除金属和切断加工时，会使材料内部残余应力的相对平衡状态遭到破坏而产生变形，影响加工精度，甚至在切割过程中造成材料突然开裂。为减少这种影响，应选择锻造性能好、淬透性好、热处理变形小的材料，如以线切割为主要工艺的冷冲模具，尽量选用 CrWMn、Cr12Mo、GCr15 等合金工具钢，并要正确选择热加工方法和严格执行热处理规范。另一方面，也要合理安排线切割加工工艺。

为了便于线切割加工，根据工件外形和加工要求，应准备相应的校正和加工基准，并且此基准应尽量与图样的设计基准一致，常见的有以下两种形式：

① 以外形为校正和加工基准。外形是矩形状的工件，一般需要有两个相互垂直的基准面，并垂直于工件的上、下表面（见图 5-40）。

② 以外形为校正基准，内孔为加工基准。无论是矩形、圆形还是其他异形的工件，都应准备一个与工件的上、下面保持垂直的校正基准，此时其中一个内孔可作为加工基准，如图 5-41 所示。在大多数情况下，外形基面在线切割加工前的机械加工中就已准备好了。工件淬硬后，若基面变形很小，可稍加打光便可用线切割加工；若变形较大，则应当重新修磨基面。

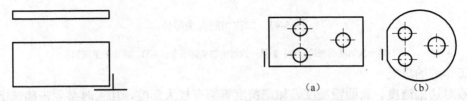

图 5-40 矩形工件的校正与加工基准　　　　图 5-41 外形一侧边为校正基准，内孔为加工基准

（3）穿丝孔的确定

① 切割凸模类零件。此时为避免将坯件外形切断引起变形，通常在坯件内部外形附近预制穿丝孔，如图 5-42（c）所示。

② 切割凹模、孔类零件。此时可将穿丝孔位置选在待切割型腔（孔）内部。当穿丝孔位置选在待切割型腔（孔）的边角处时，切割过程中无用的轨迹最短；而穿丝孔位置选在已知坐标尺寸的交点处则有利于尺寸推算；切割孔类零件时，若将穿丝孔位置选在型孔中心可使编程操作容易。因此，要根据具体情况来选择穿丝孔的位置。

③ 穿丝孔大小。穿丝孔大小要适宜，一般不宜太小。如果穿丝孔太小，不但钻孔难度增加，而且也不便于穿丝。但是，若穿丝孔径太大，则会增加钳工工艺上的难度。一般穿丝孔常用直径为$\phi3mm\sim\phi10mm$。如果预制可用车削等方法加工，则穿丝孔径也可大些。

（4）线切割路线的确定

线切割加工工艺中，切割起点和切割路线的确定合理与否，将影响工件变形的大小，从而影响加工精度。图 5-42 所示为由外向内顺序的切割路线，通常在加工凸模零件时采用。其中，图 5-42（a）所示的切割路线是错误的，因为当切割完第一边继续加工时，由于原来主要连接的部位被割离，余下材料与夹持部分的连接较少，工件的刚度大为降低，容易产生变形而影响加工精度。如按图 5-42（b）所示的切割路线加工，可减少由于材料割离后残余应力重新分布而引起的变形。所以，一般情况下，最好将工件与其夹持部分分割的线段安排在切割路线的末端。对于精度要求较高的零件，最好采用图 5-42（c）所示的方案，电极丝不由坯件外部切入，而是将切割起点取在坯件预制的穿丝孔中，这种方案可使工件的变形最小。

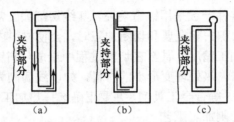

图 5-42   切割起始点和切割路线的安排

切割孔类零件时，为了减少变形，还可采用二次切割法，如图 5-43 所示。第一次粗加工型孔，各边留余量 $0.1\sim0.5mm$，以补偿材料被切割后由于内应力重新分布而产生的变形。第二次切割为精加工，这样可以达到比较满意的效果。

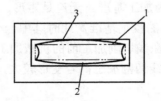

图 5-43   二次切割孔类零件

1-第一次切割的理论图形；2-第一次切割的实际图形；3-第二次切割的图形

（5）工作液的选配

工作液对切割速度、表面粗糙度、加工精度等都有较大影响，加工时必须正确选配。常用的工作液主要有乳化液和去离子水。慢速走丝线切割加工，目前普遍使用去离子水。为了提高切割速度，在加工时还要加进有利于提高切割速度的导电液以增加工作液的电阻率。加工淬火钢，使电阻率为 $2\times10^4\Omega\cdot cm$ 左右；加工硬质合金电阻率为 $30\times10^4\Omega\cdot cm$ 左右。快速走丝线切割加工，目前，最常用的是乳化液。乳化液是由乳化油和工作介质配制（浓度为 5%～10%）而成的。工作介质可用自来水，也可用蒸馏水、高纯水和磁化水。

（6）脉冲参数的选择

线切割加工一般都采用晶体管高频脉冲电源，用单个脉冲能量小、脉宽窄、频率高的脉冲参数进行正极性加工。加工时，可改变的脉冲参数主要有电流峰值、脉冲宽度、脉冲间隔、空载电压、放电电流。要求获得较好的表面粗糙度时，所选用的电参数要小；若要求获得较高的切割速度，脉冲参数要选大一些，但加工电流的增大受排屑条件及电极丝截面积的限制，过大的电流易引起断丝。快速走丝线切割加工脉冲参数的选择见表 5-9。

表 5-9　快速走丝线切割加工脉冲参数的选择

应　用	脉冲宽度 $t_i/\mu s$	电流峰值 I_e/A	脉冲间隔 $t_0/\mu s$	空载电压/V
快速切割或加大厚度工件表面粗糙度大于 $Ra2.5\mu m$	20～40	>12	为实现稳定加工，一般选择 $t_0/t_i=3～4$ 以上	一般为 70～90
半精加工表面粗糙度 $Ra1.25～2.5\mu m$	6～20	6～12		
精加工表面粗糙度小于 $Ra1.25\mu m$	2～6	<4.8		

3. 工件的装夹与调整

（1）工件的装夹方式

装夹工件时，必须保证工件的切割部位位于机床工作台纵横进给的允许范围内，同时应考虑切割电极丝的运动空间。其装夹方式如下：

① 悬臂式。如图 5-44 所示，这种方式装夹方便、通用性强。但由于工件一端悬伸，易出现切割表面与工件上、下平面间的垂直度误差。仅用于工件加工要求不高或悬臂较短的情况。

② 两端支撑式。如图 5-45 所示，这种方式装夹方便、稳定，定位精度高，但不适于装夹较小的零件。

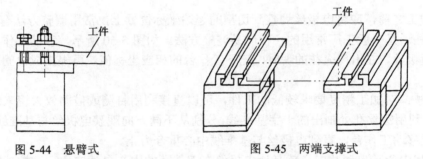

图 5-44　悬臂式　　　　　　　图 5-45　两端支撑式

③ 桥式支撑。如图 5-46 所示，这种方式是在通用夹具上放置垫铁后再装夹工件。这种方式装夹方便，对大、中、小型工件都能采用。

④ 板式支撑。如图 5-47 所示，根据常用的工件形式和尺寸，采用有通孔的支撑板装夹工件。这种方式装夹精度高，但通用性差。

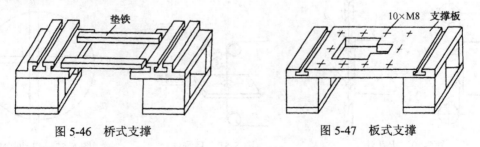

图 5-46　桥式支撑　　　　　　图 5-47　板式支撑

（2）工件的调整

采用以上方式装夹工件，还必须配合找正法进行调整，才能使工件的定位基准面分别与机床的工作台面和工作台的进给方向 X、Y 保持平行，以保证所切割的表面与基准面之间的相对位置精度。常用的找正方法如下：

① 百分表找正。如图 5-48 所示，用磁力表架将百分表固定在丝架或其他位置上，百分表的测量头与工件基面接触，往复移动工作台，按百分表指示值调整工件的位置，直至百分表指针的偏摆范围达到所要求的数值。找正应在相互垂直的三个方向上进行。

② 画线找正。工件的切割图形与定位基准之间的相互位置精度要求不高时，可采用画线找正。如图 5-49 所示，利用固定在丝架上的划针对正工件上画出的基准线，往复移动工作台，目测划针与基准间偏离情况，将工件调整到正确位置。

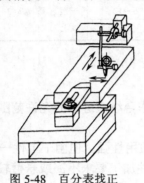

图 5-48 百分表找正   图 5-49 画线找正

4. 电极丝位置的调整

线切割加工之前，应将电极丝调整到切割的起始坐标位置上，常用调整方法有以下几种：

① 火花法。是一般工厂常用的一种简易调整方法。如图 5-50 所示，移动工作台使工件基准面逐渐靠近电极丝，在出现火花的瞬时，记下工作台的相应坐标值，再根据放电间隙推算电极丝中心的坐标。

② 目测法。对加工精度要求较低的工件，可以直接利用目测或借助放大镜来进行观测。如图 5-51 所示，利用穿丝孔处画出的十字基准线，分别从不同方向观察电极丝与基准线的相对位置，根据偏离情况移动工作台，直到电极丝与基准线中心重合为止。

③ 自动找中心。自动找中心就是让电极丝在工件孔的中心自动定位，数控功能较强的线切割机床常用这种方法。如图 5-52 所示，首先让电极丝在 X 或 Y 轴方向与孔壁接触，接着在另一轴的方向进行上述过程，经过几次重复（见图 5-52 中 A、B、C、D、E、F、G 路线），数控线切割机床的数控装置自动计算后就可找到孔的中心位置。

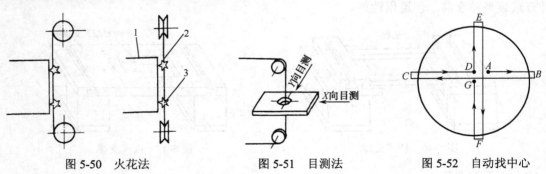

图 5-50 火花法   图 5-51 目测法   图 5-52 自动找中心

1-工件；2-电极丝；3-火花

5.3　超声波加工与电化学加工

5.3.1　超声波加工

1. 超声加工的原理

超声加工的原理如图 5-53 所示。加工时工具以一定的压力压在工件上，在工具与工件之间送入磨料悬浮液（一般是磨料与水或煤油的混合物），超声换能器产生 16kHz 以上的超声波轴向振动，借助于变幅杆把振幅放大到 0.02～0.08mm 左右，迫使工作液中悬浮的磨料以很大的速度不断撞击、抛磨被加工表面，把加工区域的材料粉碎成很细的微粒，并从工件上去除下来。虽然一次撞击所去除的材料很少，但由于每秒撞击次数高达 16000 次以上，因此，仍有一定的加工速度。工作液受工具端面超声频振动作用而产生的高频、交变的液压冲击，使磨料悬浮液在加工间隙中强迫循环，将钝化了的磨料及时更新，并带走从工件上去除下来的微粒。随着工件的轴向进给，工具的端部形状被复制在工件上。

由于超声加工基于高速撞击原理，因此，越是硬脆的材料，越是容易加工。

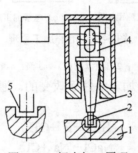

图 5-53　超声加工原理

1-工件；2-工具；3-变幅杆；4-超声发生器；5-磨料悬浮液

2. 超声加工的特点

① 适用于加工硬脆材料（尤其是不导电的硬脆材料），如玻璃、石英、陶瓷、宝石、金刚石、各种半导体材料、淬火钢、硬质合金等。

② 由于是利用悬浮液的冲击和抛磨去除材料加工余量，所以，可采用较软的材料作工具，并且加工时不需要使工具和工件作复杂的运动。因此，超声加工机床较为简单，操作方便。

③ 在去除材料时是利用磨料的瞬时撞击，工具对工件表面的作用力很小，热影响小，不会引起变形和烧伤，因此，适合于加工薄壁、窄缝、低刚度零件。超声加工精度高，一般可达到 0.01～0.02mm，表面粗糙度 $Ra0.63\mu m$ 左右，也可用于模具的抛光。

5.3.2　电化学加工

电化学加工是利用电化学作用对金属进行加工的方法。目前，已广泛应用于模具的制造中。按其作用可分为三大类：一类是利用电化学阳极溶解来进行加工，如电解加工、电解抛光等；第二类是电化学阴极镀覆进行加工，如电镀、电铸等；第三类是电化学加工与其他加工方法相结合的电化学复合加工，如电解磨削、电化学阳极机械加工等。下面主要介绍有关模具型腔的电化学加工制造技术。

1．电解加工

（1）电解加工的基本原理

电解加工是利用金属在电解液中产生阳极溶解的电化学反应，将工件加工成型的一种方法。电解加工原理如图 5-54 所示。电解加工时，在工件（阳极）和工具电极（阴极）之间接入低电压（6～24V）、大电流（500～2000A）的直流电源，在两极之间的狭小间隙（0.1～1mm）内，通以具有一定压力（0.49～1.96MPa）和高速（可达 75m/s）的电解液，使得工件不断溶解。开始时，两极之间的间隙大小不等，间隙小处电流密度大，金属（阳极）的去除速度快；间隙大处则电流密度小，去除速度慢。随着工件表面材料的不断溶解，工具电极不断地向工件进给，蚀除的金属变成氢氧化物沉淀不断被电解液冲走，工件表面就逐渐被加工成接近于工具电极的型面，直至将工具电极的型面完全复制到工件上而获得所需型面为止。

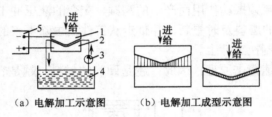

（a）电解加工示意图　　（b）电解加工成型示意图

图 5-54　电解加工原理

1-工具电极（阴极）；2-工件（阳极）；3-泵；4-电解液；5-直流电源

电解加工中的电化学反应是随着加工条件而改变的。通常，加工钢制型腔时，常用的电解液为 NaCl 水溶液。其离解反应为

$$H_2O \rightarrow H^+ + OH^-$$
$$NaCl \rightarrow Na^+ + Cl^-$$

电解液中的正、负离子在电场力作用下，分别向阴、阳极运动，阳极的主要反应为

$$Fe - 2e \rightarrow Fe^{+2}$$
$$Fe^{+2} + 2(OH)^- \rightarrow Fe(OH)_2 \downarrow$$
$$4Fe(OH)_2 + 2H_2O + O_2 \rightarrow 4Fe(OH)_3 \downarrow$$

阴极的主要反应为

$$2H^+ + 2e \rightarrow H_2 \downarrow$$

由以上反应可以看出，电解加工过程中，阳极以 Fe^{+2} 的形式不断被溶解，水被分解消耗，因而电解液的浓度会产生变化。但电解液中氯离子、钠离子的作用是导电，并不消耗。所以电解液的寿命长，只需过滤干净，适当调整浓度，可长期使用。

（2）电解加工的特点

① 能以简单的进给运动一次加工出形状复杂的型面和型腔，生产率高。电解加工型腔比电火花加工型腔的效率高 4～10 倍，比铣削加工高几倍到十几倍。

② 可加工高硬度、高强度、高韧性等难以切削加工的金属材料，应用范围广。

③ 加工过程中无切削力，加工后无残余应力，适于易变形零件的加工。

④ 工具电极基本不损耗，可长期使用。

⑤ 加工后表面无毛刺，表面粗糙度值可达 $Ra0.2～0.8\mu m$，尺寸精度平均为 0.1～0.3mm。

⑥ 电解液对设备有腐蚀作用，电解产物处理不好会造成环境污染。

⑦ 电解加工影响因素多，不易实现稳定加工和保证加工精度。

⑧ 电解加工设备投资大，占地面积较大。

（3）电解加工的应用

电解加工主要应用于下列几个方面：各种异形型腔加工；难以用传统方法加工的零件型面，如沟槽、斜面、深孔等的加工；零件的倒棱、去毛刺及微孔加工；难加工材料的加工。

2．电解抛光

（1）电解抛光的基本原理

电解抛光实际上也是利用电化学阳极溶解的原理，对工件表面进行抛光的加工方法。电解抛光时，将工件放入装满电解液的电解槽内，并接直流电源正极，工具电极接负极，两极之间保持一定的间隙，如图 5-55（a）所示。通电后，工件的表面发生电化学溶解，表面形成一层被阳极溶解的金属和电解液组成的黏膜。由于黏膜的黏度大，电导率很低。工件表面微观几何形状高低不平，在其凸出的地方黏膜薄，电阻较小；在凹入的地方黏膜厚，则电阻较大，如图 5-55（b）所示。凸出的地方比凹入的地方电流密度大，阳极溶解的速度快。凹入的地方则几乎不发生阳极溶解。经过一段时间之后，凸出的地方被溶解，有效高度降低并趋于平整，被加工表面粗糙度减小，最后达到抛光的目的。

电解抛光与电解成型加工型腔，虽然都是利用阳极溶解的原理进行加工，但二者主要的不同点在于：电解抛光的加工间隙较大；电流密度较小；电解液无压力要求，一般不流动，必要时可以搅拌；所用的设备、工装简单，工具电极容易制造。

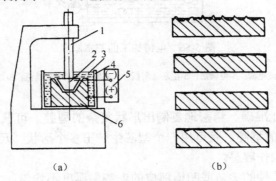

（a）　　　　　　　（b）

图 5-55　电解抛光

1-主轴；2-工具电极（负极）；3-电解液；4-电解液槽；5-电源；6-工件（正极）

（2）电解抛光的特点

① 加工效率高，如余量为 0.1～0.15mm 时，电解抛光的时间为 10～15min 左右。

② 对于表面粗糙度要求不太严的模具型腔，电解抛光后可直接应用于生产。对于表面粗糙度要求高的模具型腔，经电火花加工后，用电解抛光去除硬化层和降低表面粗糙度后，再进行手工抛光，可大大减少制造周期。

③ 电解抛光后的表面易形成致密的氧化膜，可提高型腔表面的耐腐蚀能力。

④ 电解抛光可对淬火钢、耐热钢、不锈钢等各种硬度和强度的材料进行抛光。

⑤ 经电解抛光后，型腔金属结构的缺陷及电火花加工的波纹易明显地显露出来。

（3）电解抛光的工艺过程

电解抛光的基本工艺过程：加工模具型腔→工具电极制造→电解抛光前预处理（化学去油、

清洗）→电解抛光→电解抛光后处理（清洗、钝感化、干燥处理）→钳工精修。

3．电铸加工

型腔的电铸加工是采用电镀的原理，使金属离子还原沉积在预先按型腔大小和形状制作的型芯（阴极）表面上，然后，将铸壳和型芯分开镶入模套而成为所需要的型腔。

电铸和电镀的基本原理相同，但目的却不同。电镀的目的：对表面进行装饰、防止腐蚀，镀层厚度为 0.02～0.05mm，与基体的结合要牢固，表面要求平整、光亮，无严格的尺寸精度要求。电铸的目的：复制型腔，用于成型加工，铸层厚度为 0.05～6mm，铸层与基体的结合不牢固且需分开，有尺寸精度和形状要求。

（1）电铸加工的基本原理

如图 5-56 所示，用可导电的型芯作为阴极，电铸材料作为阳极，电铸材料的金属盐溶液作为电铸液。在直流电源的作用下，金属盐中金属离子在阳极获得电子沉积镀覆在型芯（阴极）表面上，阳极的金属原子失去电子而成为正的金属离子，源源不断地补充到电铸液中，使电铸液的浓度保持基本不变。当型芯上的电铸层达到所需要的厚度时取出，将电铸层与型芯分离，即获得与型芯型面凸、凹相反的电铸型腔。

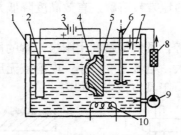

图 5-56　电铸加工的基本原理

1-电铸槽；2-阳极；3-直流电源；4-电铸层；5-型芯（阴极）；6-搅拌器；7-电铸液；8-过滤器；9-泵；10-加热器

（2）电铸加工的特点

① 仿形精度高。它能准确、精密地复制出形状复杂的型腔，可获得尺寸精度高、表面粗糙度值小（可达 $Ra0.1\mu m$）的型腔。且可用一个型芯生产出多个形状、尺寸一致的型腔。

② 应用设备简单，操作容易。

③ 电铸速度慢，电铸件的尖角或凹槽部位的电铸层厚度不均匀，大而薄的型腔易变形。

（3）电铸加工的应用

由于电铸型腔的强度不高，一般为 1.4～1.6MPa；硬度较低，一般为 35～50HRC。用来制造受力较大的模具型腔有一定困难。目前，主要用于较小的注射模型腔，如笔杆、笔套、吹塑制品、搪塑玩具、工艺制品及电火花型腔加工的工具电极等。近年来研制的电铸铁镍合金在制作较大模具型腔中取得了一定成果。

4．电解磨削

电解磨削是将电解作用与机械磨削相结合的一种新的加工方法。其加工原理如图 5-57 所示，磨削时工件接直流电源的正极，导电磨轮接电源的负极，由磨料保持一定的电解间隙。工件表面的电解腐蚀物和阳极膜等由磨轮刮除，然后再由电解液冲走。

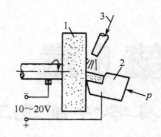

图 5-57　电解磨削；加工原理

1-导电磨轮；2-工件；3-电解液

电解磨削几乎不产生磨削力和磨削热，所以磨削效率高，磨轮损耗小。磨削表面粗糙度可达 $Ra0.025 \sim 0.012\mu m$。磨削表面不会产生烧伤、裂纹、变形和毛刺等缺陷，所以，适合于磨削高硬度、高脆性、高强度、高韧性、热敏性或磁性材料，如硬质合金、不锈钢、高速钢、钛合金和镍合金等。

由于电解液有腐蚀性，磨削时有刺激性气体及雾状电解液溢出，故应有设备防腐及劳动保护等措施。

思考题和习题

5-1　试述电火花加工的原理及特点以及在模具加工中的应用。

5-2　影响工件加工精度及表面质量的因素有哪些？

5-3　什么是极性效应？影响极性效应的因素主要有哪些？

5-4　脉冲宽度对电火花加工的正、负极性选择有何影响，其影响机理是什么？

5-5　评价电极损耗的指标是什么？加工时怎样降低电极的损耗？

5-6　电火花加工型孔时，保证凸模与凹模配合间隙的方法有哪些？

5-7　在型腔、型孔加工时，如何进行电规准的选择与转换？

5-8　简述电火花线切割加工的原理及特点。

5-9　线切割程序格式有哪些？如何选择线切割加工的工艺路线？丝电极初始位置的确定有几种方法？

5-10　试述电解加工的原理及主要特点。

第6章

典型模具零件制造工艺

教学目标：掌握冷冲模和注射模模架各组成零件的加工工艺；掌握模具工作零件（凸模型芯类、凹模型孔、型腔）的各种加工方法及工艺；能够合理制定模具零件的工艺路线。

教学重点和难点：
✧ 导柱、导套和模座的加工
✧ 非圆形凸模的加工
✧ 非圆形型孔凹模的加工
✧ 型腔的制造工艺

前面几章已分别介绍了模具制造工艺基础知识，模具的机械加工、数控加工及特种加工方法。在此基础上，本章将综合归纳介绍模具主要零件的制造工艺。由于模具工作零件（凸模、型芯、凹模、型腔）是模具中重要的成型零件，用于成型制件的内表面或外表面，它们的质量直接影响着模具的使用寿命和制件的质量，因此，对该类模具零件有较高的质量要求。本章主要介绍模架、模具工作零件的加工工艺，并通过大量实例进行说明。

模具工作零件的的各种加工方法各有其特点且有一定的适用范围。在模具结构设计时，必须根据模具成形件的形状、精度要求以及现有的生产条件来确定合理的模具结构和相应的加工方法，使零件便于加工，而且有利于提高模具精度。

6.1 模架制造工艺

模架是模具的主体结构，其主要作用是用来安装模具的工作零件和其他结构零件，并保证模具的工作部分在工作时具有正确的相对位置。为了保证模具工作时的凸模与凹模（或型芯、型腔）之间的正确定位、导向及配合间隙，常常使用标准模架。使用标准模架，不但可以保证模具的正常工作，还可缩短模具的制造周期，降低成本，减少劳动强度，延长模具的使用寿命。

6.1.1 冷冲模模架

模架的结构形式，按导柱在模座上的固定位置不同，可分为对角导柱模架、后侧导柱模架、中间导柱模架和四导柱模架；按导向形式不同，有滑动导向模架和滚动导向模架。模架是标准件，见冷冲模国家标准 GB/T2851—2008 与 GB/T2852—2008。

1. 导柱和导套的加工

图 6-1（a）、（b）所示分别为一种冷冲模标准的滑动导柱、导套，这两种零件在模具中起导向作用，并保证凸模和凹模在工作时具有正确的相对位置。图 6-1（b）所示为导套，孔径$\phi 32$ 与导柱相配，一般采用 H7/h6 配合，精度要求很高时为 H6/h5 配合。为了保证导向作用，要求导柱、

导套的配合间隙小于凸凹模之间的间隙。外径 $\phi45$ 与上模座相配，采用 H7/r6 过盈配合。图 6-1（a）所示为导柱，其一端与下模座过盈配合（H7/r6），另一端则与导套滑动配合，两端的公称尺寸相同，公差不同。在冷冲模国家标准中，导柱的规定直径为 $\phi16\sim60\text{mm}$，长 90～320mm。

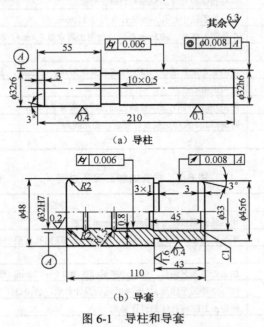

图 6-1　导柱和导套

为了保证良好的导向，导柱和导套装配后应保证模架的活动部分运动平稳，无阻滞现象。因此在加工中除了保证导柱、导套配合表面的尺寸和形状精度外，还应满足各配合面之间的同轴度要求，即导柱两个外圆表面间的同轴度以及导套外圆与内孔表面的同轴度要求。为了使导柱、导套的配合表面硬而耐磨，而中心部分具有良好的韧性，常用 20 钢渗碳淬火，渗碳深度为 0.8～1.2mm，表面硬度为 58～62HRC。

（1）工艺分析

构成导柱和导套的基本表面都是回转体表面，可以直接选用适当尺寸的热轧圆钢制作毛坯。

在导柱的加工过程中，外圆柱面的车削和磨削都是以两端的中心孔定位，这样可使外圆柱面的设计基准与工艺基准重合，并使各主要工序的定位基准统一，易于保证各外圆柱面间的位置精度及各磨削表面的磨削余量均匀。

两中心孔的形状精度和同轴度，对加工精度有直接影响。若中心孔有较大的同轴度误差，将使中心孔和顶尖不能良好接触，影响加工精度。尤其当中心孔出现圆度误差时，将直接反映到工件上，使工件也产生圆度误差。因此，导柱在热处理后要修正中心孔。

导套磨削加工时，可夹持非配合部分，在万能磨床上将内外圆配合表面在一次装夹中磨出，以达到同轴度要求。用这种方法加工时，夹持力不宜过大，以免内孔变形。或者是先磨内圆，再以内圆定位，用顶尖顶住芯轴磨外圆。这种加工方法不仅可保证同轴度要求，且能防止内孔的微量变形。

（2）工艺过程

导柱、导套加工的工艺过程：下料→车削加工（内外圆配合部分留研磨余量 0.2～0.4mm）→热处理（淬火或渗碳淬火）→研磨中心孔→内外圆磨削（留研磨余量 0.01～0.015mm）→研磨外圆和内孔。导柱和导套的加工工艺过程，见表 6-1 和表 6-2。

表 6-1　导柱的加工工艺过程

工　序	工序名称	工序主要内容
1	下料	热轧圆钢按尺寸 $\phi35mm\times215mm$ 切断
2	车端面钻中心孔	车两端面钻中心孔，保证长度尺寸 210mm
3	车外圆	车外圆各部分，$\phi32mm$ 外圆柱面留磨削余量 0.4mm，其余达到图样尺寸
4	检验	
5	热处理	按热处理工艺进行，保证渗碳层深度为 0.8～1.2mm，表面硬度为 58～62HRC
6	研中心孔	研两端中心孔
7	磨外圆	磨 $\phi32mm$ 外圆，$\phi32h6$ 的表面留研磨余量 0.01mm
8	研磨	研磨 $\phi32h6$ 表面达到设计要求，抛光圆角
9	检验	

表 6-2　导套的加工工艺过程

工　序	工序名称	工序主要内容
1	下料	用热轧圆钢按尺寸 $\phi52mm\times115mm$ 切断
2	车外圆及内孔	车外圆并钻、镗内孔，$\phi45r6$ 外圆及 $\phi32H7$ 内孔留磨削余量 0.4mm，其余达到设计尺寸
3	检验	
4	热处理	按热处理工艺进行，保证渗碳层深度为 0.8～1.2mm，硬度为 58～62HRC
5	磨内外圆	用万能外圆磨床磨 $\phi45r6$ 外圆达到设计要求，磨 $\phi32H7$ 内孔留研磨余量 0.01mm
6	研磨	研磨 $\phi32H7$ 内孔达到设计要求
7	检验	

（3）修正中心孔方法

导柱在热处理后修正中心孔，目的在于消除中心孔在热处理过程中可能产生的变形和其他缺陷，使磨削外圆柱面时能获得精确定位，以保证外圆柱面的形状精度要求。修正中心孔可以采用磨、研磨和挤压等方法。可以在车床、钻床或专用机床上进行。

在车床上用磨削方法修正中心孔如图 6-2 所示。在被磨削的中心孔处，加入少量煤油或全损耗系统用油（机油），手持工件进行磨削。用这种方法修正中心孔生产率高，质量较好。但砂轮磨损快，需要经常修整。

挤压中心孔的硬质合金多棱顶尖如图 6-3 所示。挤压时多棱顶尖装在车床主轴的锥孔内，其操作和磨中心孔相类似，利用车床的尾顶尖施加一定压力将工件推向多棱顶尖，通过多棱顶尖的挤压作用，修正中心孔的几何误差。此方法生产率极高，只需几秒钟，但质量稍差，一般用于修正精度要求不高的中心孔。

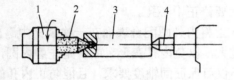 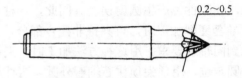

图 6-2　车床上磨削中心孔　　　　　　　　　　图 6-3　硬质合金多棱顶尖

1-三爪自定心卡盘；2-砂轮；3-工件；4-尾顶尖

（4）研磨加工

导柱和导套的研磨加工，目的在于进一步提高导柱、导套配合表面的质量，以达到设计要求。生产批量较大时，可以在专用研磨机上研磨，单件小批生产可以采用简单的研磨工具（见图 6-4

和图 6-5），在普通车床上进行研磨。研磨时将导柱安装在车床上，由主轴带动旋转，在导柱表面均匀涂上研磨剂，然后套上研磨工具并用手将其握住，作轴线方向的往复运动。研磨导套与研磨导柱相类似，由主轴带动研磨工具旋转，手握套在研具上的导套，作轴线方向的往复直线运动。调节研具上的调整螺钉和螺母，可以调整研磨套的直径，以控制研磨量的大小。按被研磨表面的尺寸大小和要求，一般导柱、导套的研磨余量为 0.01～0.02mm。

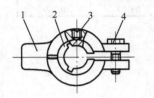

图 6-4　导柱研磨工具

1-研磨架；2-研磨套；3-限动螺钉；4-调整螺钉

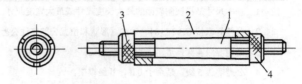

图 6-5　导套研磨工具

1-锥度心轴；2-研磨套；3、4-调整螺母

2．上、下模座的加工

冷冲模的上、下模座用来安装导柱、导套和凸凹模等零件，其结构、尺寸已标准化。上、下模座的材料可采用灰铸铁（如 HT200），也可采用 45 钢或 Q235-A 钢制造，分别称为铸铁模架和钢板模架。图 6-6 所示为后侧导柱的冷冲模模座。

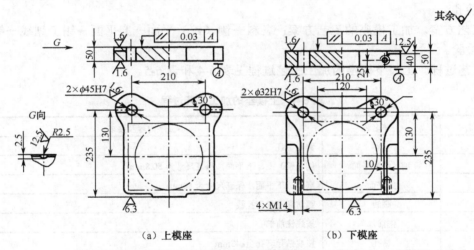

（a）上模座　　　（b）下模座

图 6-6　冷冲模模座

为保证模具能正常工作，模架应满足装配要求，工作时上模座沿导柱上、下运动平稳，无滞阻现象。加工后模座的上、下平面应保持平行，对于不同尺寸的模座其平行度公差见表 6-3。上、下模座上导柱、导套安装孔的孔间距离尺寸应保持一致，孔的轴心线应与基准面垂直。

表 6-3　模座上、下平面的平行度公差

基本尺寸/mm	公差等级		基本尺寸/mm	公差等级	
	4	5		4	5
	公差值/mm			公差值/mm	
>40～63	0.008	0.012	>250～400	0.020	0.030
>63～100	0.010	0.015	>400～630	0.025	0.040

续表

基本尺寸/mm	公差等级		基本尺寸/mm	公差等级	
	4	5		4	5
	公差值/mm			公差值/mm	
>100～160	0.012	0.020	>630～1000	0.030	0.050
>160～250	0.015	0.025	>1000～1600	0.040	0.060

注：1. 基本尺寸是指被测表面的最大长度尺寸或最大宽度尺寸；

2. 公差等级按 GB/T1184—1980《形状和位置公差未注公差的规定》；

3. 公差等级 4 级，适用于 0I、I 级模架；

4. 公差等级 5 级，适用于 0Ⅱ、Ⅱ 级模架。

① 加工分析。模座加工主要是平面加工和孔系加工。为了保证加工技术要求和便于加工，在各工艺阶段应先加工平面，再以平面定位加工孔系，即先面后孔。模座毛坯经过铣削或刨削加工后，磨平面可以提高上、下平面的平面度和平行度；再以平面作主定位基准加工孔，容易保证孔的垂直度要求。

上、下模座的镗孔工序根据加工要求和生产条件，可以在专用镗床（批量较大时）、坐标镗床、双轴镗床上进行，也可以在铣床或摇臂钻等机床上采用坐标法或利用引导元件进行。为了保证导柱和导套的孔间距离一致，在镗孔时常将上、下模座重叠在一起，一次装夹同时镗出导柱和导套的安装孔。

② 工艺方案。加工模座的工艺方案：备料→刨（铣）平面→磨平面→钳工划线→铣→钻孔→镗孔→检验。

③ 工艺过程。上、下模座的加工工艺过程见表 6-4 和表 6-5。

表 6-4　上模座的加工工艺过程

工　序	工序名称	工序内容及要求
1	备料	铸造毛坯
2	刨（铣）平面	刨（铣）上、下平面，保证尺寸为 50.8mm
3	磨平面	磨上、下平面，保证尺寸为 50mm
4	画线	画前部及导套孔线
5	铣前部	按线铣前部
6	钻孔	按线钻导套孔至 $\phi43$mm
7	镗孔	和下模座重叠镗孔至尺寸 $\phi45$H7
8	铣槽	铣 $R2.5$mm 圆弧槽
9	检验	

表 6-5　下模座的加工工艺过程

工　序	工序名称	工序内容及要求
1	备料	铸造毛坯
2	刨（铣）平面	刨（铣）上、下平面至尺寸为 50.8mm
3	磨平面	磨上、下平面，保证尺寸为 50mm
4	画线	画前部线、导柱孔线及螺纹孔线
5	铣床加工	按线铣前部，铣台肩至尺寸

工 序	工序名称	工序内容及要求
6	钻床加工	钻导柱孔ϕ30mm，钻螺纹底孔并攻螺纹
7	镗孔	和上模座重叠镗孔至尺寸ϕ32H7
8	检验	

6.1.2 注射模模架

1. 模架的结构组成

注射模的组成零件分为成型零件和结构零件。成型零件直接决定着塑料制品的几何形状和尺寸，如型芯和型腔；结构零件是指除成型零件以外的其他模具零件。在结构零件中合模导向装置与支撑零部件的组合构成注射模模架，如图6-7所示。根据使用要求不同模架有不同的结构类型，如两板式、三板式。任何注射模都可借以这种模架为基础，再添加成型零件和其他必要的功能结构来形成。

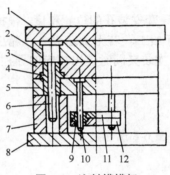

图6-7 注射模模架

1-定模座板；2-定模板；3-动模板；4-导套；5-支撑板；6-导柱；7-垫块；

8-动模座板；9-推板导套；10-导柱；11-推杆固定板；12-推板

2. 模架的技术要求

模架是用来安装或支撑成型零件和其他结构零件的基础，同时还要保证动、定模上有关零件（如型芯、型腔）的准确对合，导柱、导套和复位杆等零件装配后要运动灵活、无阻滞现象。因此，模架组合后其安装基准面应保持平行，其平行度公差等级见表6-6。模具主要分型面闭合时的贴合间隙值应符合下列要求：

Ⅰ级精度模架为0.02mm；Ⅱ级精度模架为0.03mm；Ⅲ级精度模架为0.04mm。

表6-6 中小型注射模模架精度分级与公差等级

项目序号	检查项目	主参数/mm		精度分级		
				Ⅰ	Ⅱ	Ⅲ
				公差等级		
1	定模座板的上平面对动模座板的下平面的平行度	周界	≤400	5	6	7
			>400～900	6	7	8
2	模板导柱孔的垂直度	厚度	≤200	4	5	6

有关注射模模架组合后的详细技术要求，可参阅国标 GB/T12555—2006《塑料注射模模架》和 GB/T12556—2006《塑料注射模模架技术条件》。

3．模架零件的加工

从零件结构和制造工艺考虑，图 6-7 所示为模架的基本组成零件有三种类型：导柱、导套及模板类零件。

导柱、导套的加工主要是内、外圆柱面加工，其加工工艺方法见 6.1.1 节。支撑零件（各种模板、支撑板）都是平板状零件，在制造过程中主要是平面和孔系的加工。根据模架的技术要求，在加工过程中要特别注意保证模板平面的平面度和平行度以及导柱、导套安装孔的尺寸精度、孔与模板平面的垂直度要求。

在平面加工过程中要特别注意防止弯曲变形。在粗加工后若模板有弯曲变形，在磨削加工时电磁吸盘会把这种变形矫正过来，磨削后加工表面的形状误差并不会得到矫正。为此，应在电磁吸盘未接通电流的情况下用适当厚度的垫片，垫入模板与电磁吸盘间的间隙中，再进行磨削。上、下两面用同样方法交替进行磨削，可获得 $0.02\text{mm}/300\text{mm}^2$ 以下的平面度。若需精度更高的平面，应采用刮研方法加工。

为了保证动、定模板上导柱、导套安装孔的位置精度，根据实际加工条件，可采用坐标镗床、双轴坐标镗床或数控坐标镗床进行加工。若无上述设备且精度要求较低也可在卧式镗床或铣床上，将动、定模板重叠在一起，一次装夹同时镗出相应的导柱和导套的安装孔。

4．其他结构零件的加工

（1）浇口套的加工

常见的浇口套有两种类型，如图 6-8 所示。

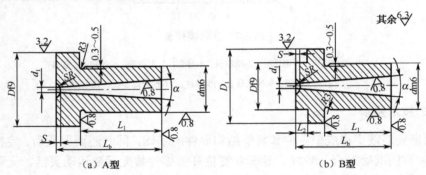

（a）A 型　　　　　　　　　　（b）B 型

图 6-8　浇口套

注射成型时，浇口套要与高温塑料熔体和注射机喷嘴反复接触和碰撞。图中 A 型结构为整体结构，即定位圈与浇口套为一体，并压配于定模板内，用于小型模具。B 型结构为定位圈与浇口套分开，在模具装配时，用固定在定模上的定位圈压住左端台阶面，防止注射时浇口套在塑料熔体的压力作用下退出定模。外圆直径 d 和定模上相应孔的配合为 H7/m6；外圆直径 D 与定位环内孔的配合为 H10/f9。浇口套常用材料为 45 钢、T8A、T10A 等，热处理硬度为 55～58HRC。

与一般套类零件相比，浇口套锥孔（主流道）小，锥度为 2°～6°，其小端直径一般为 3～8mm。其加工较难，同时还应保证浇口套锥孔与外圆同轴，以便在模具安装时通过定位圈使浇口套与注射机的喷嘴对准。图 6-8 所示的浇口套的加工工艺过程见表 6-7。

表 6-7　浇口套的加工工艺过程

工　序	工 序 名 称	工　艺　说　明
1	备料	① 按零件结构及尺寸大小选用热轧圆钢或锻件作毛坯； ② 保证直径和长度方向上有足够的加工余量； ③ 若浇口套凸肩部分长度不能可靠夹持，应将毛坯长度适当加长
2	车削加工	① 车外圆 d 及端面留磨削余量； ② 车退刀槽达到设计要求； ③ 钻孔； ④ 加工锥孔达到设计要求； ⑤ 调头车 D_1 外圆达到设计要求； ⑥ 车外圆 D 留磨量； ⑦ 车端面保证尺寸 L_b； ⑧ 车球面凹坑达到设计要求
3	检验	
4	热处理	淬火回火，硬度 55～58HRC
5	磨削加工	以锥孔定位磨外圆 d 及 D 达设计要求
6	检验	

（2）侧型芯滑块的加工

当注射成型带有侧凹或侧孔的塑料制品时，模具必须带有侧向分型或侧向抽芯机构，图 6-9 所示为一种斜销抽芯机构的结构图，在侧型芯滑块上装有侧型芯或成型镶块。

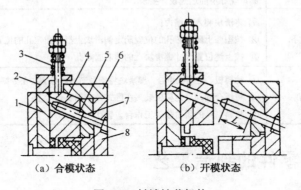

（a）合模状态　　　　　　（b）开模状态

图 6-9　斜销抽芯机构

1-动模板；2-限位块；3-弹簧；4-侧型芯滑块；
5-斜销；6-楔紧块；7-凹模固定板；8-定模座板

侧型芯滑块是侧向抽芯机构的重要组成零件，注射成型和抽芯的可靠性需要它的运动精度保证，图 6-10 所示为侧型芯滑块的一种常见结构。滑块与滑槽的配合部分 B_1、h_3 常选用 H8/g7 或 H8/h8，其余部分应留有较大的间隙。两者配合面的表面粗糙度小于 $Ra0.63～1.25\mu m$。滑块材料常采用 45 钢或碳素工具钢，导滑部分可局部或全部淬硬，硬度为 40～45HRC。其加工工艺过程见表 6-8。

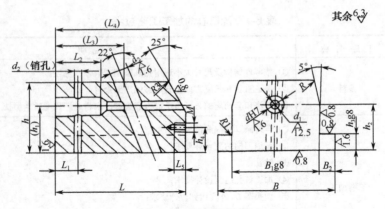

图 6-10　侧型芯滑块

表 6-8　侧型芯滑块的加工工艺过程

工　序	工序名称	工序说明
1	备料	将毛坯锻造成平行六面体，保证各面有足够加工余量
2	铣削加工	铣六面
3	钳工画线	
4	铣削加工	铣滑导部，表面粗糙度 $Ra0.8\mu m$ 及以上表面留磨削余量；铣各斜面达到设计要求
5	钳工加工	去毛刺、倒钝锐边；加工螺纹孔
6	热处理	按热处理工艺进行，达到硬度要求
7	磨削加工	磨滑块导滑面达到设计要求
8	镗型芯固定孔	① 将滑块装入滑槽内； ② 按型腔上侧型芯孔的位置确定侧滑块上型芯固定孔的位置尺寸； ③ 按上述位置尺寸镗滑块上的型芯固定孔
9	镗斜导柱孔	① 动模板、定模板组合，楔紧块将侧型芯滑块锁紧（在分型面上用 0.02mm 金属片垫实）； ② 将组合的动、定模板装夹在卧式镗床的工作台上； ③ 按斜销孔的斜角偏转工作台，镗孔

6.2　凸模类零件的制造工艺

6.2.1　加工特点

凸模、型芯类模具零件是冷冲模、压铸模、锻模、塑料模等模具中重要的成型零件，用于成型制件的内表面。它们的质量直接影响着模具的使用寿命和制件的质量，因此，对该类模具零件有较高的技术质量要求。凸模类零件加工时有以下一些特点：

① 凸模加工一般是外形加工。凸模工作表面的加工精度和表面质量要求高，是加工的关键。

② 凸模一般都由两部分组成，即工作部分和安装部分。工作部分主要由成型件形状及尺寸决定，具有较高的尺寸及形位精度；凸模端面要求与轴线垂直，安装部分与固定板一般为 H7/m6 配合，且要求与工作部分同轴。为了方便装配，安装部分径向尺寸较工作部分稍大，装入固定板以后，与固定板平面配磨平齐，以保证工作部分垂直。

③ 当凸模有强度要求时，其表面不允许出现影响强度的沟槽，各连接部分应采用圆弧过渡。

④ 对于塑料模，为了使塑件容易从凸模上脱下，凸模往往带有一定的脱模斜度。脱模斜度一般为 0.25°～1°。

由于成型制件的形状各异、尺寸差别较大，所以，凸模和型芯类零件的品种很多。按凸模和型芯工作断面的形状，大致可分为圆形凸模和非圆形凸模两大类。凸模工作表面的加工方法与其形状有关。

6.2.2　圆形凸模的加工

圆形凸模的制造比较简单，毛坯一般采用棒料，在车床上进行粗加工和半精加工，经热处理后，在外圆磨床上精磨，最后将工作部分抛光及刃磨即可。

工程实例【6-1】：图 6-11 所示为一圆柱形拉深凸模，材料为 Cr12，淬火后硬度为 58～62HRC，中心有一个直径为 3mm 的透气孔，其余技术要求如图 6-11 所示。

（1）工艺分析

① 该凸模截面呈圆形，为保证其安装部分与工作部分的同轴度要求，加工时应安排外圆一次车出成型，磨削时也应一次磨出，并同时磨出轴肩，以保证垂直度要求。因此，加工时应选用顶尖孔作为定位基准。

② 由于凸模中心有一个直径为 3mm 圆孔，顶尖孔尺寸应适当加大，以免钻孔后破坏顶尖孔。另外，顶尖孔在热处理后的氧化及变形都将影响加工精度，故在精加工之前应对顶尖孔进行研磨，研磨的办法一般在车床上采用金刚石或硬质合金顶针加压进行。

③外圆磨削加工一般采用拨盘、卡箍装夹。为方便工件在外圆磨床上装夹，可在工件左侧表面合适位置钻攻一个 M5 螺纹孔，并拧入一拨杆以供拨盘带动工件旋转，如图 6-12 所示。

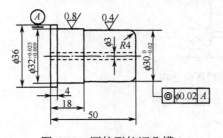

图 6-11　圆柱形拉深凸模

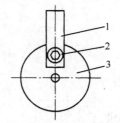

图 6-12　拨杆装配示意图

1-拨杆；2-螺钉；3-工件

（2）工艺过程

① 下料，毛坯锻造，退火处理。

② 车外圆，钻顶尖孔，车 $\phi32$mm 与 $\phi30$mm 轴（各留 0.5mm 磨量），车右端面及圆角 R4；调头车 $\phi36$mm 轴及左端面，并保证长度 50mm，钻顶尖孔及 3mm 小孔。

③ 钳工画线，钻攻 M5 工艺螺孔。

④ 热处理：淬火及回火，保证硬度为 58～62HRC。

⑤ 车床上研磨两端顶尖孔。

⑥ 磨外圆 $\phi30$mm 及 $\phi32$mm，并保证同轴度要求。

⑦ 将凸模装入固定板，与固定板同磨左端面，并磨出右端面。

⑧ 车床上修光圆角 R4。

6.2.3　非圆形凸模的加工

对于非圆形凸模和型芯类零件，由于其形状要求特殊，加工比较复杂，同时热处理变形对加工精度有影响。因此，加工方法的选择和热处理工序的安排尤为重要。

刃口轮廓精加工的传统加工方法有压印锉修和仿形刨削。这两种方法是在热处理前进行的，凸模的加工精度必然会受到热处理变形的影响。但若选用热处理变形小的材料，并改进热处理工艺，热处理后凸模尺寸的微小变化可由钳工修整，因此，这两种工艺仍有较普遍的应用。凸模工作表面的先进加工方法是电火花线切割加工和成型磨削，它们是在凸模热处理后才进行精加工的，尺寸精度容易保证。

1. 压印锉修

当凸凹模配合间隙小，精度要求较高时，在缺乏先进模具加工设备的条件下，压印锉修是模具钳工经常采用的一种方法，它最适合于无间隙冲模的加工。

在压印锉修中，经淬硬并已加工完成的凸模或凹模作为压印基准件，未淬硬并留有一定压印锉修余量的凹模或凸模作为压印件。基准件采用凸模还是凹模，要根据它们的结构和加工条件而定。

图 6-13 所示为用凹模压印凸模的例子。压印时，在压床上将凸模 1 垂直压入事先加工好的、已淬硬的凹模 2 内。通过凹模型孔的挤压切削和作用，凸模毛坯上多余的金属被挤出，并在凸模毛坯上留下了凹模的印痕，钳工按照印痕锉去毛坯上多余的金属，然后再压印，再锉修，反复进行，直到凸模刃口尺寸达到图样要求为止。

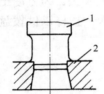

图 6-13　用凹模压印凸模

1-凸模（压印件）；2-淬硬凹模（基准件）

工艺要求

① 被压印的凸模先在车床或刨床上预加工凸模毛坯各表面，在端面上按刃口轮廓画线，粗加工按画线铣削或刨削凸模工作表面，并留压印后的锉修余量 0.15～0.25mm（单面），再压印锉修。

② 压印深度会直接影响凸模表面的粗糙度。每次压印压痕不宜过深，首次压印深度控制在 0.2～0.5mm，以后可逐渐增加到 0.5～1.5mm。锉削时不能碰到已压光的表面，锉削后留下的余量要均匀，以免再次压下时出现偏斜。每次压印都应用 90°角尺校准基准件和压印件之间的垂直度。

③ 为了提高压印表面的加工质量，可用油石将锋利的基准件刃口磨出 0.1mm 左右的圆角（压印完成后，再用平面磨磨掉），以增强挤压作用；并在凸模表面上涂一层硫酸铜溶液，以减少摩擦。

④ 压印加工可在手动螺旋压印机或液压压印机上进行。压印完毕后，根据图样规定的间隙值锉小凸模，留有 0.01～0.02mm（双面）的钳工研磨余量，热处理后，钳工研磨凸模工作表面到规定的间隙。

工程实例【6-2】：图 6-14 所示的凸模的主要技术要求：材料为 CrWMn，热处理硬度为 58～62HRC，表面粗糙度为 Ra0.63μm，与凹模双面间隙为 0.03mm。由于凸模与凹模配合间隙小，该凸模采用压印锉修进行加工。

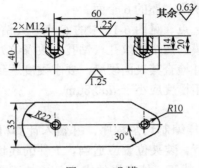

图 6-14　凸模

工艺过程

① 下料。采用热轧圆钢，按所需直径和长度，用锯床切断；

② 锻造。将毛坯锻造成矩形；

③ 热处理。退火；

④ 粗加工。刨削 6 个平面，留单面余量为 0.4～0.5mm；

⑤ 磨削平面。磨削 6 个平面，保证垂直度，上、下平面留单面余量为 0.2～0.3mm；

⑥ 钳工画线。画出凸模轮廓线和螺孔中心位置线；

⑦ 工作型面粗加工。按画线刨削刃口形状，留单面余量为 0.2mm；

⑧ 钳工修整。修锉圆弧部分，使余量均匀一致；

⑨ 工作型面精加工。用已加工好的凹模进行压印后，钳工修锉凸模，刃口轮廓留热处理后研磨余量；

⑩ 螺孔加工。钻孔、攻丝；

⑪ 热处理。淬火加低温回火，保证凸模硬度为 58～62HRC；

⑫ 研磨。研磨刃口侧面，保证配合间隙。

2．仿形刨削加工

仿形刨床用于加工由圆弧和直线组成的各种形状复杂的凸模。其加工精度为±0.02mm，表面粗糙度可达 Ra0.8～1.6μm。精加工前，凸模毛坯需要在车床、铣床或刨床上预加工，并将必要的辅助面（包括凸模端面）磨平。然后在凸模端面上画出刃口轮廓线，并在铣床上加工凸模轮廓，留有 0.2～0.3mm 的单面精加工余量，最后用仿形刨床精加工。因刨削后的凸模在经热处理淬硬后需研磨工作表面，所以，一般应留 0.01～0.02mm 的单边余量。

在精加工凸模之前，若凹模已加工好，则可利用它在凸模上压出印痕，然后按此印痕在仿形刨床上加工凸模。采用仿形刨床加工时，凸模的根部应设计成圆弧形。

仿形刨床加工凸模的生产率较低，凸模的精度受热处理变形的影响。因此，它已逐渐为电火花线切割加工和成型磨削所代替。

3．线切割加工

电火花线切割加工的应用不仅提高了自动化程度，简化了加工过程，缩短了生产周期，而且提高了模具的质量。为了便于进行线切割加工，一般应将凸模设计成直通式，且其尺寸不宜超过线切割机床的加工范围。电火花线切割加工时，应考虑工件的装夹、切割路线等。

工程实例【6-3】：图 6-15 所示的凸模，现采用线切割加工，其工艺过程如下：

① 毛坯准备。采用圆形棒料锻成六面体，并进行退火处理。

② 刨或铣 6 个面。刨削或铣削锻坯的 6 个面。

③ 钻穿丝孔。在程序加工起点（见图 6-15 中的 O 点）处钻出直径为 2～3mm 的穿丝孔。

④ 加工螺孔。加工固定凸模的两个螺纹孔（钻孔、攻螺纹）。

⑤ 热处理。淬火、回火，并检查其表面硬度，要求硬度达到 58～62HRC。

⑥ 磨上、下两平面。表面粗糙度应小于 $Ra0.8\mu m$。

⑦ 退磁处理。

⑧ 线切割加工凸模。按图样编制切割程序，并输入计算机；装夹工件，使工件的基准面与机床滑板的 X 和 Y 轴方向平行，装夹位置应适当，工件的线切割范围应在机床纵、横滑板的许可行程内；穿入电极丝并进行找正，使电极丝中心与预加工孔中心重合；开动机床进行线切割加工。

⑨ 研光。钳工对凸模工作部分进行研磨，使表面光洁。

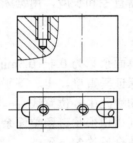

图 6-15　线切割加工凸模

4．成型磨削

成型磨削具有高精度、高效率等优点。为了便于成型磨削，凸模一般设计成直通式；对于半封闭式的凸模，则应设计成镶拼结构，即将凸模分解成几件，分别进行磨削，最后装配成一件完整的凸模。

成型磨削前，首先要了解机床的特性，并有效地利用各种工夹具和成型砂轮，然后根据凸模的形状选择合理的基准面及工艺孔基准，并进行工艺尺寸换算，最后确定磨削程序。选择基准和确定磨削程序时应考虑以下几点：

① 当凸模有内形孔时，先加工内形孔并以其为基准加工凸模外形。

② 选择大平面作为基准面，先磨基准面及有关平面，以增加加工的稳定性并易于测量。如无大平面时，可添加工艺平面。

③ 先磨削精度要求高的部分，后磨削精度要求低的部位，以减少加工中的积累误差。

④ 先磨平面后磨斜面及凸圆弧，先磨凹圆弧后磨平面及凸圆弧，这样便于加工成型及达到精度要求。

⑤ 最后磨去添加的工艺基准及装夹部分。

工程实例【6-4】：如图 6-16 所示，采用万能夹具对刃口工作型面进行成型磨削加工，其工艺尺寸计算过程如下。

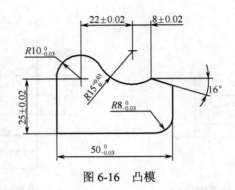

图 6-16　凸模

（1）确定工艺中心和工艺坐标

凸模上的所有圆弧都可用回转法磨削，所以，该工件需要的工艺中心有 O_1、O_2、O_3（见图 6-17）。为计算工艺中心的坐标，选取相互垂直的平面 a、b 为 X、Y 坐标方向，建立笛卡儿坐标系 XOY。

（2）计算各工艺中心的坐标尺寸

工艺中心 O_1 的坐标为

$$\begin{cases} X_{O_1} = （9.985+22）\text{mm}=31.985\text{mm} \\[2mm] Y_{O_1} = 25\text{mm} + \sqrt{(9.985+15.015)^2 - 22^2}\ \text{mm} = 36.874\text{mm} \end{cases}$$

工艺中心 O_2 及 O_3 的坐标为

$$\begin{cases} X_{O_2} = 9.985\text{mm} \\[2mm] Y_{O_2} = 25\text{mm} \end{cases}$$

$$\begin{cases} X_{O_3} = （49.985-7.985）\text{mm}=42\text{mm} \\[2mm] Y_{O_3} = 7.985\text{mm} \end{cases}$$

（3）计算 d 面到工艺中心 O_1 的距离

斜面对坐标轴的倾斜角度图 6-16 中已标出，仅需计算它至回转中心 O_1 的垂直距离，由图 6-17（α_1 未画出）得

$$S = R_1 \sin\alpha_1$$

$$\alpha_1 = \arccos(\frac{8}{R_1})-16° = \arccos(\frac{8}{15.015})-16° = 41°48'$$

代入计算，得

$$S = 15.015\text{mm} \times \sin 41°48' = 10.007\text{mm}$$

（4）计算各圆弧的圆心角

在磨削圆心为 O_1 的圆弧时工件可自由回转，不需计算圆心角。O_3 圆弧的圆心角为 $90°$。本例需计算 O_2 圆弧的圆心角 α，即

$$\alpha = 90° + \arcsin(\frac{22}{9.985+15.015}) = 151°39'$$

根据以上工艺尺寸的计算结果绘制成型磨削工序图，如图 6-18 所示。

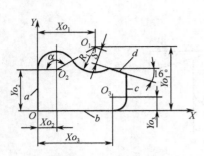

图 6-17　工艺尺寸计算图

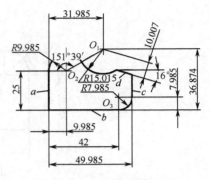

图 6-18　成型磨削工序图

图 6-16 所示的凸模采用万能夹具进行成型磨削的加工工艺过程见表 6-9。

表 6-9　凸模成型磨削加工工艺过程（采用万能夹具）

工艺顺序	工艺内容	工艺要求	简　图
1	工艺尺寸换算	见【例 6-4】和图 6～18	
2	装夹工件	用螺钉和垫柱将凸模装夹在万能夹具转盘上 分别将工艺中心 O_1、O_2、O_3 调整至夹具回转轴线并检查磨削余量	
3	磨削 $R15_0^{+0.03}$ mm 凹圆弧面及各平面	将工艺中心 O_1 调至夹具回转轴线，用回转法磨削 $R15_0^{+0.03}$ mm 凹圆弧至尺寸	
		顺时针旋转 90° 磨削平面 a	
		顺时针旋转 90° 磨削平面 b	

续表

工艺顺序	工艺内容	工艺要求	简　图
		顺时针旋转 90° 磨削平面 c	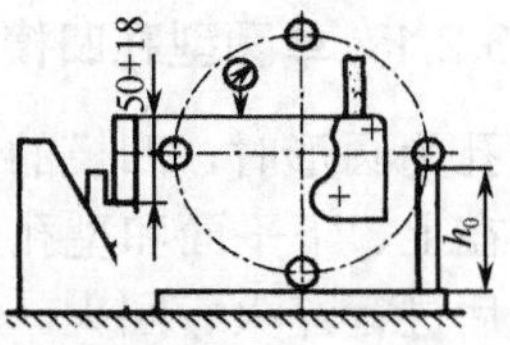
		顺时针旋转 74° 磨削平面 d	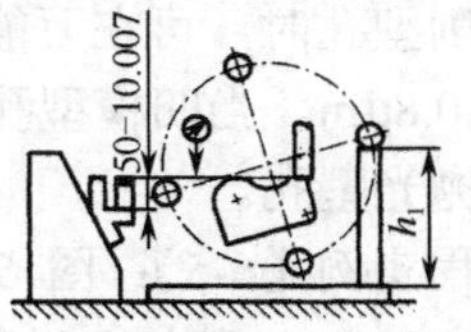
4	磨削 $R10^{0}_{-0.03}$ mm 凸圆弧面	以 a、b 为基准将工艺中心 O_2 调整至夹具回转轴线，磨削至尺寸	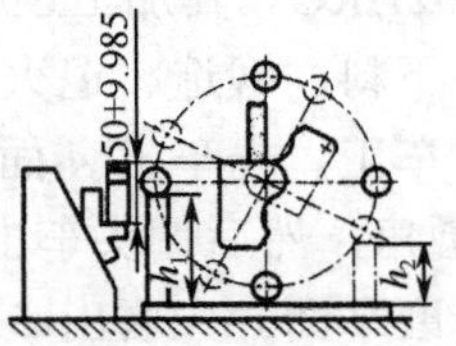
5	磨削 $R8^{0}_{-0.03}$ mm 凸圆弧面	以 a、b 为基准将工艺中心 O_3 调整至夹具回转轴线，磨削至尺寸	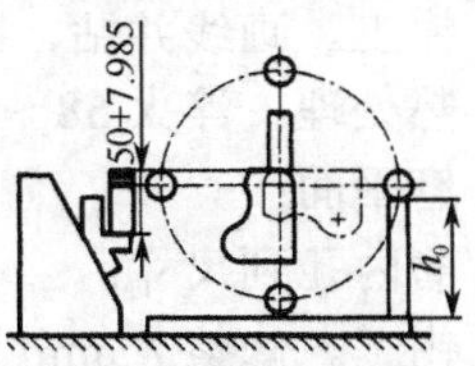

6.3　凹模型孔的制造工艺

6.3.1　加工特点

凹模作为模具中的另一个重要零件，其型孔（通孔）形状、尺寸由成型件的形状、精度决定。由于凹模的结构不同于凸模，所以它的加工与凸模相比有所不同。凹模类零件加工时有以下特点：

① 凹模加工一般为内形加工，加工难度大。外形一般呈圆形或方形，内形根据需要有时带有许多工艺结构，如圆角、脱模斜度等。

② 凹模在镗孔时，孔与外形有一定的位置精度要求，加工时要求确定基准，并准确确定孔的中心位置，这给加工带来很大难度。

③ 在多孔冲裁模或级进模中，凹模上有一系列孔，孔系位置精度高，通常要求在 ±（0.01～0.02）mm 以上，这给孔的加工带来困难。

④ 凹模淬火前，其上所有的螺钉孔、销钉孔以及其他非内腔加工部分均应先加工好，否则会增加加工成本，甚至无法加工。

⑤ 为了降低加工难度，减少热处理的变形，防止淬火开裂，凹模类零件经常采用镶拼结构。

凹模型孔按其形状特点可分为圆形和非圆形两种，其加工方法随其形状而定。

6.3.2　圆形型孔凹模的加工

6.3.2.1　单圆型孔凹模

型孔为圆形时，凹模的制造比较简单。毛坯经锻造、退火后进行车削（或铣削）及钻、镗型孔，并在上、下平面和型孔处留适当磨削余量。再由钳工画线、钻所有固定用孔、攻螺纹、铰销孔，然后进行淬火、回火。热处理后磨削顶面、底面及型孔即成。

磨削型孔时，可在万能磨床或内圆磨床上进行，磨孔精度可达 IT5～IT6 级，表面粗糙度为 $Ra0.2～0.8\mu m$。当凹模型孔直径小于 5mm 时，应先钻孔、后铰孔，热处理后磨削顶面和底面，用砂布抛光型孔。

工程实例【6-5】：图 6-19 所示为一圆筒形拉深件的凹模，材料选用 Cr12，热处理淬火硬度为 58～62HRC。其加工过程如下：

① 下料、锻造、退火；

② 车工。先车出 A 面、外形及内孔，内孔留加工余量为 0.3～0.5mm，用成型车刀车出孔口 R5mm 圆角，然后调头车出另一端面 B 及整个外形；

③ 磨平面。先磨出 B 面，再磨出 A 面；

④ 钳工。画线并钻、铰 $2\times\phi8_0^{+0.015}$ mm，钻、攻 3×M8；

⑤ 热处理。淬火 58～62HRC；

⑥ 磨平面；

⑦ 磨内孔到尺寸；

⑧ 钳工。修整 R5mm 圆角。

加工注意事项如下：

① 车削加工时，余量要均分，即先测量毛坯的尺寸，然后根据其实测尺寸，分配 A、B 面和外圆的加工余量。应保证锻打后毛坯表层有缺陷的部分可以全部去除。

② 平面磨削时，一定要以先车的面即 A 面作为基准，磨出 B 面，然后再磨 A 面。这样才能保证内腔与模具端面的垂直度要求，否则会因内腔不垂直而使内腔精加工时余量不均，甚至报废工件。所以，在车加工时，一定要把先车的面做上记号，以免搞混。

③ 内孔精磨后，一定要修整及研光孔口圆角 R。这是因为工件经平面及内孔磨削后，孔口原来的圆角 R 被破坏，如图 6-20 所示。孔口圆弧与两垂直面交接处成尖角，会影响模具正常工作。通常可以用硬质合金车刀小心车出，然后用金刚石锉刀慢慢进行修整。

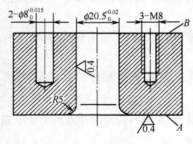

图 6-19　拉深凹模

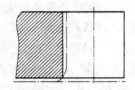

图 6-20　凹模孔口

6.3.2.2　多圆型孔凹模

冲裁模中的连续模和复合模，凹模有时会出现一系列圆孔，各孔尺寸及相互位置有较高的精度要求，这些孔称为孔系。加工时除保证各型孔的尺寸及精度外，还要保证各型孔之间的相对位置。

1. 单件孔系的加工

对于同一零件的孔系加工，常用方法有如下几种。

（1）画线找正法

按画线加工孔系，是最简单的方法。加工前，先按照零件图上规定的尺寸，画出各孔轴线位置，然后根据画出的线逐一找正进行加工。这种方法生产率低，加工误差大，如在卧式镗床上加工，一般孔距误差为±（0.2～0.3）mm。因此，只适用于单件小批生产中孔距公差要求不高的零件加工或粗加工，如卸料板、支撑板等，上模座、下模座配作时也常采用这种方法。

（2）试镗法

要消除画线本身和按画线找正的误差，可采用试镗法（见图 6-21）。试镗法就是按画线先将较小的第一个孔镗到规定直径尺寸 D，然后根据画线将机床主轴调整到第二个孔的中心处，把第二个孔镗到略小于规定直径 D_1，并只镗出一小段深度。量出两孔之间的距离 L_1，则两孔的中心距为

$$a_1 = \frac{D}{2} + L_1 + \frac{D_1}{2}$$

根据 a_1 和规定孔中心距的尺寸差，再校正机床主轴（或工件）的位置，重新镗一段直径为 D_2 的孔（仍略小于规定的直径），用同样方法可计算出孔中心距 a_2。这样依次试镗，直至达到规定的孔中心距之后，再将第二个孔孔径镗至规定尺寸。用这种方法镗孔，孔中心距误差可达到±0.02mm。

采用试镗法加工孔系，不需要专门的辅助设备，但试镗和测量花费的时间较多，生产率较低，对工人技术要求较高。

（3）坐标法

在模具加工中，为保持各孔的相互位置精度要求，常采用坐标法进行加工。坐标法加工是先把被加工孔系的位置尺寸转换为两个相互垂直的坐标尺寸，然后在机床上利用坐标尺寸测量装置确定主轴和工件之间的相互位置，从而保证孔系的加工精度。

① 立式铣床加工。在缺乏精密加工机床而且型孔的位置精度要求又不太高的情况下，可在立式铣床上用坐标法加工孔系。加工时，若直接利用工作台纵、横方向的移动来确定孔的位置，则孔距精度较低，一般为 0.06～0.08mm。

如果用百分表装置来控制机床工作台的纵、横移动，则可以将孔的位置精度提高到 0.02mm 以内。附加百分表在铣床上镗孔的方法如图 6-22 所示。在立铣床的工作台上安装一个百分表（图中表示的是控制纵向位移的百分表），当要求工作台纵向移动 H 距离时，在机床主轴上安装一根直径为 d 的检验棒，在图标位置用量块组装垫出检验棒的半径加上要移动的 H 距离的尺寸，用百分表控制工作台在纵向准确移动距离 H。

② 坐标镗床或坐标磨床加工。当型孔的孔距精度要求高时，需用坐标镗床。坐标镗床是专门用于加工孔系的精密机床，其所加工的孔不仅具有较高的尺寸和几何形状精度，而且还具有较高的孔距精度，孔距精度可达 0.005～0.01mm。但由于坐标镗床是在工件淬火前进行孔加工的，淬火后凹模的加工精度必然会受到热处理变形的影响。当模具型孔精度要求很高（如精冲凹模）时，为了保证加工精度，往往把坐标镗床（或线切割）加工作为预加工工序，热处理后用坐标磨床精加工型孔。

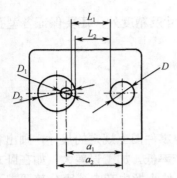

图 6-21 试镗法加工孔系

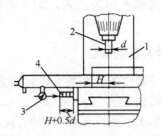

图 6-22 附加百分表在铣床上镗孔

1-立铣床；2-检验棒；3-百分表；4-量块组

2．相关孔系的加工

模具零件中有些零件本身的孔距精度要求并不高，但相互之间的孔位要求必须高度一致；有些相关零件不仅孔距精度要求高，而且要求孔位一致。这些孔常用的加工方法如下。

（1）同镗（合镗）加工法

对于上、下模座的导柱孔和导套孔，动、定模模板的导柱孔和导套孔以及模板与固定板的销钉孔等，可以采用同镗加工法。同镗加工法就是将孔位要求一致的两个或三个零件用夹钳装夹固定在一起，对同一孔位的孔同时进行加工，如图 6-23 所示。在有双轴镗孔机时，可将模板的两孔同时镗出（见图 6-24），这样更容易保证孔距的一致性。

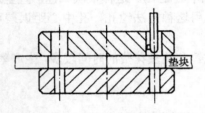

图 6-23 模板的同镗加工

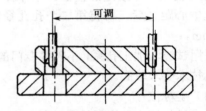

图 6-24 双轴镗床同时镗孔

（2）配镗加工法

为了保证模具零件的使用性能，许多零件都要进行热处理。热处理后零件会发生变形，使热处理前的孔位精度受到破坏，如上模与下模中各对应孔的中心会发生偏斜等。在这种情况下，可以采用配镗加工法，即加工某一零件时，不按图样的尺寸和公差进行加工，而是按与之有对应孔位要求的热处理后的零件实际孔位来配作。例如，将热处理后的凹模放到坐标镗床上实测出各孔的中心距，然后以此来加工未经热处理的凸模固定板上的各对应孔。通过这种方法可保证凹模和凸模固定板上各对应孔的同心度。

（3）坐标磨削法

配镗不能消除热处理对零件的影响，加工出的孔位绝对精度不高。为了保证各相关件孔距的一致性和孔径精度，可以采用高精度坐标磨削的方法来消除淬火件的变形，保证孔距精度和孔径精度。

孔系还可采用数控机床、线切割机床加工，加工精度可达 0.01mm；也可采用加工中心进行加工，工件一次装夹后可自动更换刀具，一次加工出各孔。

6.3.3　非圆形型孔凹模的加工

非圆形型孔的凹模，机械加工比较困难。在缺少精密加工机床的情况下，可用锉削加工或压印法对型孔进行精加工。目前，较先进的加工方法主要有电火花线切割加工和电火花成型加工。此外，尺寸较大的型孔常用仿形铣床进行平面轮廓仿形加工，而精度要求特别高的型孔，则需用坐标磨床进行精密磨削。若将凹模设计成镶拼结构的话，还可应用成型磨削方法加工型孔。

非圆形型孔凹模通常采用矩形锻件作为毛坯，型孔精加工之前，首先要去除型孔中心的余料。去除中心余料的方法如下：

① 沿洞口轮廓线钻孔（见图 6-25）。先沿型孔轮廓画出一系列孔，孔间保留 0.5～1mm 余量，并在各孔中心钻中心眼，然后沿型孔轮廓线内侧顺次钻孔。钻完孔后将孔两边的连接部凿断，凿通整个轮廓，去除余料。这种方法生产率低，劳动强度大，而且残留的加工余量大。

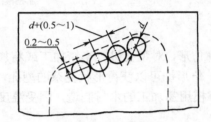

图 6-25　沿型孔轮廓线钻孔

② 用带锯机切除废料。如果工厂有带锯机，可先在型孔转折处钻孔后，用带锯机沿型孔轮廓线将余料切除，并按后续工序要求沿型孔轮廓线留适当加工余量。用带锯机去除余料生产效率高，精度也较高。

③气割。当凹模尺寸较大时，也可用气（氧—乙炔焰）割方法去除型孔内部的余料。切割时型孔应留有足够的加工余量。切割后的模坯应进行退火处理，否则后续工序加工困难。

去除型孔余料后，可采用下列方法对型孔进行半精加工或精加工。

1. 锉削加工

锉削前，先根据凹模图样制作一块凹模样板，并按照样板在凹模表面画线，然后用各种形状的锉刀加工型孔，并随时用凹模样板校验，锉至样板刚好能放入型孔内为止。此时，可用透光法观察样板周围的间隙，判断间隙是否均匀一致。锉削完毕后，将凹模热处理，然后用各种形状的油石研磨型孔，使之达到图样要求。

2. 压印锉修

此方法是利用已加工好的凸模对凹模进行压印的，其压印方法与凸模的压印加工基本相同。如图 6-26 所示，将准备好的压印件（凹模板）和压印基准件（凸模）置于压床工作台的中心位置，用找正工具（如角尺）找正二者的垂直度。在凸模顶端的顶尖孔中放一个合适的滚珠，以保证压力均匀和垂直，并在凸模刃口处涂上硫酸铜溶液，启动压床缓慢压下。压印时，第一次压印深度为 0.2～0.5mm，以后各次的压印深度可以逐次加深；每次压印都要锉去多余的金属，直至压印深度达到图样要求为止。

对于多型孔的凸模固定板、卸料板和凹模型孔等，要使各型孔的位置精度一致，可利用压印锉修方法或其他加工方法加工好其中的一块，然后以此块作为导向，按压印锉修的方法和步骤加工另一块板的型孔，即可保证各型孔的相对位置，如图 6-27 所示。

压印锉修加工是模具钳工常用的一种方法，主要应用于缺少机械加工设备的工厂、试制模具或凸模与凹模型孔要求间隙很小甚至无间隙的冲裁模具的制造中。这种方法能加工出与凸模形状一致的凹模型孔，但型孔精度受热处理变形的影响较大。

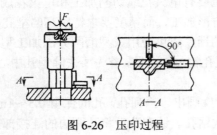

图 6-26　压印过程

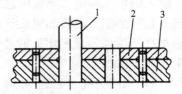

图 6-27　多型孔的压印锉修

1-凸模；2-卸料板；3-凹模板

3．铣削

在仿形铣床上采用平面轮廓仿形，对型孔进行半精加工或精加工，其加工精度可达 0.05mm，表面粗糙度可达 $Ra1.5\sim2.5\mu m$。仿形铣可以获得形状复杂的型孔，减轻工人的劳动强度，但需要制造靠模，生产周期长。通常靠模用易加工的木材制造，因受温度、湿度的影响极易变形，影响加工精度。

用数控铣床加工型孔，容易获得比仿形铣削更高的加工精度。且不需要制造靠模，通过数控指令使加工过程实现自动化，降低对操作工人的技能要求，生产率高。此外，还可以采用加工中心加工凹模型孔，经一次装夹不但能加工出非圆形型孔，还能同时加工出固定用的螺孔和销孔。

在没有仿形铣床和数控铣床时，也可在立铣或万能工具铣床上加工型孔。铣削时按型孔轮廓线，并留出一定的锉削加工余量，手动操作铣床工作台的纵、横运动进行加工。该方法对操作者的技术水平要求较高，劳动强度大，加工精度较低，生产率低，且加工后钳工修正工作量大。

用铣削方法加工型孔时，铣刀半径应小于型孔转角处的圆弧半径才能将型孔加工出来，对于转角半径特别小的部位或尖角部位，只能用其他加工方法（如插削）或钳工进行修整来获得型孔，加工完毕后再加工落料斜度。

4．电火花成型加工型孔

电火花加工型孔是在凹模热处理后进行的，所加工出的型孔表面呈颗粒状麻点，有利于润滑，能提高冲件质量和延长模具寿命。电火花加工与线切割加工相比，电火花机床需要制作成型电极，制模成本较高。在加工过程中，电极的损耗会影响到加工精度，如电极的损耗会使型孔产生斜度，但在冲裁模电火花加工时可利用此斜度作为落料斜度。电火花加工前，必须根据电火花机床的特性及凹模型孔的加工要求设计、制造电极。

凹模电火花穿孔加工有直接法、间接法、混合法和二次电极法，加工方法的选择主要根据凸凹模的间隙而定，见表 5-1。

电火花加工与机械加工不同，在设计模具时，应根据电火花加工的特点，对模具结构等方面作相应的改革。这样不仅能使模具便于电火花加工，而且有利于提高模具质量。采用电火花成型加工凹模的特点如下：

① 采用整体模具结构。对于钳工加工困难、甚至无法加工的某些狭槽、尖角等，对电火花加工来说，并不十分困难，因此，可把许多原来用镶拼结构的模具改为整体结构，如图 6-28 所示。

采用整体结构可以减小模具的体积，提高模具的刚性，简化结构，从而减少了模具设计和制造的工作量。

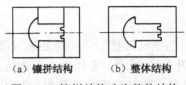

（a）镶拼结构　　（b）整体结构

图 6-28　镶拼结构改为整体结构

② 可减薄模板厚度。电火花加工的模具，其模板厚度可减薄。其理由如下：

a. 电火花加工避免了热处理变形的影响，原来考虑为了减小变形而增加的厚度已无必要。

b. 电火花加工后的模具，刃口平直，间隙均匀，耐磨性提高，模具寿命较长，减少了刃磨次数。

c. 从电火花本身来说，减薄模板厚度可以减少每副模具的加工工时，缩短模具制造周期。

d. 可以节省模具钢材。

根据工厂使用情况，电火花加工模具的模板厚度一般比原来的厚度薄 1/5～1/3；或者是采用凹模背部挖一台阶的办法来减小型孔的高度。台阶的高度约为凹模厚度的 30%～50%。

挖台阶时最好沿着型孔的周边挖，以使台阶的形状与型孔相似，其周边扩大量约为 1～2mm，不可过大，否则模具的强度和刚度会大大降低，影响模具寿命。挖台阶的办法，可以大大缩短电火花加工工时，但也增加了一道铣削工序（挖台阶），同时带来了电加工时定位不方便等问题。

③ 型孔尖角改用小圆角。电火花加工的模具，其型孔的尖角在无特殊要求的情况下最好改用小圆角。这是因为在电火花加工时尖角部分总是腐蚀较快，即使将电极的尖角磨得很尖，加工出的凹模也会有一小圆角，其半径约为 0.15～0.25mm。此外，对一般模具来说，小圆角对减少应力集中，提高模具寿命也有好处。

④ 刃口及落料斜度小。采用电火花加工的模具，刃口形式变成如图 6-29 所示的几种情形（其中 α_1 为刃口斜度；α_2 为落料斜度）。电火花加工的落料斜度一般为 30′～50′；落料模的刃口斜度在 10′ 以内，复合模的刃口斜度为 5′ 左右。对落料模而言，斜度均比手工做的小（手工做的 α_1=15′ 或 30′，α_2=1°～3°），但因电火花加工的斜度在各个方向都比较均匀，故仍能顺利落料。

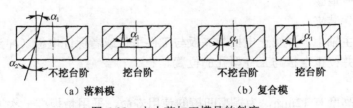

（a）落料模　　　　　　　（b）复合模

图 6-29　电火花加工模具的斜度

⑤ 标出凸模的名义尺寸和公差。电火花加工的模具，在图样上应标注出凸模的名义尺寸和公差，以适应电火花加工和成型磨削配套工艺的需要。

⑥ 刃口表面粗糙度要求可适当加大。采用电火花加工的模具，刃口的表面粗糙度可比原设计要求稍为增大一些。这是因为电火花加工的表面和机械加工的表面不同，它是由无数小坑和光滑的小硬突起组成，特别有利于保存润滑油，在相同的表面粗糙度下其耐磨和耐蚀性能均比机械加工的表面好。

电火花成型加工型孔实例：SYL 电动机转子冲模，凹模上有 36 个嵌线孔，材料为 Cr12，刃口高度为 12mm，淬火硬度为 62~64HRC，配合间隙为 0.04~0.06mm（属小间隙配合）。其加工工艺过程如下。

（1）工具电极

因凹模上有 36 个嵌线孔，且凸模与凹模配合间隙要求较高，故选用组合电极结构形式，用冲头直接作为电极。电极装夹如图 6-30 所示。专用夹具由镶块 1、热套圈 2、衬圈 5、斜销 3 组成。其中 36 块镶块的精度要求很高，热处理后由成型磨削加工完成。装夹时只需将电极 4 插进镶块槽内，用斜销轻轻敲入夹紧。电极装夹后检查各电极平行度。

冲头（电极）为 Cr12，长 65mm，直线度小于 0.01mm，共 36 件。加工工艺过程：下料→锻造→退火→铣削或刨削（按最大外形尺寸留 1~2mm 余量）→平磨（磨两端及侧面）→钳工画线→铣削或刨削（留成型磨削单面余量 0.3~0.5mm）→热处理（淬火硬度为 58~60HRC）→成型磨削至图样要求尺寸→涂漆（冲头部位涂防护清漆）→浸蚀（酸腐蚀单边 0.02mm）→退磁。

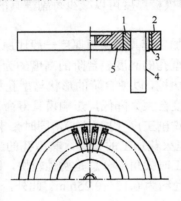

图 6-30　电极装夹

1-镶块；2-热套圈；3-斜销；4-电极；5-衬圈

（2）模块准备

工艺过程：下料→锻造→退火→车外圆和端面→钳工（按图画型孔打排孔）→铣削型孔（留单面电蚀余量 0.3~0.5mm）→钳工（按图加工其余各孔）→热处理（淬火硬度 62~64HRC）→平磨（磨两端面）→退磁。

（3）电极与工件装夹

将电极吊装在主轴上，并校正电极装夹板与工件平行或者保证电极（冲头）与工件垂直。然后装夹工件模块，并校正电极与工件型孔的位置。

（4）加工规准

由于凹模刃口高度有 12mm，为提高凹模的使用寿命，采用精规准一次加工成型（所留的加工余量已不多，只有 0.3~0.5mm）。所用的电规准：t_{on}=2μs；t_{off}=25μs；高压 173V，8 管工作，电流 0.5A；低压 80V，48 管工作，电流 4A。此时单边放电间隙为 δ=0.05mm。

（5）加工效果

加工速度 110mm³/min；凸凹模配合间隙为 0.06mm；加工斜度 0.04mm（双边）；表面粗糙度为 Ra1.6μm。

5. 电火花线切割加工型孔

当凹模形状复杂，带有尖角、窄缝时，线切割加工是一种精加工凹模型孔的方法。电火花线切割是在凹模热处理后加工型孔的，可避免热处理变形带来的不良影响，型孔加工精度高、质量好，制造周期短。但被加工工件的尺寸受机床的限制，而且加工出的型孔孔壁呈条纹状，线切割后需要钳工研磨，以保证凸模与凹模的间隙均匀。在线切割之前，要对凹模毛坯进行预加工，凹模的厚度和水平尺寸必须在机床的加工范围内，选择合理的工艺参数，还要安排好凹模的加工工艺路线，做好切割前的准备工作。

采用电火花线切割加工模具时，在模具材料的选用和模具结构方面，都应考虑线切割加工工艺的特点，以保证模具的加工精度，提高模具的使用寿命。

① 注意模具材料的选用。电火花线切割加工是在整块模坯热处理淬硬后才进行的，如果采用碳素工具钢（如 T8A、T10A）制造模具，由于其淬透性很差，线切割加工所得的凸模或凹模刃口的淬硬层较浅，经过数次修磨后，硬度显著下降，模具的使用寿命就短。另一方面，由于线切割加工时，加工区域的温度很高，又有工作液不断进行冷却，相当于在进行局部热处理淬火，会使切割出来的凸模或凹模的柱面产生变形，直接影响工件的线切割加工精度。

为了提高线切割模具的使用寿命和加工精度，应选用淬透性能良好的合金工具钢或硬质合金来制造。由于合金工具钢淬火后，钢块表面层到中心的硬度没有显著的降低，因此，切割时不会使凸模或凹模的柱面再产生变形，而且凸模的工作型面和凹模的型孔基本上全部淬硬，刃口可以多次修磨而硬度不会明显下降，故模具的使用寿命较长。常用的合金工具钢有 Cr12、CrWMn、Cr12MoV 等。

② 精密与复杂模具的特点。对于精密细小、形状复杂的模具，不必采用镶拼结构。图 6-31 所示的固体电路冲件，在未采用线切割时，其凸凹模采用镶拼结构，工时多，精度要求高，需要熟练技工操作。应用线切割加工后，采用整体结构，强度好，工时短，质量完全达到要求。

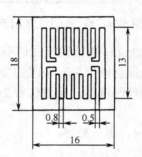

图 6-31　固体电路冲件

③ 线切割模具的结构特点。如果线切割机床不带切割斜度的功能，则切割出的凸模或凹模上下尺寸一样，不带斜度。为了适应这个特点，模具结构设计应作相应的改变。

a. 凸模或凸凹模与固定板的配合。为了确保凸模或凸凹模与固定板紧密配合，在模具使用过程中，凸模或凸凹模不被拔出，一般应使凸模或凸凹模与固定板成 0.01～0.03mm（双边）过盈配合。而在凸模型面较大的情况下，则应用螺钉把凸模固定在固定板上，以防止凸模被拔出。

b. 凹模的刃口厚度。因为线切割加工所得的型孔不带斜度，所以，凹模的刃口厚度应在保证强度的前提下尽量减薄，一般可以在凹模的背面用铣削加工来减薄凹模的刃口厚度（见图 6-32），这样也可以使线切割加工凹模更为方便。但在某些特殊情况下（见图 6-33），采用上述方法不能保证凹模的强度时，可以先用线切割加工凹模，然后，再加工一个比凹模型孔稍大的紫铜电极，最后用这个电极在凹模的背面以电火花加工扩大型孔，使凹模背面得到斜度。

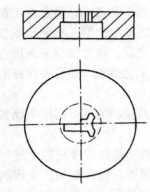

图 6-32　铣削台阶

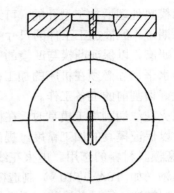

图 6-33　电火花加工凹模背面

工程实例【6-6】：图 6-34 所示的凹模材料为 Cr12MoV，凹模厚度为 10mm，采用线切割加工。

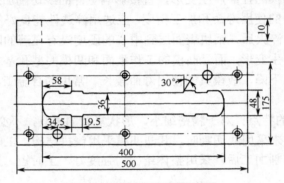

图 6-34　线切割加工的凹模

工艺分析：凹模型孔的长度为 400mm，由于凹模的切割路线较长，切割面积多，废料质量大，首先在切割过程中容易变形，其次在线切割结束时中间的废料掉下来容易损坏电极丝等。所以，在热处理之前增加一道预加工工序，使凹模型孔各面仅留 2～4mm 的线切割余量。

工艺过程如下：

① 毛坯制备。圆钢锻成方形坯料，退火处理；

② 刨 6 个面。用刨床刨削 6 个面；

③ 磨平面。平磨上、下两平面及角尺面；

④ 钳工画线。画线打孔，加工销孔和螺钉孔；

⑤ 去除型孔内部废料。沿型孔轮廓画出一系列孔，再在钻床上顺序钻孔，钻完后凿通整个轮廓，敲出中间废料；

⑥ 热处理。淬火与回火，检查表面硬度，硬度达到 58～62HRC；

⑦ 磨平面。平磨上、下两平面及角尺面；

⑧ 线切割型孔。用线切割机床加工型孔；

⑨ 热处理。将切割好的凹模进行稳定回火；

⑩ 钳工修配。钳工研磨销孔及凹模刃口，使型孔达到规定的技术要求。

6. 坐标磨削

坐标磨床是在淬火后进行孔加工的机床中精度最高的一种，加工精度可达 5μm 左右，表面粗糙度可达 Ra0.2μm。对于精度要求特别高的非圆形型孔，则需用坐标磨床进行精密磨削。坐标磨床综合运用基本磨削方法，可以对一些形状复杂的型孔进行磨削加工。磨削方法见 3.5.2 节。

7. 镶拼型孔的成型磨削

由于镶拼型孔能将型孔的内表面变换为外表面，便于机械加工，同时可以节约原材料，减少或消除热处理引起的变形，提高型孔的制造精度，便于维修更换，提高模具使用寿命等优点，因此，在大、中型形状复杂的型孔或形状十分复杂的小型型孔的模具结构中得到广泛应用。如大、中型冲模型孔、塑料箱体类注射模、挤出中空吹塑模具等，一般都采用镶拼结构进行制造。

（1）型孔的镶拼方法

镶拼型孔的镶拼法一般有拼接法和镶嵌法两种。拼接法是将型孔分成若干段，对各段分别进行加工后拼接起来，如图 6-35 所示。镶嵌法则是在型孔形状复杂或狭小细长的部位另做一个镶件嵌入型孔体内，如图 6-36 所示。

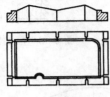

图 6-35　拼接型孔

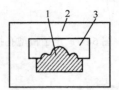

图 6-36　镶嵌型孔

1-制件；2-型孔体；3-镶件

（2）型孔的分段要求

镶拼型孔的分段是有一定要求的，一般是将形状复杂的内形表面加工转换为外形表面加工；为防止刃口处的尖角部分加工困难，淬火时易开裂等，应在尖角处拼接，且镶块应避免做成锐角；型孔的凸出或凹进部分容易磨损，为便于更换，应单独分成一段；有对称线的型孔应沿对称线分段。各段的拼合线要相互错开，并要准确严密配合，装配牢固。

工程实例【6-7】：如图 6-37 所示的定子槽型孔拼块，材料为合金钢，由于加工精度要求较高，采用光学曲线磨床加工。

该拼块的制造过程如下：

① 锻造毛坯。为了增加材料的密度，提高其力学性能，应采用锻造毛坯，即将圆钢锻造成 32mm×32mm×20mm 的长方体。

② 热处理。将已锻造好的毛坯，进行球化退火，硬度达 220～240HB。

③ 毛坯外形加工。按图样进行粗加工，留单边余量为 0.2～0.3mm。

④ 坯料检验。对粗加工后的拼块坯料，按要求进行检验。

⑤ 热处理。对经检验合格的拼块，按热处理工艺进行淬火、回火处理，保证硬度为 58～62HRC。

⑥ 平面磨削。在平面磨床上磨削各平面，其磨削顺序如图 6-38 所示。

a. 以 A' 面为基准，磨削 A 面。

b. 用正弦磁力台装夹，将电磁吸盘倾斜 15°，四周用辅助块固定，粗磨 B、B' 两侧面；

c. 以 A 面为基准，磨削 A' 面，保证高度一致；

d. 精磨 B、B' 面，留修配余量 0.01mm；

e. 对所有拼块用角度规定位，同时磨削其端面，保证垂直度及总长尺寸为 25mm。

⑦ 磨削外径。将拼块准确固定在专用夹具上，磨削其外径，达到 $R57$mm 和表面粗糙度的要求，如图 6-39 所示。

⑧ 细磨平面。将各拼块的拼合面均匀地进行精细磨削后,依次镶入内径为 ϕ114mm 的环规中,如图 6-40 所示,要求配合紧密、可靠。

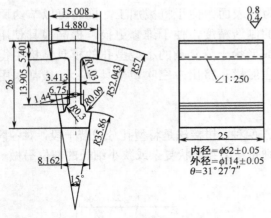

图 6-37　定子槽型孔拼块

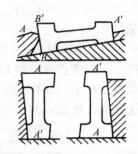

图 6-38　磨削定子槽拼块平面

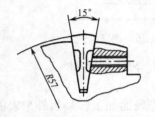

图 6-39　磨削定子槽拼块外径

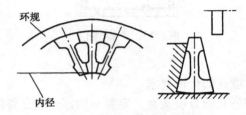

图 6-40　细磨定子槽拼块平面

⑨ 磨削刃口部位。将各拼块装夹在夹具上,在光学曲线磨床上根据型孔刃口部位的放大图进行粗加工和精加工,如图 6-41 和图 6-42 所示。

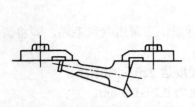

图 6-41　磨削定子槽拼块刃口部位

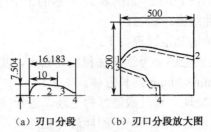

（a）刃口分段　　（b）刃口分段放大图

图 6-42　刃口部位分段磨削

⑩ 磨削端面。将拼块压入型孔固定板 ϕ114mm 的孔内,对刃口端面进行整体细磨。

⑪ 检验。用投影仪检验型孔,测量拼块内径、外径和后角;检验硬度。

6.4　型腔的制造工艺

型腔是模具中重要的成型零件,其主要作用是成型制件的外形表面,其制造精度和表面质量要求都较高。型腔常常需要加工各种形状复杂的内成型面或花纹,且多为盲孔加工,工艺过程复杂。

在各类模具的型腔中，按其形状大致可分为回转曲面和非回转曲面两种。前者可用车床、内圆磨床或坐标磨床进行加工，工艺过程较为简单。而加工非回转曲面的型腔要困难得多。其加工工艺有三种方法：一是用机械切削加工配合钳工修整进行制造。采用通用机床将型腔大部分多余材料切除，再由钳工进行精加工修整，生产率低，劳动强度大，质量不易保证。二是应用仿形、电火花、超声波、电化学加工等专门的加工设备进行加工，可以大大提高生产的效率，保证加工质量。但工艺准备周期长，加工中工艺控制较复杂，还可能对环境产生污染。三是应用数控加工或计算机辅助模具设计和制造技术，可以缩短制造周期，优化模具制造工艺和结构参数，提高模具质量和使用寿命，这种方法是模具制造的发展方向。

6.4.1　回转曲面型腔的车削

车削加工主要用于加工回转曲面的型腔或型腔的回转曲面部分。

型腔车削加工中，普通内孔车刀用于车削圆柱、圆锥内形表面；为了保证质量和提高生产率，加工数量较多的回转曲面型腔可利用专用工具进行车削；对于球形面、半圆面或圆弧面的车削加工，一般都采用样板车刀进行最后的成型车削。

（1）车刀式样板刀

如图 6-43 所示，它是在高速钢或普通硬质合金车刀的基础上磨制而成的。磨制前应根据型腔所要求的曲面形状、尺寸制造成样板，然后再根据样板的曲面磨制成样板车刀，最后用油石磨光刃口。样板车刀制造简单，使用方便，可磨制成各种形状。使用中如有磨损可重新刃磨多次应用。但它不能有效地单独控制型腔的表面形状，必须配合样板校对型腔的形状。

（2）成型样板车刀

如图 6-44 所示为半圆形双刃口成型样板车刀。它的刃口部分的形状完全和型腔加工曲面相同，尾部为锥柄，可根据型腔曲率半径大小制成单刃、双刃或多刃。操作时将成型样板车刀安装在车床尾座套筒内，利用尾座丝杠实现进给切削运动。加工时不需要用样板校对型腔，能有效地控制型腔的形状。但这种车刀使用时必须使尾座套筒的中心和车床主轴中心一致，否则会扭坏刀具或使型腔尺寸扩大。

（3）弹簧刀杆样板车刀

样板车刀在车削过程中，因切削面积较大容易引起振动，造成车削表面粗糙度达不到要求。因此，将样板车刀安装在弹簧刀杆上而成为弹簧式样板车刀，如图 6-45 所示。这种车刀可有效地减少或消除车削过程中的振动，降低加工表面的粗糙度。

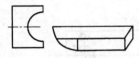
图 6-43　车刀式样板刀

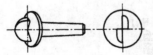
图 6-44　成型样板车刀

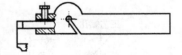
图 6-45　弹簧刀杆样板车刀

工程实例【6-8】：图 6-46 所示为对拼式塑压模型腔，可用车削方法加工 $S\phi44.7\text{mm}$ 的圆球面和 $\phi21.71\text{mm}$ 的圆锥面。为给车削加工准备可靠的工艺基准，需先对坯料外形进行预加工，然后在车床上进行型腔车削。

预加工过程如下：

① 将毛坯锻造成六面体，退火。

② 粗刨 6 个面，5° 斜面暂不加工。

③ 在拼块上加工出导钉孔和工艺螺孔，为车削时装夹用，如图 6-47 所示。

④ 将分型面磨平，在两拼块上装导钉，一端与拼块 A 过盈配合，一端与拼块 B 间隙配合，如图 6-47 所示。

⑤ 将两块拼块拼合后，磨平四侧面及一端面，保证垂直度（用 90°角尺检查），要求两拼块厚度保持一致。

⑥ 在分型面上以球心为圆心，以 $\phi44.7$mm 为直径画线，保证 $H_1=H_2$，如图 6-48 所示。

塑压模的车削过程见表 6-10。

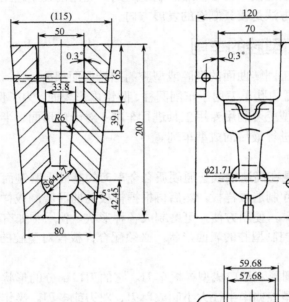

图 6-46 对拼式塑压模型腔

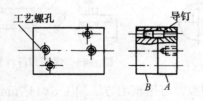

图 6-47 拼块上的工艺螺孔和导钉孔

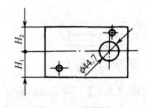

图 6-48 画线

表 6-10　对拼式塑压模型腔车削过程

工艺顺序	工艺内容	简　图	说　明
1	装夹		将工件压在花盘上，按 ϕ44.7mm 的线找正后，再用百分表检查两侧面使 H_1、H_2 保持一致；靠紧工件的一对垂直面压上两块定位块，以备车另一件时定位
2	车球面		粗车球面； 使用弹簧刀杆和成型车刀精车球面
3	装夹工件		用花盘和角铁装夹工件； 用百分表按外形找正工件后将工件和角铁压紧（在工件与花盘之间垫一薄纸的作用是便于卸开拼块）
4	车锥孔		钻、镗孔至 ϕ21.71mm（松开压板卸下拼块 B 检查尺寸）； 车削锥度（同样卸下拼块 B 观察及检查）

6.4.2　非回转曲面型腔的铣削

在模具型腔的制造中，常用的铣削加工设备有普通立式铣床、万能工具铣床和仿形铣床。其中，立式铣床、万能工具铣床主要用于加工中、小型模具非回转曲面的型腔，对于大型模具一般应用仿形铣床加工非回转曲面的型腔。

1．普通铣床加工型腔

在立铣床和万能工具铣床上，用各种不同形状和尺寸的立铣刀，借助夹具（如回转工作台、正弦台、虎钳等）和辅具，可对非回转曲面的型腔进行加工。一般精铣型腔的表面粗糙度可达 Ra1.25～2.5μm，精铣后留适当的修磨、抛光余量（0.05～0.1mm），再由钳工加工达到图样要求。

为了能加工出各种特殊形状的型腔表面，必须备有各种不同形状和尺寸的指形铣刀。

① 单刃指形铣刀。单刃指状铣刀结构简单，制造方便，应用广泛。刀具的几何参数可根据型

腔和刀具材料、刀具强度、耐用度及其他切削条件合理进行选择。一般前角 $\gamma_0=15°$，后角 $\alpha=25°$，副后角 $\alpha_0=15°$，副偏角 $\kappa_r'=15°$。图 6-49 所示为适合于不同用途的单刃指形铣刀。

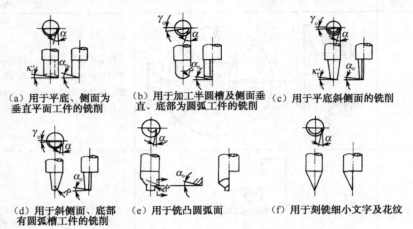

(a) 用于平底、侧面为　　(b) 用于加工半圆槽及侧面垂　(c) 用于平底斜侧面的铣削
垂直平面工件的铣削　　　直、底部为圆弧工件的铣削

(d) 用于斜侧面、底部　　(e) 用于铣凸圆弧面　　(f) 用于刻铣细小文字及花纹
有圆弧槽工件的铣削

图 6-49　单刃指形铣刀

② 双刃指形铣刀。双刃指形铣刀为标准产品，有直刃和螺旋刃两种，如图 6-50 所示。因此，可以直接采用，不用自制，使用方便，主要用于型腔中直线的凹、凸型面和深槽的铣削。双刃指形铣刀由于切削时受力平衡，能承受较大的切削用量，铣削效率和精度较高。

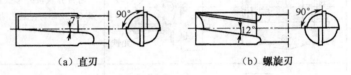

（a）直刃　　　　　　　　（b）螺旋刃

图 6-50　双刃指状铣刀

③ 多刃指形铣刀。多刃指形铣刀因制造困难，一般都采用标准规格。多刃指形铣刀主要用于精铣沟槽的侧面或斜面，其铣削精度较高，表面粗糙度较低。

用普通铣床加工型腔，一般都是手工操作，劳动强度大，加工精度低，对操作者的技术水平要求高。

工程实例【6-9】：现以图 6-51 所示的起重吊环锻模型腔为例说明型腔的铣削加工过程。

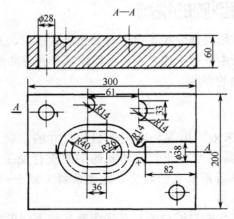

图 6-51　起重吊环锻模型腔

① 坯料准备。下料→锻造→退火。

② 坯料预加工。刨削、磨削成平行六面体→加工上、下型腔板的导柱孔→磨平分型面（装配上、下型腔板导柱，导柱与下模板为过盈配合，与上模板为间隙配合）→将上、下模板拼合后磨平四个侧面及两个平面（保证上、下模尺寸和相关表面的垂直度）→在上、下模板的分型面上按图样尺寸画出吊环轮廓线（保证中心线和两侧面距离相等）。

③ 型腔工艺尺寸计算。根据图样和各尺寸之间的几何关系计算出 $R14$ 圆弧至中心线距离为 30.5mm，两个 $R14$ 圆弧的中心距为 61mm，吊环两圆弧中心距离为 36mm。

④ 工件的装夹。将圆转台安装在铣床工作台上，使圆转台回转中心与铣床回转中心重合，然后将工件安装在圆转台上，按画线找正并使一个 $R14$ 的圆弧中心与圆转台中心重合。再用定位块 1 和 2 分别靠在工件两个相互垂直的基准面上，在定位块 1 与工件之间垫入尺寸 61mm 的量块，并将定位块和工件压紧固定，如图 6-52 所示。

⑤ 型腔的铣削。用圆头指形铣刀对型腔的各个圆弧槽分别进行铣削。铣削过程如下：

a. 移动铣床工作台，使铣刀与型腔 $R14$ 圆弧槽对正，转动圆转台进行铣削，严格控制回转角度，加工出一个 $R14$ 的圆弧槽；

b. 取走尺寸为 61mm 的量块，使另一个 $R14$ 圆弧槽中心与圆转台中心重合进行铣削，如图 6-53 所示。圆弧槽铣削结束后，移动铣床工作台，使铣刀中心对正型腔中心线，利用铣床工作台进给铣削两凸圆弧槽中间的衔接部分，要保证衔接圆滑。

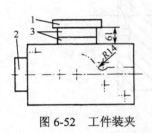

图 6-52　工件装夹

1、2-定位块；3-量块

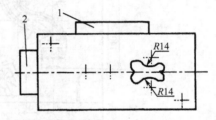

图 6-53　铣削 $R14$ 圆弧槽

1、2-定位块

c. 松开工件，在定位块 1、2 和基准面之间分别垫入尺寸为 30.5mm 和 60.78mm 的量块 3、4，使 $R40$ 圆弧中心与圆转台中心重合，移动工作台使铣刀与型腔圆弧槽对正，铣削以达到尺寸要求，如图 6-54 所示。

d. 松开工件，在定位块 2 和基准面之间垫入尺寸为 36mm 的量块 4，使工件另一个 $R40$ 的圆弧槽中心与圆转台中心重合，压紧工件铣削圆弧槽达到要求的尺寸，如图 6-55 所示。

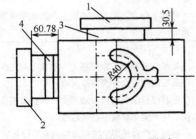
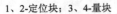

图 6-54　铣削 $R40$ 圆弧

1、2-定位块；3、4-量块

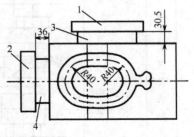

图 6-55　铣削第二个 $R40$ 圆弧槽

1、2-定位块；3、4-量块

e. 铣削直线圆弧槽，移动铣床工作台铣削型腔直线圆弧槽部分，保证直线圆弧槽与各圆弧槽的衔接平滑。

f. 在车床上车削圆柱型腔部分。

2. 仿形铣床加工型腔

仿形铣床可以加工各种结构形状的型腔，特别适合于加工具有曲面结构的型腔。在仿形铣床上加工型腔的效率高，其粗加工效率为电火花加工的 40～50 倍，尺寸精度可达 0.05mm，表面粗糙度为 $Ra0.8～1.6\mu m$。

由于铣刀强度的限制，不能加工出内清角和较深的窄槽等。因此，对于要求较高的模具来说，仿形铣削一般只作为粗加工工序，加工时留有 1～2mm 的余量，最后用电火花或由模具钳工修整成型。仿形铣削之前，必须先做好准备工作，包括制作靠模、选择适当的仿形触头和铣刀等，然后才开始进行仿形加工。

工程实例【6-10】：采用仿形铣床加工图 6-56 所示的锻模型腔，仿形铣削过程见表 6-11。

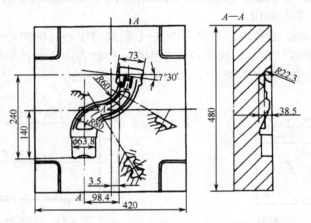

图 6-56　锻模型腔（飞边槽未表示出来）

表 6-11　锻模型腔仿形铣削过程

工艺顺序	工艺内容		简　图	说　明
1	工件靠模装夹及调整	校正工件水平位置		工件用平行垫铁初步定位于工件座的中央，用压板初步压紧； 在主轴上装顶尖，调整主轴上、下位置使顶尖对准工件中心线； 移动工作台，用顶尖校正工件的水平位置将工件紧固
		校正靠模水平位置		初步安装靠模于靠模座上，使靠模与工件的中心距在机床的允许调节范围内； 在靠模仪触头轴内安装顶尖，调整靠模仪垂直滑板，使顶尖与靠模中心线对准； 移动工作台用顶尖校正靠模的水平位置加以紧固

工艺顺序	工艺内容	简　图	说　明
2	调整靠模销与铣刀相对位置	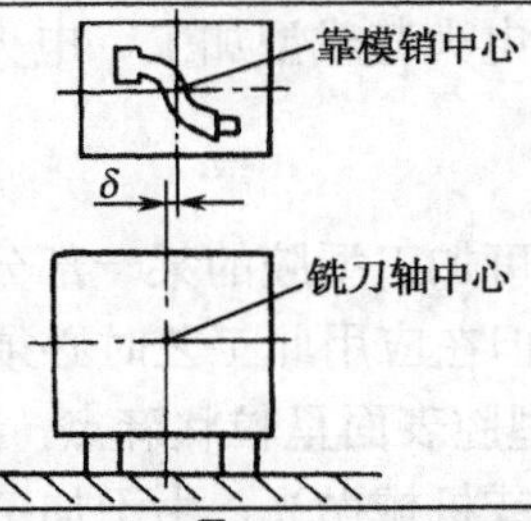 靠模销中心 δ 铣刀轴中心	工件与靠模安装后，中心位置在水平方向的偏差为δ（此值应小于靠模仪滑板水平方向的可调范围值）； 移动机床工作台使铣刀轴中心对准工件中心，然后调整靠模仪水平滑板，使靠模仪轴轴线对准靠模中心，以保证两轴中心偏差值为δ
2	安装靠模销及铣刀调整深度位置	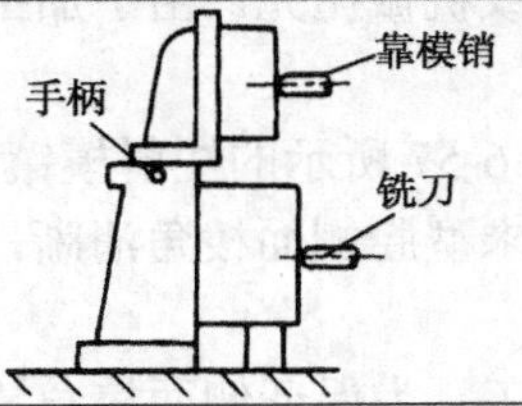 手柄　靠模销 铣刀	装上靠模销及$\phi32mm$的铣刀，分别与靠模及工件接触，通过手柄依靠齿轮、齿条调整两者深度的相对位置； 在以后的加工中，凡每换一次铣刀与靠模销，都需进行一次调整
2 粗 加 工	钻毛坯孔	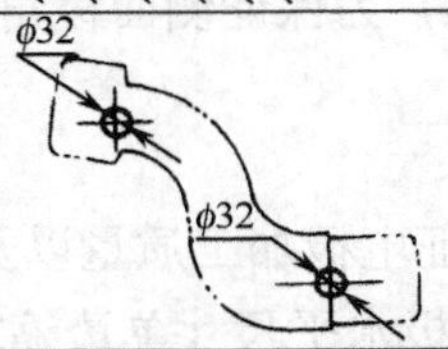 $\phi32$ $\phi32$	按图示位置钻$\phi32mm$毛坯沉孔
	梳状加工	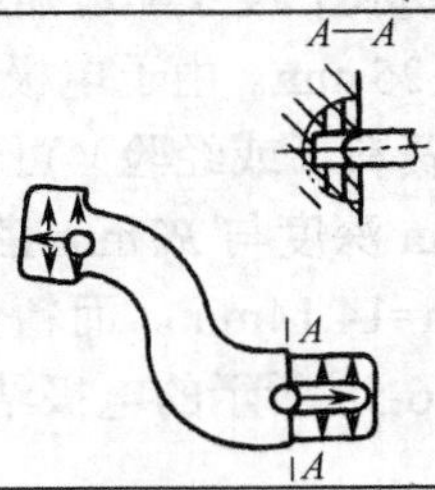 $A—A$ A A	用$\phi32mm$的铣刀进入$\phi32mm$孔内，按水平方向铣完深槽，铣刀返回原来位置再入槽内按垂直分行水平周期进给切除余量，每边留余量1mm
	粗铣整个型腔	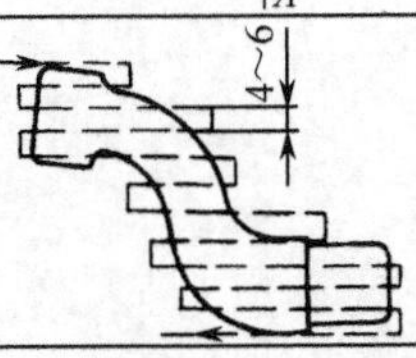 $4\sim6$	用$\phi20mm$圆头铣刀，每边留余量为0.25mm； 仿形加工整个型腔，周期进给量为4～6mm，手动行程控制
	粗加工凹槽及底部	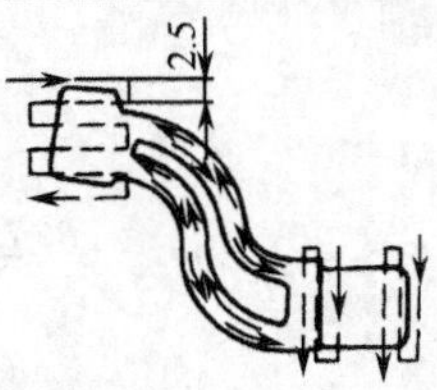 2.5	用$\phi32mm$圆头铣刀粗加工，周期进给量为2.5mm； 换用$R2.5mm$（此尺寸根据靠模销能进入凹槽为准）圆头锥铣刀加工凹槽底部及型腔底脚，周期进给量为1mm； 加工凹槽时可采用轮廓仿形形式
3 精 加 工	精铣整个型腔	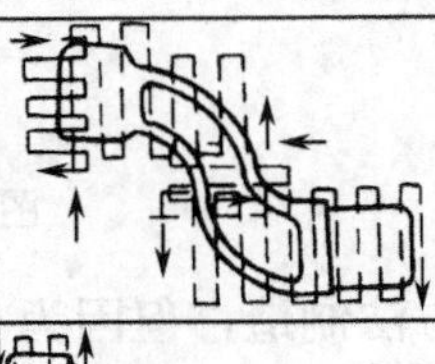	用$R2.5mm$圆头锥度铣刀精铣，根据型腔形状分四个区域采用不同的周期进给方向； 周期进给量取为0.6mm，型腔侧壁与工作台轴线成角度时，周期进给量应减小，取为0.3mm
	补铣底脚圆角	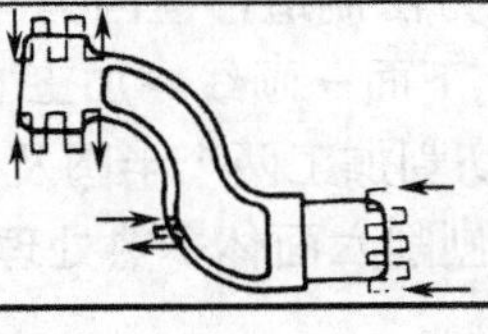	精铣时型腔壁部底脚铣削的周期进给方向与壁部垂直； 为了减小底脚表面粗糙度，改变周期进给方向进行补铣

6.4.3　电加工

用于型腔加工的电加工主要有三种：电火花成型加工、电火花线切割加工及电铸加工。

1．电火花成型加工

电火花加工可用于加工整个型腔，也可加工型腔的某一部分，如机械加工困难的深槽、窄槽或带有文字花纹等部位，其加工精度高，但在应用此工艺时必须考虑，加工出的型腔带有微小的斜度，轮廓转折处存在小圆角；加工后的型腔表面呈粒状麻点，当塑料成型件的精度要求较高时，经电火花加工的表面还必须进行手工抛光或机械抛光。由于加工表面上有一层硬化层，抛光工作比较费时。

工程实例【6-11】：电火花成型加工图 6-57 所示的注射模镶块。其材料为 40Cr，硬度为 38～40HRC，加工表面粗糙度为 $Ra0.8\mu m$，要求型腔侧面棱角清晰，圆角半径 $R<0.2mm$。

（1）工艺方法选择

选用单电极平动法进行电火花成型加工，为保证侧面棱角清晰（$R<0.3mm$），其平动量应小，取平动量 $e \leqslant 0.25mm$。

（2）工具电极

① 电极材料选用锻造过的紫铜，以保证电极加工质量以及加工表面粗糙度。

② 电极结构与尺寸如图 6-58 所示，电极水平尺寸单边缩放量取 $b=0.25mm$，根据 5.1.4 节公式 $b = e + \delta_j - \gamma_j$ 可知，平动量 $e = 0.25 - \delta_j < 0.25$ mm。由于电极尺寸缩放量较小，用于基本成型的粗规准参数不宜太大。根据工艺数据库所存资料（或经验）可知，实际使用的粗加工参数会产生 1% 的电极损耗。因此，对应着型腔主体 20mm 深度与 $R7mm$ 搭子及型腔 6mm 深度的电极长度之差不是 14mm，而是（20-6）×（1+1%）mm=14.14mm。而精修时尽管也有损耗，但由于两部分精修量一样，故不会影响两者深度之差。图 6-58 所示的电极结构，其总长度无严格要求。

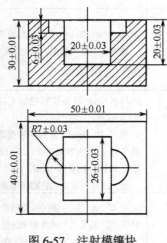

图 6-57　注射模镶块

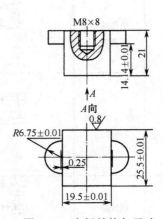

图 6-58　电极结构与尺寸

③ 电极制造。电极可以利用机械加工方法制造，但因为有两个半圆的搭子，一般都用数控线切割加工。主要工艺过程：备料→刨削上下面→画线→加工 M8×8 的螺钉→按水平尺寸用线切割加工→按图示方向前后转动 90°，用线切割加工两个半圆及主体部分长度→钳工修整。

④ 镶块坯料加工。按尺寸需要备料→刨削六面体→热处理（调质）硬度达 38～40HRC→磨削镶块 6 个面。

⑤ 电极与镶块的装夹与定位。

a. 用 M8 的螺钉固定电极，并装夹在主轴头的夹具上。然后用千分表（或百分表）以电极上端面和侧面为基准，校正电极与工件表面的垂直度，并使其 X、Y 轴与工作台 X、Y 轴移动方向一致。

b. 镶块一般用平口钳夹紧，并校正其 X、Y 轴与工作台 X、Y 轴移动方向一致。

c. 定位。即保证电极与镶块的中心线完全重合。用数控电火花成型机床加工时，可以用其自动找中心功能准确定位。

⑥ 电火花成型加工。所选的电规准转换与平动量分配见表 6-12。

表 6-12　电规准转换与平动量分配

序号	脉冲宽度 /μs	脉冲电流幅值 /A	平均加工电流 /A	表面粗糙度 Ra/μm	单边平动量 /mm	断面进给量 /mm	备注
1	350	30	14	10	0	19.90	① 型腔深度 20mm，考虑 1% 损耗，端面总进给量为 20.2mm；
2	210	18	8	7	0.1	0.12	
3	130	12	6	5	0.17	0.07	
4	70	9	4	3	0.21	0.05	② 型腔表面粗糙度为 Ra0.6μm；
5	20	6	2	2	0.23	0.03	
6	6	3	1.5	1.3	0.245	0.02	③ 用 Z 轴数控电火花成型机床加工
7	2	1	0.5	0.6	0.250	0.01	

2．电火花线切割加工

电火花线切割加工只能加工通孔，需要加工型腔时，必须将型腔设计成镶拼结构。线切割的加工精度一般可控制在 ±0.01mm，但加工表面较粗糙，表面粗糙度小于 Ra2.5μm。这样的表面粗糙度对脱模虽无妨碍，但当成型件要求表面光滑时，线切割加工的表面必须经过抛光才能达到要求。

图 6-59 所示为中央带有箭头形凸肋的型腔。这种型腔难以进行机械加工，为了便于加工，需将型腔设计成镶拼式，采用电火花线切割加工可方便地将箭头状的镶件及相应的型孔割出。

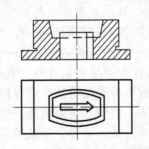

图 6-59　电火花线切割加工型腔

3．电铸加工

型腔的电铸是一种电化学加工方法，其特点是复映性能良好，尺寸稳定。电铸加工的成型原理见 5.3 节。电铸件（模具型腔）的好坏取决于母模（型芯）的加工精度和表面粗糙度。如果母模为镜面，则电铸件无须进行加工即可作镜面使用；如果母模表面为木纹或皮纹，则电铸加工可将天然的花纹照原样复制出来。由于电铸型腔的强度不高，一般为 1.4～1.6MPa；硬度较低，一般为 35～50HRC，用来制造受力较大的模具型腔尚有一定困难。目前，主要用于搪塑玩具、吹塑制品、工艺制品、唱片以及较小的注射模型腔，如螺旋齿轮、笔杆和笔套模具等。近年来研制的电铸铁镍合金在制作较大模具型腔中取得了一定成果。

根据电铸的材料不同，电铸可分为电铸镍、电铸铜和电铸铁三种。与模具型腔有关的电铸一般为电铸镍和电铸铜。电铸镍适用于小型拉深模和塑料模型腔，它成型清晰，复制性能良好，具有较高的机械强度和硬度，表面粗糙度数值小，但电铸时间长、价格昂贵。电铸铜适用于塑料模、玻璃模型腔及电铸镍壳加固层，导电性能好，操作方便，价格便宜，但机械强度及耐磨性低，不耐酸，易氧化。电铸铁虽然成本低，但是质地松软，易腐蚀，操作时有气味，一般用于电铸镍壳加固层，修补磨损的机械零件。

电铸加工型腔的工艺过程：型芯设计与制造→型芯预处理→电铸→清洗→脱模→机械加工→镶入模套。

（1）型芯的设计与制造

型芯尺寸、形状应与型腔完全一致。如图 6-60 所示，在沿型腔深度方向尺寸要比型腔大 8～10mm，以备电铸后切去交接面上粗糙部分。为了便于脱模，型芯的电铸表面应有不小于 15′ 的脱模斜度，并要求抛光至 $Ra0.08～0.16\mu m$。此外，还应考虑电铸时的挂装位置。

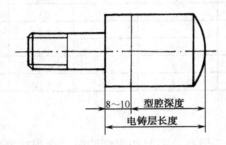

图 6-60　电铸型芯的尺寸及形状

型芯的材料可以是金属材料，也可以是非金属材料。金属型芯材料有钢、铝合金、低熔点合金等。非金属型芯材料有石膏、木材、塑料等。

（2）型芯预处理

型芯的预处理在电铸中十分重要，其预处理方法与材料有关。

金属型芯预处理的目的：进一步降低型芯表面粗糙度，便于脱模及除去油渍，使电铸表面保持洁净。一般预处理工艺过程：抛光→去油→镀铬→去油→装挂具→电铸。

对非金属材料制造的型芯，要进行表面导电化处理，其处理方法如下：

① 以极细石墨粉、铜粉或银粉调合少量黏结剂作成导电漆，均匀涂于型芯电铸表面；

② 用真空镀膜或阴极溅射的方法，使型芯表面覆盖一层金属膜；

③ 用化学镀的方法，在型芯表面上镀一层银、铜或镍的薄层。

对有机玻璃型芯的预处理工艺过程：去油→化学粗化→敏化→清洗→活化→还原→化学镀铜→装挂具→电铸。

（3）电铸工艺要点

电铸的生产率低、时间长，电流密度大会造成沉积金属的结晶粗糙，使强度降低。一般为每小时电铸金属层为 0.02～0.5mm。电铸常用的金属有铜、镍和铁三种，相应的电铸液为含有电铸金属离子的硫酸盐、氨基磺酸盐和氯化物等的水溶液。

① 衬背。电铸型腔成型后，因其强度差，需要用其他材料进行加固，以防止变形。加固的方法一般是采用模套进行衬背。衬背后再对型腔外形进行脱模和机械加工。衬背的模套可以是金属材料或浇注铝及低熔点合金。用金属模套衬背时，一般在模套内孔和电铸型腔外表面涂一层无

机黏结剂后再进行压合，以增加配合强度。

　　② 脱模。电铸型腔和型芯的脱开，可采用轻轻敲击或加热与冷却及专用工具等方法进行脱开。图 6-61 所示为利用型芯螺孔、卸模架和螺栓将型芯拉出分离的专用工具。

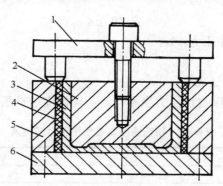

图 6-61　电铸型腔与模套组合及脱模

1-卸模架；2-型芯；3-电铸型腔；4-黏结剂；5-模套；6-垫板

6.4.4　冷挤压成型

　　型腔冷挤压是在常温下，利用装在压力机上的冲头以很大的压力挤入模坯，使模坯产生塑性变形，从而形成与冲头和大小一致的凹穴，经适当加工后成为所需的模具型腔。型腔冷挤压的优点：可压制出机械加工难以成型的复杂型腔，而且生产率高；压制出的型腔精度高，表面光洁；经挤压后的型腔组织更加致密，硬度和耐磨性也有所提高。

1. 冷挤压方式

　　型腔的冷挤压方式有以下两种：开式冷挤压和闭式冷挤压。

　　① 开式冷挤压如图 6-62 所示，将一定形状的模坯放在挤压冲头下加压，模坯金属的流动方向不受限制。这种方法比较简便，成型压力较小。由于毛坯受挤压面有向下凹陷的现象，因此，挤压成型后尚需进行机械加工。开式挤压模坯易开裂，一般只宜加工精度不高或深度较浅的型腔。

　　② 闭式冷挤压如图 6-63 所示，是将模坯放在挤压模套内挤压。在挤压冲头向下挤压的过程中，由于受到模套的限制，模坯金属产生塑性变形时只能向上流动。这就保证了模坯金属与工艺凸模的吻合。因此，型腔轮廓清晰，尺寸精度较高，表面粗糙度可达 $Ra0.08\sim0.32$mm。但需要的挤压力较开式挤压大，模坯顶面产生变形，需要机械加工。该方法多用于挤压面积小、型腔较深以及精度要求较高的模具型腔。

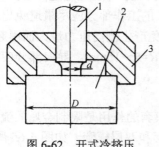

图 6-62　开式冷挤压

1-挤压冲头；2-模坯；3-导套

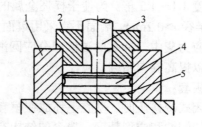

图 6-63　闭式冷挤压

1-模套；2-导向套；3-挤压冲头；4-模坯；5-垫板

2．冷挤压力及设备

型腔冷挤压力的大小，与冷挤压方式、模坯材料及性能、挤压时的润滑条件等因素有关，其计算式为

$$F=10^{-6}pA$$

式中　F——冷挤压所需的工作压力，N；

p——单位挤压力，Pa；

A——型腔的投影面积，mm^2。

不同的挤压深度，所需的单位挤压力也不同。不同深度的挤压力见表 6-13。

表 6-13　挤压深度与单位挤压力的关系

挤压深度 h/mm	单位挤压力 p/Pa
5	$10^7 \times (1.65HB-35)$
10	$10^7 \times 1.65HB$
15	$10^7 \times (1.65HB+25)$

注：HB—布氏硬度。

型腔冷挤压所需要的挤压力较大，挤压时的速度较低。工艺简单、工作行程短、挤压工具及坯料体积较小。要求挤压设备刚性好，活塞导向准确，工作平稳，能随时观察挤压情况，反映挤压深度，达到预定深度能自动停机，并有防止冲头和模坯崩裂的安全保护装置，常采用构造不太复杂的小型专用液压机作为挤压设备。

3．挤压冲头与模套

（1）冷挤压冲头

冷挤压冲头是型腔冷挤压加工的关键部件，它对型腔的形状、尺寸精度和表面粗糙度有直接影响。工作时，挤压冲头要承受极大的挤压力，其工作表面与模坯材料之间产生剧烈的摩擦。因此要求冷挤压冲头必须具有足够的强度、硬度和耐磨性。为了减少挤压时的摩擦阻力及避免使模坯材料黏附在冲头上，成型过程中常用硫酸铜或二硫化钼等润滑剂涂在冲头和模坯上。选择冷挤压冲头材料时，应选用淬硬性好，热处理变形小和切削加工性能良好的材料。冷挤压冲头常用的材料有：T8A、T10A、T12A，Crl2、Crl2Mo、Crl2V、Crl2TiV 等。热处理硬度一般为 60～64HRC，硬度过低会造成型腔轮廓不清晰，过高则易使冲头崩裂。

冷挤压冲头的基本结构如图 6-64 所示，分为工作部分 L_1、导向部分 L_2 以及过渡部分。冲头工作部分应和型腔尺寸一致，其精度比型腔的精度高 1～2 级，表面粗糙度为 $Ra0.08～0.32\mu m$。通常挤压成型后，型腔上口有塌角现象，所以，工作部分的长度 L_1 要比型腔深度大，一般 L_1 取为型腔深度 1.1～1.3 倍。为便于模坯金属的塑性流动，冲头的工作部分应尽量避免出现尖角或棱边，圆角半径 $r>0.2mm$。端面不宜采用单面大斜度结构，以免产生侧向压力过大而引起冲头折断。为了减少应力集中，冲头的过渡部分应圆滑过渡，一般取 $R=5～15mm$。导向部分应与导向套精密配合，以提高导向精度。

（2）模套

型腔闭式冷挤压时，型腔毛坯放在模套内进行挤压。模套的作用是限制金属的流动方向，以提高材料的塑性和成型精度。模套的结构有两种：单层模套和双层模套，如图 6-65 所示。

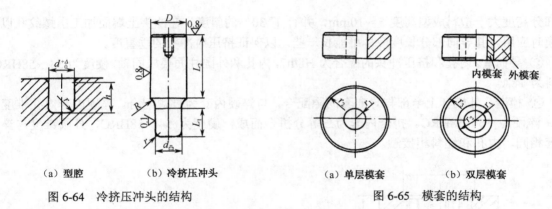

（a）型腔　　　（b）冷挤压冲头　　　　　　　（a）单层模套　　（b）双层模套

图 6-64　冷挤压冲头的结构　　　　　　　图 6-65　模套的结构

试验证明，单层模套的外径、内径之比越大，强度越高，但当 $r_2/r_1 > 4$ 时，即使再增大 r_2，强度改变已不太明显，故实际应用中常取 $r_2 = (4 \sim 6) r_1$。单层模套的材料一般选用中碳钢、合金钢或工具钢，热处理硬度为 43～48HRC。在双层模套结构中，内套压入外套后因受外套的预压力，具有比同尺寸单层模套更高的承载能力；内套的材料选用、热处理与单层模套相同，外套的材料可选 Q235 钢或 45 钢。

4．模坯准备

型腔冷挤压工艺对模坯的准备工作要求较高。冷挤压加工时，其坯料的化学成分、组织和性能等对挤压力有很大影响。冷挤压加工常用的材料：铝及铝合金，铜及铜合金，低碳钢、中碳钢及部分工具钢、合金钢，如 10、20、20Cr、T8A、T10A、3Cr2W8V 等。

模坯在切削加工后冷挤压前，必须进行退火处理，低碳钢退火至 100～160HBS，中碳钢球化退火至 160～200HBS，以提高材料塑性变形能力，降低强度，减小冷挤压时的变形抗力。在材料退火处理中要特别注意表面氧化与脱碳。

开式冷挤压，模坯的形状一般不受限制。闭式冷挤压时模坯应与模套配合，考虑到模坯的变形程度为 35%～50% 时挤压力最小，模坯直径 D 取 $(1.4 \sim 1.7) d$ 左右（见图 6-66（a），考虑到其他因素，取 $D = 2d$ 已足够）。而模坯高度则取 $H = (2 \sim 3) h$。

挤压较深型腔时，为了减小挤压力，可在模坯底部做减荷穴（见图 6-66（b），其直径取为 $0.7d$，高度取为 $1.2h$，使凹穴体积约为型腔体积的 60%。型腔带有文字或图案时，为保证图案清晰，可将模坯表面做成球面，或在挤压时在模坯底部垫一块与图案大小一致的垫块（见图 6-67）。

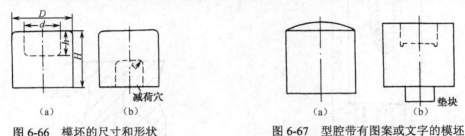

（a）　　　（b）　　　　　　　　（a）　　　（b）

图 6-66　模坯的尺寸和形状　　　　图 6-67　型腔带有图案或文字的模坯

工程实例【6-12】：如图 6-68 所示为冷挤压加工塑料瓶盖压模型腔。

工艺分析：因型腔内孔是由很多圆弧槽互相连接而成，形状较复杂，精度要求高。为了挤压后便于切削加工的需要，坯料外形为圆柱体。在挤压方式上采用导向套定位，保证挤压冲头的垂直度和外圆柱与型腔中心一致，采用图 6-69 所示的拼合内套进行冷挤压。

① 挤压冲头。如图 6-70 所示，材料为 Cr12 或 Cr12MoV，硬度为 58～62HRC，冲头成型工

作部分高度大于塑料成型高度 5～10mm，并有 1°30′ 的斜度。在冲头上端面加工出螺纹孔以利脱模时应用。其导向部分长度应尽可能长一些，以保证挤压时冲头的垂直度。

② 导向套。内孔和挤压冲头的配合为 H8/h7，内孔和外圆柱面要求同轴，硬度为 54～58HRC，材料为 T8A。

③ 模套。外模套上半部与导向套间隙配合，与淬硬内套为过盈配合，淬硬内套内孔锥度为 3°，淬硬为 56～58HRC。拼合内套为三等分拼合而成，硬度为 54～58HRC，外圆锥度与淬硬内套相同。内孔和坯料相接触。

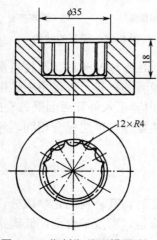

图 6-68　塑料瓶盖压模型腔

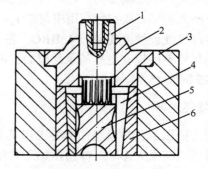

图 6-69　封闭式拼合内套挤压型腔

1-挤压冲头；2-导向套；3-外模套；4-拼合模套；5-坯料；6-淬硬模套

④ 坯料。坯料材质为中碳钢，切削加工后进行球化退火处理至 160～180HBS。为了减小挤压阻力，将坯料底部加工出球状凹坑，外圆柱面加工出圆弧槽，如图 6-71 所示。

⑤ 型腔挤压。将模套组装后，在坯料上涂润滑剂装入拼合内套中，安装导向套和挤压冲头，对冲头工作部分涂润滑剂，放入压机进行挤压。达到预定深度后整体取出，将脱模套放在导向套上，用螺栓旋入冲头螺纹孔将冲头拉出。然后，用压柱将拼合内套和坯料一起压出，分开拼合内套取出型腔制作。

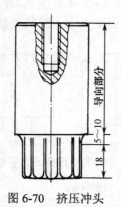

图 6-70　挤压冲头

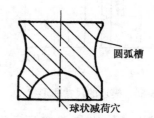

图 6-71　瓶盖型腔坯料

型腔冷挤压废品分析：冷挤压型腔废品产生的原因与坯料、挤压冲头、润滑条件等因素有直接关系。常出现的废品类型、原因及防止措施见表 6-14。

表 6-14 型腔冷挤压废品原因及防止措施

类 型	废 品 原 因	防 止 措 施
型腔底部凸起部分凸起量不足	① 坯料形状不合适，排气不好； ② 润滑油太多	① 改变坯料形状； ② 不用或少用润滑油
型腔胀鼓	① 挤压冲头镦粗； ② 模套变形	① 选择较好材料，进行合理锻造和热处理； ② 增加挤压冲头和模套强度
型腔麻点	① 坯料组织为片状珠光体； ② 坯料表面不清洁	① 坯料作球化退火处理； ② 对坯料作表面处理
型腔侧壁拉毛	① 挤压冲头表面粗糙度低； ② 坯料表面未研光； ③ 润滑条件不好	① 研光挤压冲头和坯料； ② 改善润滑条件
型腔侧壁裂纹	① 减荷穴开不合适； ② 润滑条件差； ③ 挤压冲头不光洁； ④ 坯料内有杂质或退火不均匀	① 改进减荷穴设计； ② 改善润滑条件； ③ 研光挤压冲头； ④ 提高坯料质量并均匀化退火

6.4.5 陶瓷型铸造

陶瓷型铸造是在一般砂型铸造基础上发展起来的一种精密铸造工艺。陶瓷铸型表面细密光滑，它是用耐火材料和黏结剂等配制而成的陶瓷浆浇注到模型上，在催化剂的作用下使陶瓷浆结胶硬化，形成陶瓷层的铸型型腔表面。然后，再经合箱、浇注熔化金属、清理后得到型腔铸件。它与普通砂型铸造相比较，尺寸精度高、表面粗糙度低，生产出来的铸件精度可达 IT8～ITl0，表面粗糙度为 $Ra1.25～10\mu m$。在模具制造中主要用来浇注形状复杂、具有图案、花纹的模具型腔，如锻造模、玻璃模、塑料模及拉深模的型腔。

1. 陶瓷型模型常用的材料

陶瓷型铸造模型的造型材料可分为砂套造型材料和陶瓷层造型材料。

（1）砂套造型材料

在陶瓷型铸造成型中，由于陶瓷材料价格较高，为了节约贵重材料，一般只是型腔表面为一层 5～8mm 的陶瓷材料，其余是普通铸造型砂构成的砂套。常用的砂套型砂一般为水玻璃砂，型砂的主要成分：石英砂，石英粉、黏土，水玻璃和适量的水混合而成。

（2）陶瓷层造型材料

制造陶瓷层所用的材料包括耐火材料、黏结剂、催化剂、脱模剂、透气剂等。

① 耐火材料。用做陶瓷层的耐火材料一般要求杂质少、熔点高、高温热膨胀系数小、资源丰富、价格低廉。如刚玉粉、铝矾土、石英粉、碳化硅及锆砂（$ZrSiO_4$），一般使用的粒度为 60～320 目，可以粗、中、细混合应用。

② 黏结剂。陶瓷型常用的黏结剂是硅酸乙酯水解液。硅酸乙酯分子式为$(CH_5O)_4Si$，它不能起黏结剂的作用，只有水解后成为硅酸溶胶才能作为黏结剂使用。可将溶质硅酸乙酯和水在溶剂酒精中通过盐酸的催化作用发生水解反应，得到硅酸溶液（硅酸乙酯水解液）。为防止陶瓷型在喷烧及焙烧过程中产生裂纹，水解时可加入质量分数为 0.5%左右的甘油或醋酸，增加其强度和韧性。

③ 催化剂。硅酸乙酯水解液的 pH 值一般为 0.2～0.26，稳定性较好。当与耐火粉料混合后并不能在短时间内结胶，为了能控制陶瓷浆结胶的时间，必须加入催化剂。常用的催化剂有氢氧

化钙、氧化镁、氧化钠、氧化钙等。通常用氢氧化钙和氧化镁作为催化剂。加入的方法简单、易于控制，加入量的多少可根据铸型大小而定。其中氢氧化钙作用强烈，氧化镁则较缓慢。对大型铸件氢氧化钙加入量为每 100mL 硅酸乙酯水解液为 0.35g，结胶时间为 8～10min。中小铸件用量为 0.45g，结胶时间为 3～5min。

④ 脱模剂。硅酸乙酯水解液和模型的附着力很强。为了防止黏模，影响型腔表面质量，需用脱模剂使模型和陶瓷型分开容易。常用的脱模剂有上光蜡、机油、变压器油、有机硅油及凡士林。上光蜡与机油同时应用效果更佳。应用时，先将模型表面擦干净，均匀涂上一层上光蜡并用软干布擦至均匀光亮。然后在其上面涂一层均匀而薄的机油，即可保证顺利脱模。

⑤ 透气剂。陶瓷型经喷烧后，表面透气性较差，为了增加其透气性，一般在陶瓷浆料中加入透气剂，如松香、碳酸钡或双氧水。目前，常用的透气剂为双氧水。双氧水加入后会迅速分解放出氧气，形成无数细小的气泡，使陶瓷型的透气性能提高。双氧水加入量为耐火粉料质量的 0.2%～0.3%。用量过多会造成陶瓷型产生裂纹、变形及气孔等缺陷。双氧水在使用中应注意安全防护，防止接触皮肤以免造成灼伤。

2．陶瓷型铸造工艺过程

陶瓷型铸造用陶瓷浆料作为造型材料，灌浆成型，经喷烧和烘干后即完成造型。然后，经合箱、浇注金属液铸成零件。其从制造母模到最后获得铸件的工艺过程如图 6-72 所示。

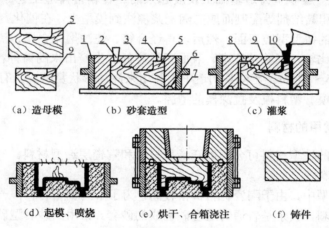

（a）造母模　　　　（b）砂套造型　　　　　（c）灌浆

（d）起模、喷烧　　　（e）烘干、合箱浇注　　　（f）铸件

图 6-72　陶瓷型铸造工艺过程示意图

1-砂箱；2-排气孔孔芯；3-水玻璃砂；4-灌浆孔孔芯；5-粗模
6-定位销；7-平板；8-排气孔；9-精模；10-陶瓷浆层

（1）模型制作

用来制造陶瓷铸型的模型中，用于砂套造型的称为粗模，用于灌制陶瓷浆造型的称为精模，如图 6-72（a）所示。精模用金属、石膏、木材、塑料等材料制成，由于其表面粗糙度对陶瓷铸型表面粗糙度有直接影响，因此，精模加工要求较高，表面粗糙度一般取 $Ra0.8～3.2\mu m$。造型时先用粗模将砂套造好，砂套与精模配合，形成 5～8mm 的间隙，此间隙即为所需浇注的陶瓷层厚度。

（2）砂套造型

如图 6-72（b）所示，将粗模置于平板上，外面套上砂箱，在粗模上方竖立两根圆锥木棒，然后填以水玻璃砂，夯实后起模。并在砂套上打气眼，充入二氧化碳使其硬化，即得到所需的水玻璃砂底套。上面的两个圆锥孔一个灌注陶瓷浆，一个是灌浆时的排气孔。

（3）陶瓷层材料的配制及灌浆

陶瓷型材料由耐火材料、黏结剂、催化剂和透气剂等按一定的比例配制而成。其中耐火材料主要含 Al_2O_3 和 SiO_2，粒度粗细搭配要适当。黏结剂是硅酸乙酯进行水解而得到的含硅酸的胶体溶液简称水解液。改变黏结剂的加入量，可以调节陶瓷型浆料的黏度和流动性。黏结剂（硅酸乙酯水解液）稳定性较好，与耐火材料制成灌浆后，结胶的时间较长，通过加入催化剂可以将时间缩短。为了改善陶瓷铸型的透气性，可往浆料中添加少量的透气剂。

陶瓷浆料的制作过程：将透气剂倒入定量的水解液料桶中，耐火材料与催化剂混合后倒入料桶，搅拌均匀。当浆料黏度开始增大出现胶凝时，即可进行灌浆浇注，如图 6-72（c）所示。

正确掌握灌浆时间是制得高质量陶瓷层的关键。若灌浆过早，浆会很稀。由于耐火材料和水解液的密度不同，易产生偏析而降低强度。灌浆过迟，因陶瓷浆已开始结胶而黏度变大，充不满铸型而报废。由于该时间范围和具体配方有关，最好先用少量材料试验后得出正确的灌浆时间。

（4）起模、喷烧

灌浆后待陶瓷浆料结胶硬化后便可起模。起模之后要点火喷烧陶瓷型腔，并吹入压缩空气助燃，如图 6-72（d）所示。因为这时铸型内有大量的酒精，若让其缓慢挥发，将会在陶瓷型腔上留下大量的裂纹。喷烧可使陶瓷型腔受热升温，陶瓷中均匀分布的酒精燃烧，只在陶瓷层上形成一些网状显微裂纹，可以增强陶瓷层的透气性和弥补铸型的收缩。

（5）烘干、合箱浇注

烘干的目的是将陶瓷铸型内残存的酒精、水分和少量有机物清除干净。将陶瓷铸型放入烘干炉中，以 $100\sim300℃/h$ 的速度将温度慢慢升高至 450℃，保温 4～6h，冷却后出炉。

合箱浇注操作与普通砂型铸造相似，如图 6-72（e）所示。陶瓷铸型可以进行冷浇，浇注后用氩气保护，以减少铸件表面氧化及脱碳层的产生，待冷却后即可开箱清理铸件。清理后的铸件需要经正火及回火处理（加热到 680℃，保温 24h），然后进行必要的机械加工，完成模具的制造。

3．陶瓷型铸造型腔的特点

陶瓷型铸造型腔具有以下特点：

① 由于陶瓷型采用热稳定性高、粒度细的耐火材料，灌浆后的表面光滑，因此，铸件的尺寸精度高，可达 IT8～IT10，表面粗糙度小，可达 $Ra1.25\sim10\mu m$。

② 投资少、准备周期短、不需要特殊设备。一般铸造车间都可以进行陶瓷型铸造，适用于大批量生产。

③ 可铸造大型精密铸件。目前最大的陶瓷型铸件可达十几吨。

④ 使用寿命长，一般不低于机械加工制造的模具型腔。

但由于硅酸乙酯、刚玉等原材料价格昂贵，灌浆后产生的局部缺陷难以修复，铸造生产环节多等特点，限制了陶瓷型铸造模具的发展。

6.4.6　合成树脂浇注成型

合成树脂是高分子材料，它与金属材料相比，其强度和耐用度较差。但它的密度小、质量轻、成型容易、制模周期短，使用方便。在新产品试制或批量较小的情况下，可用来制造中、小型塑料注射模的型腔或铝板、薄钢板的拉伸、弯曲模具的凹模。用合成树脂制造型腔常用的方法为浇注成型法。

1. 浇注型腔常用的合成树脂

合成树脂的种类很多，因此，其性能区别也很大。目前，用于制造模具型腔的合成树脂主要有以下几种：

① 环氧树脂。环氧树脂属于热固性的树脂。常温下具有较高的力学强度和良好的耐酸、耐碱、耐盐和有机溶剂等化学药品的侵蚀能力，其收缩率在加入填料后可达到 0.1%。但其冲击性能低、质脆，需加入适量的填料、稀释剂、增韧剂等来改善性能。

② 聚酯树脂。浇注用的聚酯树脂是热固性的不饱和聚酯树脂，其力学强度高，化学性能稳定，成型方法容易，并且可在常温常压下固化。但聚酯树脂的收缩率较大，所以，制作模具型腔时，必须考虑树脂的收缩率对型腔精度的影响，它可以通过加入各种填料来改善物理性能、减小收缩率和降低成本。

③ 酚醛树脂。酚醛树脂是热固性树脂，是用来制造模具、模型零件较早的树脂。它的成型收缩率小、价格便宜、来源丰富。但其本身较脆，应用时必须加入其他填料来改善性能。

2. 型腔浇注成形的工艺过程

采用浇注法制造模具型腔的工艺过程，因使用的树脂不同而有变化，现以环氧树脂浇注型腔来说明其工艺过程。

（1）模型、模框的准备

型腔浇注用的模型，根据型腔的形状和尺寸大小，可用木材、石膏，金属或塑料制作。木模型和石膏模型应进行充分干燥，以免浇注时产生气泡，并使型腔表面龟裂。木模型的表面要用虫胶漆或石蜡填缝。为了防止树脂和模型黏结，在模型与树脂接触表面要涂脱模剂，以利脱模。

浇注树脂型腔时，为了限制树脂的流动和成为一定几何形状，模型要用适当的模框围起来，并和模型相对固定形成浇注树脂的空间。如果模框浇注后需和树脂型腔分离，则模框内侧面也应涂刷脱模剂，以利模框和树脂型腔的分离。

（2）原料配制

浇注型腔用的树脂，通常使用双酚 A 型环氧树脂，除环氧树脂外，还需加入固化剂。常用的固化剂有两类：一类是胺类固化剂，它能使环氧树脂在室温下固化，使用方便。但其毒性较大，选用时必须注意；另一类是酸酐类固化剂，它的毒性小，但需加热才能使环氧树脂固化，使用不方便。

为了提高树脂型腔的冲击韧性，降低配料时树脂溶液的浓度，同时有利于填料的浸润等，可加入少量的增塑剂。如邻苯二甲酸二丁酯、邻苯二甲酸二辛酯、癸二酸二丁酯等，用量一般为树脂量的 10%～20%。有时为了降低树脂的黏度，方便浇注，还常加入稀释剂，一般为树脂量的 5%～20%。

① 浇注型腔常用的配方。为了满足型腔性能的要求和浇注时的成型工艺条件，需选定适当的配方，浇注环氧树脂型腔常用的配方见表 6-15。

② 环氧树脂混合料的配制。配制前要对树脂和各种原料进行干燥。配制用的容器要清洁，不得有油脂。配制过程中，要注意使组分完全混合均匀，排除溶液中的空气和挥发物及控制好固化剂的加入温度。按照选定的配方，准确称量好各种原料。混合料的配制顺序如下：

环氧树脂 6207 及顺丁烯二酸酐 $\xrightarrow[\text{（水溶）}]{70\sim80℃\text{熔解}}$ 加入甘油 $\xrightarrow[\text{（水溶）}]{80\sim90℃\text{（熔入）}}$ 加入环氧树脂

634→加入铝粉搅拌均匀 $\xrightarrow[\text{（保温）}]{80\sim90℃}$ 抽真空至无气泡→取出浇注。

表 6-15 浇注型腔用环氧树脂配方 份

配方 原料	I	II	III
6207 环氧树脂（工业用）		83	83
634 环氧树脂（工业用）	100	17	17
铝粉（100～200 目）	170	220	150
还原铁粉			100
均苯四甲酸酐	21		
顺丁烯二酸酐	19	48	48
甘油		5.8	5.8

（3）浇注及固化

将已经混合好的环氧树脂混合料，浇注到已安装、固定好的模型和模框内。使其充满模型和模框形成的空间。然后，将其放入 90℃的烘干箱中保温 3h；升温至 120℃保温 3h，再升温至 180℃保温 20h。经缓慢冷却后，即可开模取出型腔制件。

（4）树脂型腔的后处理

环氧树脂浇注的型腔制件，可不经特别后处理，只要经过修整即可应用。在需要的情况下，可以对环氧树脂型腔制件进行切削加工。

将以上浇注成型的环氧树脂型腔，装配到塑料注射模具上，即可进行塑料制品的注射成型。合成树脂除以上介绍的制作模具型腔外，还可以制作大型的汽车覆盖件的主模型、切削加工用的仿形靠模、仿形样板及铸造用的模型等。

6.4.7 抛光和研磨

模具型腔的抛光是模具制造过程中的最后一道工序。经机械加工或电火花加工模具型腔，在表面留有刀痕或硬化层，需以抛光去除。抛光的程度包括各种等级，从修去切削痕迹开始，直到加工成镜面状态的研磨等。

抛光工序在模具制造中非常重要，它不仅对成型制件的尺寸精度、表面质量影响很大，而且也会影响模具的使用寿命。抛光和研磨在型腔加工中所占工时比重很大，特别是那些形状复杂的塑料模型腔，其抛光工时可达工件总工时的 45%。

抛光加工大致可分为手工抛光和机械抛光机具进行抛光。

1. 手工抛光

手工抛光有以下几种操作方法。

（1）用砂纸抛光

手持砂纸，压在加工表面上作缓慢的运动，以去除机械加工的切削痕迹，使表面粗糙度减小，这是一种常见的抛光方法。抛光时也可用软木压在砂纸上进行。根据不同的抛光要求可采用不同粒度号数的氧化铝、碳化硅及金刚石砂纸。抛光过程中必须经常对抛光表面和砂纸进行清洗，并按照抛光的程度依次改变砂纸的粒度号数。

（2）用油石抛光

与用砂纸抛光相似，仅抛光工具是油石。用油石主要是对型腔的平坦部位和槽的直线部分进行抛光。抛光前应做好以下准备工作：

① 选择适当种类的磨料、粒度、形状和尺寸的油石，油石的硬度可参考图 6-73 所示图线。

② 当油石形状与加工部位的形状不相吻合时，须用砂轮修整器对油石进行修整，图 6-74 所示为修整后用于加工狭小部位的油石。

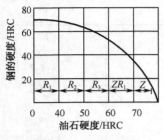

图 6-73　油石的选用

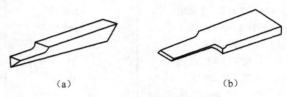

(a)　　　　　　　　　　(b)

图 6-74　经过修整的油石

用油石抛光时为获得一定的润滑冷却作用，常用 L-AN15 全损耗系统用油作抛光液。精加工时可用 L-AN15 全损耗系统用油一份、煤油三份、透平油或锭子油少量，再加入适量的轻质矿物油或变压器油。

抛光过程中，由于油石和工件紧密接触，油石的平面度将因磨损而变差，对磨损变钝的油石应及时在铁板上用磨料加以修整。在加工过程中要经常用清洗油对油石和加工表面进行清洗，否则会因油石气孔堵塞而使加工速度下降。

（3）研磨

研磨是在工件和工具（研具）之间加入研磨剂，在一定压力下由工具和工件间的相对运动，驱动大量磨粒在加工表面滚动或滑动产生磨擦，切下细微的金属层而使加工表面粗糙度减小。同时，研磨剂中加入的硬脂酸或油酸与工件表面的氧化物薄膜产生化学作用，使被研磨表面软化，从而促进了研磨效率的提高。

研磨剂由磨料、研磨液（煤油或煤油与全损耗系统用油的混合液）及适量辅料（硬脂酸、油酸或工业甘油）配制而成。研磨钢时，粗加工用碳化硅或白钢玉，淬火后的精加工则使用氧化铬或金刚石粉作为磨料。磨料粒度可按表 6-16 进行选择。

表 6-16　磨料的粒度选择

粒　　度	能达到的表面粗糙度 $Ra/\mu m$
100～120	0.80
120～320	0.80～0.20
W28～W14	0.20～0.10
≤W14	≤0.10

2．机械抛光

手工抛光加工时间长、劳动强度大。随着现代技术的发展，抛光的机械化、自动化不断提高，并引入了电解、超声波加工等新技术。因此，在抛光加工中相继出现了电动抛光、电解抛光、超声抛光以及机械—超声抛光、电解—机械—超声抛光等复合工艺。应用这些工艺可以减轻劳动强度，提高抛光的速度和质量。

（1）圆盘式磨光机

图 6-75 所示为一种常见的磨光机。用手握住，对一些大型模具在仿形加工后的走刀痕迹及倒角进行抛光。其抛光精度不高，抛光程度接近粗磨。

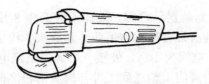

图 6-75　圆盘式磨光机

（2）电动抛光机

这种抛光机主要由电动机、传动软轴及手持式研抛头组成。使用时电动机挂在悬挂架上，电动机启动后通过软轴传动手持研抛头产生旋转或往复运动。

这种抛光机备有三种不同研抛头，以适应不同的研抛工作。

① 手持往复研抛头。如图 6-76 所示，这种研抛头工作时一端连接软轴，另一端安装研具或油石、锉刀等。在软轴传动下研抛头产生往复运动，可适应不同的加工需要。研抛头工作端还可按加工需要，在 270° 范围内调整。这种研抛头装上球头杆，配上圆形或方形铜（塑料）环作为研具，手持研抛头沿研磨表面不停地均匀移动，可对某些小曲面或形状复杂的表面进行研磨。研磨时常采用金刚石研磨膏作为研磨剂。

② 手持直式旋转研抛头。如图 6-77 所示，这种研抛头可装夹 $\phi2\sim\phi12mm$ 的特形金刚石砂轮，在软轴传动下作高速旋转运动。加工时就像握笔一样握住研抛头进行操作，可对型腔细小复杂的凹弧面进行修磨。取下特形砂轮，装上打光球用的轴套，用塑料研磨套可研抛圆弧部位。装上各种尺寸的羊毛毡抛光头就可进行抛光工作。

③ 手持角式旋转研抛头。与手持直式研抛头相比，这种研抛头的砂轮回转轴与研抛头的直柄部成一定夹角，便于对型腔的凹入部分进行加工。与各种抛光及研磨工具配合，可进行相应的研磨和抛光工序。

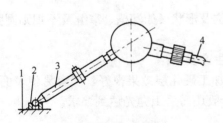

图 6-76　手持往复式研抛头

图 6-77　手持直式旋转研抛头

1-工件；2-研磨环；3-球头杆；4-软轴

使用电动抛光机进行抛光和研磨时，应根据被加工表面原始粗糙度和加工要求，选用适当的研抛工具和研磨剂，由粗到细逐步进行加工。在进行研磨操作时，移动要均匀，在整个表面不能停留；研磨剂涂布不宜过多，要均匀散布在加工表面上，采用研磨膏时必须添加研磨液；每次改变不同粒度的研磨剂时，都必须将研具及加工表面清洗干净。

3. 电解接触抛光

电解接触抛光（或称电解修磨）是电解抛光的形式之一。如图 6-78 所示，它是利用通电后的电解液在工件（阳极）与金刚石抛光工具（阴极）间流过，发生阳极溶解作用来进行抛光的一种表面加工方法。

图 6-79 所示为电解接触抛光装置示意图。被加工的工件 8 由一块与直流电源正极相连的永久磁铁 7 吸附在上面，修磨工具由带有喷嘴的手柄 2 和磨头 3 组成，磨头连接负极。电源 4 供应低压直流电，输出电压为 30V，电流为 10A，外接一可调的限流电阻 5。离心式水泵 13 将电解液箱 9 内的电解液通过控制流量的阀门 1 输送到工件与磨头两极之间。电解液可将电解产物冲走，并从工作槽 6 通过回液管 10 流回电解液箱中，箱中设有隔板 12 起到将电解液过滤的作用。

图 6-78　电解修磨抛光

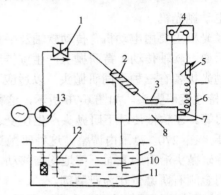

图 6-79　电解接触抛光装置图

1-阀门；2-手柄；3-磨头；4-电源；5-电阻；6-工作槽；7-磁铁；

8-工件；9-电解液箱；10-回液管；11-电解液；12-隔板；13-离心式水泵

电解修磨抛光工具可采用导电油石制造。这种油石以树脂作黏结剂，与石墨和磨料（碳化硅或氧化铝）混合压制成。为获得较好的加工效果，应将导电油石修整成与加工表面相似的形状。电解液常选用每立升水中溶入 150g 硝酸钠（$NaNO_3$）、50g 氯酸钠（$NaClO_3$）制成。

电解接触抛光有以下特点：

① 电解接触抛光不会使工件产生热变形或应力；

② 工件硬度不影响溶解速度；

③ 对模具型腔中用一般方法难以修磨的部位及形状（如深槽、窄缝及不规则圆弧等），可选用相适应的磨头进行加工，操作灵活；

④ 装置简单，工作电压低，电解液无毒，生产安全；

⑤ 人造金刚石寿命高，刃口锋利，去除电加工硬化层效果很好，但容易使表面产生划痕，对减小加工表面粗糙度不利。去除硬化层后，一般还需手工抛光达到要求。

4. 超声波抛光

超声波抛光是超声加工的一种形式，超声加工是利用超声振动的能量，通过机械装置对工件进行加工。超声波抛光装置由超声波发生器、换能器、变幅杆、工具等部分组成。超声波发生器是将 50Hz 的交流电转变为有一定功率输出的超声频电振荡，以提供工具振动能量。换能器将输入的超声频电振荡转换成机械振动，并将其超声机械振动传送给变幅杆（又称振幅扩大器）加以放大，再传至固定在变幅杆端部的工具，使工具产生超声频的振动。

超声波抛光装置有两种形式：散粒式超声波抛光和固着磨料式超声波抛光。

散粒式超声波抛光装置如图 6-80 所示，在工具与工件之间加入混有金刚砂、碳化硼等磨料的悬浮液，在具有超声频率振动的工具作用下，颗粒大小不等的磨粒将产生不同的激烈运动，大的颗粒高速旋转，小的颗粒产生上、下、左、右的冲击跳跃，对工件表面均起到细微的切削作用，使加工表面平滑光整。

固着磨料式超声波抛光，是将磨料与工具制成一体，就如使用油石一样，用这种工具抛光，不需另添磨剂，只要加些水或煤油等工作液，其效率比手工用油石抛光高十多倍。其工作效率高，是由于振动抛光时，工具上露出的磨料都在以每秒二万次以上的频率进行振动，也就是露出的每一颗磨粒都在以如此高的频率进行微细的切削，虽然振幅仅有 0.01～0.025mm，但每秒钟都切削几万次，切除的金属量并不少。因为工具的振幅很小，所以，加工表面的切痕均匀细密，能达到抛光目的。这种形式较散粒式节约研磨剂，磨剂利用率高，提高了抛光效率。图 6-81 所示为这种形式的超声波抛光机。

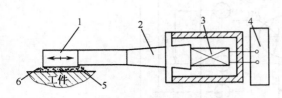

图 6-80　超声波抛光装置示意图

1-工具；2-变幅杆；3-换能器；4-超声波发生器；5-工作液；6-磨粒

图 6-81　超声波抛光机

1-超声波发生器；2-脚踏开关；3-手持工具头

超声抛光前，工件表面粗糙度为 $Ra1.25～2.5\mu m$，经抛光后可达 $Ra0.08～0.63\mu m$ 或更小，抛光精度与操作者的熟练程度和经验有关。

超声波抛光具有以下优点：

① 抛光效率高，能缩短模具制造周期，减轻劳动强度；

② 适应性好，能抛光狭缝、深槽、不规则的圆弧及棱角等；

③ 适用于不同材质的抛光。

思考题和习题

6-1　简述模架的作用。

6-2　加工冷冲模模架的导柱、导套及模座时应注意什么？

6-3　简述注射模的结构组成。

6-4　非圆形凸模的加工方法有哪些？如何进行选择？

6-5　压印锉修加工是怎样进行操作的？

6-6　凹模有哪几种类型的孔？如何加工这些孔？

6-7　采用电火花线切割加工模具时，考虑线切割加工工艺特点，应选用什么样的模具材料？为什么？

6-8　型腔加工的特点是什么？常用的加工方法有哪些？

6-9　型腔的冷挤压成型有哪几种方式，各有何特点？

6-10　简述陶瓷型铸造工艺过程。

6-11　模具型腔抛光的方法有哪些？

6-12　分析图 6-82 和图 6-83 的非圆形冲裁模的凹模与凸模零件图，编制其加工工艺过程。

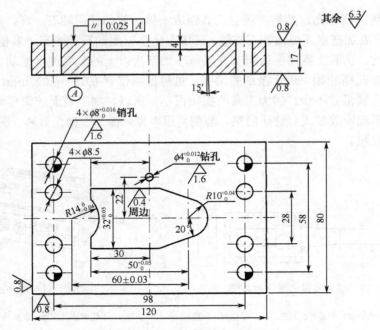

图 6-82　非圆形凹模零件图

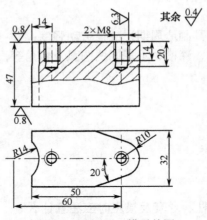

图 6-83　非圆形凸模零件图

注：凸模尺寸按凹模实际尺寸配制，保证双面配合间隙为 0.03mm

第7章

模具装配工艺基础

教学目标： 掌握模具装配工艺方法及其应用范围，会计算装配尺寸链；掌握模具零件的固定方法和凸模与凹模间隙的调整方法；掌握冷冲模模架的装配方法和凸模与凹模的装配方法；熟悉冷冲模和塑料模总装配的工艺方法及装配过程中的检测与调试。

教学重点和难点：

✧ 冷冲模的装配

✧ 塑料模的装配

模具与一般机械产品不同，具有特殊性，既是终端产品，又是用来生产其他制件的工具。因此，模具零件制造的完成不能成为模具制造的终点，必须将模具调整到可以生产出合格制件的状态后，模具制造才算大功告成。

模具装配就是根据模具的结构特点和技术条件，按一定的装配顺序和方法，将符合图样技术要求的零件，经协调加工，组装成满足使用要求的模具的过程。模具装配是模具制造过程中非常重要的环节，装配质量直接影响模具的精度和寿命及使用性能，也影响到模具生产的制造周期和生产成本。研究模具装配工艺、提高装配工艺技术水平，是确保模具装配精度与质量的关键工艺措施。

模具装配与一般机械产品的装配相比，有以下特点：

① 模具属于单件小批量生产，常用修配法和调整法进行装配，较少采用互换法，生产效率较低。

② 模具装配多采用集中装配，即全过程由一个或一组工人在固定地点来完成，对工人的技术水平要求较高。

③ 装配精度并不是模具装配的唯一标准，能否生产出合格制件才是模具装配的最终检验标准。

模具装配的技术要求主要是根据模具功能要求提出来的，用于指导模具装配前对零组件的检查、指导模具的装配工作以及指导成套模具的检查验收。

模具的检验是指按照模具图样和技术条件，检验模具各零件的尺寸、表面粗糙度、硬度、模具材质和热处理方法以及模具组装后的外形尺寸、运动状态和工作性能等。检验内容主要包括外观检验、尺寸检验、试模和制件检验、质量稳定性检验、模具材质和热处理要求检验等。

7.1 概述

7.1.1 装配及装配精度

模具装配的内容包括：选择装配基准、组件装配、调整、修配、总装、研磨抛光、检验和试模等环节，通过装配达到模具的各项指标和技术要求。

在装配时，零件或相邻装配单元的配合与连接，必须按照装配工艺确定的装配基准进行定位与固定，以保证它们之间的配合精度和位置精度，从而保证模具零件之间精密均匀的配合、模具开合运动及其他辅助机构（如卸料、抽芯、送料等）运动的精确性。最终确保成型制件的精度、质量以及模具的使用性能和寿命。通过模具装配和试模也将检验制件的成型工艺、模具设计方案及模具制造工艺编制等工作的正确性与合理性。

模具装配精度主要包括以下内容：

① 相关零件的位置精度。例如，上、下模之间，动、定模之间的位置精度；定位销孔与型孔的位置精度；型腔、型孔与型芯之间的位置精度等。

② 相关零件的运动精度。包括直线运动精度、圆周运动精度与传动精度。例如，导柱和导套的配合状态；顶料和卸料装置的运动是否灵活可靠；送料装置的送料精度等。

③ 相关零件的配合精度。相互配合零件的间隙或过盈量是否符合技术要求。例如，间隙配合、过渡配合的实际状态等。

④ 相关零件的接触精度。例如，模具分型面的接触状态；弯曲模和拉深模的上、下成型面的一致性。

模具装配精度的具体技术要求可参考相应的模具技术标准。

7.1.2 装配的组织形式

模具装配的组织形式，主要取决于模具生产批量的大小，其主要组织形式有固定式装配和移动式装配两种。

1. 固定式装配

固定式装配是指零件装配成部件或模具的全过程是在固定的工作地点完成。它可以分为集中装配和分散装配两种形式。

① 集中装配。是指零件组装成部件或模具的全过程，由一个（或一组）工人在固定地点来完成模具的全部装配工作。这种装配形式必须由技术水平较高的工人来承担。其装配周期长、生产率低、工作地点面积大。适用于单件和小批量或装配精度要求较高及需要调整的部位较多的模具装配。

② 分散装配。是指将模具装配的全部工作，分散为各种部件装配和总装配，在固定的地点完成模具的装配工作。这种形式由于参与装配的工人多、工作面积大、生产率高、装配周期较短，适用于批量模具的装配工作。

2. 移动式装配

移动式装配是指每一装配工序按一定的时间完成，装配后的组件、部件或模具经传送工具输送到下一个工序。根据输送工具的运动情况可分为断续移动式装配和连续移动式装配两种。

① 断续移动式装配。是指每一组装配工人在一定的周期内完成一定的装配工序，组装结束后由输送工具周期性地输送到下一装配工序。该方式对装配工人的技术水平要求较低，装配效率高、周期短，适用于大批量模具的装配工作。

② 连续移动式装配。是指装配工作是通过输送工具以一定速度连续移动的过程中完成装配工作。其装配的分工原则基本与断续移动式装配相同，所不同的是输送工具作连续运动，装配工作必须在一定的时间内完成。该方式对装配工人的技术要求低，但必须熟练，装配效率高、周期短，适用于大批量模具的装配工作。

7.1.3　模具装配工艺方法

模具装配的工艺方法包括互换法、修配法和调整法。模具生产属单件小批量生产，又具有成套性和装配精度高的特点，所以，目前模具装配以修配法和调整法为主。今后随着模具技术和设备的现代化，零件制造精度将满足互换法的要求，互换法的应用将会越来越多。

1. 互换法

互换法通过控制零件的加工误差，零件装配时不需要挑选，装配后即能保证装配精度，包括完全互换法、部分互换法和分组互换法。互换法适用于批量生产，在大批量生产的导柱导套及模架中常用互换法。其原则是各有关零件的公差之和小于或等于允许的装配误差，即

$$\sum_{i=1}^{n} \delta_i \leqslant \delta_\Delta$$

式中　δ_i——各有关零件的制造公差；

δ_Δ——装配允许的误差（公差）。

显然，在这种装配中，零件是可以完全互换的。例如，某定、转子硅钢片硬质合金多工位级进模，凹模是由 12 个镶块镶拼而成，制造精度达微米级，不需要修配就可以装配，就是采用精密加工设备来保证的。

互换法的优点如下：

① 装配过程简单，生产率高；

② 对工人技术水平要求不高，便于流水作业和自动化装配；

③ 容易实现专业化生产，降低成本；

④ 备件供应方便。

但是相对其他装配法，互换法将会提高零件的加工精度，同时要求管理水平较高。

2. 修配法

在单件小批生产中，当装配精度要求较高时，如果采用互换法，则对相关零件的要求很高，这对降低成本不利。在这种情况下，常常采用修配法。

修配法是指在模具的个别零件上预留修磨量，在装配时根据实际需要修正预留面来达到装配精度的方法。修配法是在零件加工工艺与加工设备水平不高、标准化水平低、采用传统生产方式下使用的主要装配方法。

（1）修配法特点

① 可放宽零件制造公差，加工要求较低。为达到封闭环精度，需采用磨削、手工研磨等方法，以改变补偿环尺寸，使之达到封闭环公差要求；

② 修配零件与修配面应是只与本项装配精度有关；

③ 应选择易于拆装、修配面不大的零件作为修配件；

④ 需配备技艺高的模具装配钳工。

（2）采用修配法时应注意的事项

①正确选择修配对象。即选择那些只与本装配精度有关，而与其他装配精度无关的零件作为修配对象，然后再选择其中易于拆装且修配面不大的零件作为修配件。

② 尺寸链计算。通过计算合理确定修配件的尺寸和公差，既要保证它有足够的修配量，又不要使修配量过大。

③ 选择加工方法。应考虑用机械加工方法来代替手工修配，例如，采用手持电动或气动修配工具。

3．调整法

调整法的实质与修配法相同，仅具体方法不同，它用一个可调整位置的零件或通过增加合适的调整件来调整其在机器中的位置以达到装配精度。一般常采用螺栓、斜面、挡环、垫片、套筒或连接件之间的间隙作为补偿环。

调整法的优点如下：

① 在各组成环按经济加工精度制造的条件下，能获得较高的装配精度。

② 不需要做任何修配加工，就可以补偿因磨损和热变形对装配精度产生的影响。

但是，调整法往往需要增加调整件，即增加了尺寸链中零件的数量，使制造费用提高，并且装配精度依赖工人的技术水平，调整工时长，工时难以预定。

7.1.4 装配尺寸链计算

模具是由若干零部件装配而成的。为了保证模具的质量，必须在保证各个零部件质量的同时，保证这些零部件之间的尺寸精度、位置精度和装配技术要求。在进行模具设计、装配工艺的制定和解决装配质量问题时，都要应用装配尺寸链的知识。

1．装配尺寸链

在产品的装配关系中，由相关零件的尺寸（表面或轴线间的距离）或相互位置关系（同轴度、平行度、垂直度等）所组成的尺寸链称为装配尺寸链。装配尺寸链的封闭环就是装配后的精度和技术要求。这种要求是通过将零部件装配好以后才最后形成和保证的，是一个结果尺寸和位置关系。在装配关系中，与装配精度要求发生直接影响的那些零部件的尺寸和位置关系，是装配尺寸的组成环。组成环分为增环和减环。

装配尺寸链的基本定义、所用基本公式、计算方法，均与零件工艺尺寸链类似。应用装配尺寸链计算装配精度问题时，首先要正确地建立装配尺寸链；其次要进行必要的分析计算，并确定装配方法；最后确定经济而可行的零件制造公差。

模具的装配精度要求，可根据各种标准或有关资料予以确定，当缺乏成熟资料时，常采用类比法并结合生产经验定出。确定装配方法后，把装配精度要求作为装配尺寸链的封闭环，通过装配尺寸链的分析计算，就可以在设计阶段合理地确定各组成零件的尺寸公差和技术条件。只有零件按规定的公差加工，装配按预定的方法进行，才能有效而又经济地达到规定的装配精度要求。

2．尺寸链的建立

建立和解算装配尺寸链时应注意以下几点：

① 当某组成环属于标准件（如销钉等）时，其尺寸公差大小和分布位置在相应的标准中已有规定，属已知值。

② 当某组成环为公共环时，其公差大小及公差带位置应根据精度要求最高的装配尺寸链来决定。

③ 其他组成环的公差大小与分布应视各环加工的难易程度予以确定。对于尺寸相近、加工方法相同的组成环，可按等公差值分配；对于尺寸大小不同、加工方法不一样的组成环，可按等精度（公差等级相同）分配；加工精度不易保证时可取较大的公差值。

④ 一般公差带的分布可按"入体原则"确定，并应使组成环的尺寸公差符合国家公差与配合标准的规定。

⑤ 对于孔心距尺寸或某些长度尺寸，可按对称偏差予以确定。

⑥ 在产品结构既定的条件下建立装配尺寸链时，应遵循装配尺寸链组成的最短路线原则（环数最少），即应使每一个有关零件或组件仅以一个组成环来加入装配尺寸链中，因此，组成环的数目应等于有关零部件的数目。

3. 尺寸链的分析计算

当装配尺寸链被确定后，就可以进行具体的分析与计算工作。图 7-1 所示为注射模中常用的斜楔锁紧结构的装配尺寸链。在空模合模后，滑块 2 沿定模 1 内斜面滑行，产生锁紧力，使两个半圆滑块严密拼合。为此，需在定模内平面和滑块分型面之间留有合理间隙。

（1）封闭环的确定

图 7-1（a）中的间隙是在装配后形成的，为尺寸链的封闭环，用 L_0 表示。按技术条件，间隙的极限值为 0.18～0.30mm，则为 $L_0{}^{+0.30}_{+0.18}$ mm。

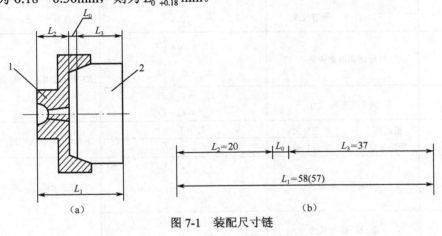

图 7-1　装配尺寸链

1-定模；2-滑块

（2）查明组成环

将 L_0～L_3 依次相连，组成封闭的装配尺寸链。该尺寸链共由四个尺寸环组成，如图 7-1（a）所示。L_0 是封闭环，L_1～L_3 为组成环。绘出相应的尺寸链图，并将各环的基本尺寸标于尺寸链图上，如图 7-1（b）所示。

根据图 7-1（b）所示的尺寸链，可得其尺寸链方程式为 $L_0=L_1-(L_2+L_3)$。当 L_1 增大或减小（其他尺寸不变）时，L_0 也相应增大或减小，即 L_1 的变动导致 L_0 同向变动，故 L_1 为增环。其传递系数 $\xi_1=+1$。当 L_2、L_3 增大时，L_0 减小；当 L_2、L_3 减小时，L_0 增大。所以，L_2、L_3 为减环，其传递系数 $\xi_2=\xi_3=-1$。

（3）校核组成环基本尺寸

将各组成环的基本尺寸代入尺寸链方程式得 $L_0=58-(20+37)=1$mm。

但技术要求 $L_0=0$，若将 L_1-1，即 $L_1=58-1=57$mm，则使封闭环基本尺寸符合要求。因此，各组成环基本尺寸：$L_1=57$mm；$L_2=20$mm；$L_3=37$mm。

（4）公差计算

根据表 7-1 中的尺寸链计算公式如下：

封闭环上极限偏差为 $ES_0=+0.30\text{mm}$；

封闭环下极限偏差为 $EI_0=+0.18\text{mm}$；

封闭环中间偏差为 $\Delta_0=1/2\times(+0.30+0.18)=+0.24\text{mm}$；

封闭环公差为 $T_0=0.30-0.18=0.12\text{mm}$。

式中，ES_0、EI_0、Δ_0 和 T_0 的下标 0 表示封闭环。尺寸链各环的其他尺寸与公差可按表 7-1 的公式进行计算。

表 7-1　尺寸链计算公式

序　号	计　算　内　容		计　算　公　式	说　　明
1	封闭环基本尺寸		$L_0=\sum_{i=1}^{n}\xi_i L_i$	L 为尺寸链尺寸，ξ 为传递系数
2	封闭环中间偏差		$\Delta_0=\sum_{i=1}^{n}\xi_i\Delta_i$	Δ 表示偏差
3	封闭环公差	极值公差	$T_0=\sum_{i=1}^{n}T_i$	公差值最大，T 表示公差
		平方公差	$T_0=\sqrt{\sum_{i=1}^{n}\xi_i^2 T_i^2}$	公差值最小，ξ 表示传递系数
4	封闭环极限偏差		$ES_0=\Delta_0+\dfrac{1}{2}T_0$ $EI_0=\Delta_0-\dfrac{1}{2}T_0$	ES 表示上偏差，EI 表示下偏差
5	封闭环极限尺寸		$L_{i\max}=L_0+ES_0$ $L_{i\min}=L_0+EI_0$	
6	组成环平均公差	极值公差	$T_{\text{av}}=T_0/n$	下角标 av 表示平均
		平方公差	$T_{\text{av}}=T_0/\sqrt{n}$	
7	组成环极限偏差		$ES_i=\Delta_i+\dfrac{1}{2}T_i$ $EI_i=\Delta_i-\dfrac{1}{2}T_i$	ES 表示上偏差，EI 表示下偏差
8	组成环极限尺寸		$L_{i\max}=L_i+ES_i$ $L_{i\min}=L_i+EI_i$	

注：下角标 0 表示封闭环，i 表示组成环的序号，n 表示组成环的个数。

7.2　模具零件的固定方法

　　模具和其他机械产品一样，各个零件、组件是通过定位和固定连接在一起组成模具产品的。模具零件按照设计要求，可采用不同的固定方法。常用的固定方法有机械固定法（铆接法、紧固件法、压入法、焊接法和低熔点合金浇铸法）、物理固定法（热套法、冷胀法）和化学固定法（无机黏结法、环氧树脂黏结法）等。

　　（1）铆接法

　　铆接法如图 7-2 所示。它主要适合于冲裁板厚 $t\leqslant 2\text{mm}$ 的冲裁凸模和其他轴向拔力不太大的零件。凸模和型孔配合部分保持 0.01～0.03mm 的过盈量，凸模铆接端硬度不大于 30HRC。固定板型孔铆接端倒角为（0.5～1.5）×45°。

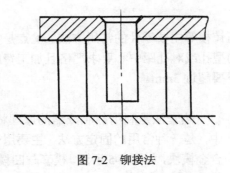

图 7-2　铆接法

（2）紧固件法

紧固件法是利用紧固零件将模具零件固定的方法，主要通过定位销和螺钉将零件相连接，如图 7-3 所示。其特点是工艺简单、紧固方便。

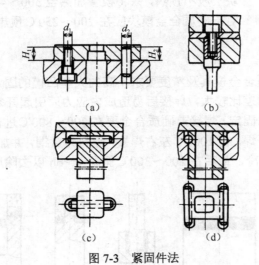

图 7-3　紧固件法

（3）压入法

压入法如图 7-4 所示，定位配合部分采用 H7/m6、H7/n6、H7/r6 配合，主要用于截面形状比较规则（如圆形、方形）的凸模连接，适用于冲裁板厚 $t \leqslant 6mm$ 的冲裁凸模与各类模具零件，利用台阶结构限制轴向移动，注意台阶结构尺寸，应使 $H > \Delta D$，$\Delta D = 1.5 \sim 2.5mm$，$H = 3 \sim 8mm$。

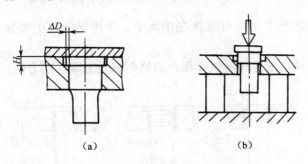

图 7-4　压入法

装配过程如图 7-4（b）所示，将凸模固定板架在两等高垫块上，用压力机将凸模多次压入，压入时要随时检查凸模的垂直度，并注意过盈量、表面粗糙度、导入圆角和导入斜度。压入后应将凸模尾端与固定板磨平。

压入法是固定冷冲模、压铸模等主要零件的常用方法。优点是牢固可靠，缺点是对压入的型孔精度要求高，特别是复杂的型孔或对孔距中心要求严格且加工费时的型孔。压入时最好在手动压力机上进行，首次压入时不要超过 3mm。

（4）热套法

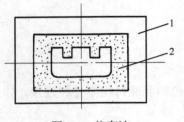

图 7-5　热套法

1-模套；2-凹模块

热套法是利用热胀冷缩的原理将凸模或凹模模块固定在模套中，是一种常用的固定方法。主要用于固定凹模、凸模拼块和硬质合金模块，如图 7-5 所示。模套与凹模块的配合采用较大的过盈量。加热至一定温度后，凹模块装配入模套，过盈量约为(0.001～0.002)D。当过盈配合的连接只起到固定作用时，过盈量应小一些；而当连接还有增加预应力的作用时，过盈量应大一些。对于钢质拼块一般不预热，只将模套加热至 300～400℃并保温 1h，然后装配。对于硬质合金模块应在 200～250℃预热，模套在 400～450℃预热后装配。

（5）焊接法

焊接法一般只用于硬质合金模具及精度要求不高的大型凸模的固定，如图 7-6 所示。由于硬质合金与钢的热膨胀系数相差比较大，焊接后易造成内应力而引起开裂，所以只有在其他固定方法比较困难时才采用焊接法固定。焊接前硬质合金要在 700～800℃进行预热以减小其内应力。焊接时采用火焰钎焊或高频钎焊，在 1000℃左右焊接，焊料为黄铜，并加入脱水硼砂。焊缝为 0.2～0.3mm，焊后放入木炭中缓冷，最后在 200～300℃保温 4～6h 以去除应力。

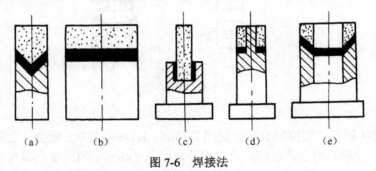

（a）　　　（b）　　　（c）　　　（d）　　　（e）

图 7-6　焊接法

（6）黏结法

黏结法是用黏结剂将模具的零件连接在模具中。常用黏结剂主要有环氧树脂和无机黏结剂两种。

其中，环氧树脂黏结法就是用环氧树脂为黏结剂来固定零件的方法，其结构如图 7-7 所示。

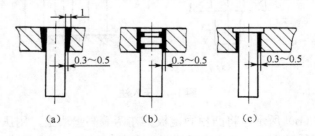

（a）　　　　　（b）　　　　　（c）

图 7-7　环氧树脂黏结法

环氧树脂是一种有机合成树脂，其硬化后对金属和非金属材料有很强的黏结力，连接强度高，化学稳定性好，收缩率小，黏结方法简单。但环氧树脂硬度低，不耐高温，其使用温度一般低于100℃。

环氧树脂黏结法常用于固定凸模、导柱、导套和浇注成型卸料板等。该方法适用于冲裁料厚不大于 0.8mm 的凸模的固定。这种黏结法可降低凸模固定板与凸模连接孔的制造精度，适合于多凸模和形状复杂凸模的固定。其缺点是不适用于受侧向力凸模的固定，并且在下一次固定时环氧树脂不易清理。

环氧树脂黏结剂中需要加入固化剂、增塑剂、填充剂和其他填料。常用的固化剂有乙二胺和邻苯二甲酸酐，其作用是使环氧树脂凝结固化，对黏结剂的力学性能影响较大。常用的增塑剂有邻苯二甲酸二丁酯，它的作用是降低黏度，增加流动性，提高固化后的抗冲击强度和抗拉强度。环氧树脂黏结剂按其树脂牌号和添加剂成分的不同分成很多类型，分别适用于黏结不同的材料。常用于模具固定的环氧树脂黏结剂的配方有两种，见表 7-2。

表 7-2　环氧树脂黏结剂配方

配　方	材料名称及牌号	配比（质量比）
1	环氧树脂 634 或 6101	100
	增塑剂：邻苯二甲酸二丁酯	10～15
	固化剂：乙二胺	6～8
	填料：石英粉（氧化铝粉）	40～50
2	环氧树脂 618	100
	增塑剂：邻苯二甲酸二丁酯	10
	固化剂：乙二胺	10
	填料：水泥 400（铁粉、氧化铝粉）	40

7.3　凸模与凹模间隙调整方法

冲压模具的凸模与凹模之间的间隙大小和均匀程度，会直接影响制件的质量和模具的使用寿命。装配是模具制造的一个重要环节，装配质量的好坏将直接影响到凸模与凹模之间的间隙均匀性。例如，在加工时凸模与凹模的尺寸已达到要求，但是在装配时如果调整不好，将造成间隙很不均匀，甚至冲制出不合格的制件。模具装配的关键就是要控制好凸模与凹模的相对位置，以保证凸模与凹模之间的间隙正确、均匀。

凸模与凹模之间的间隙控制，应根据冲模结构、间隙大小和实际装配条件来选定。控制与调整间隙的方法有以下几种。

1．垫片控制法

垫片调整间隙法简便、应用广泛。如图 7-8 所示，合模后垫好等高垫铁，使凸模进入凹模内，观察凸模与凹模的间隙状况。若间隙不均匀用敲击凸模固定板的方法调整间隙，然后拧紧上模固定螺钉。最后放纸试冲观察切纸四周毛刺均匀程度，从而判断凸模与凹模的间隙是否均匀，再调整间隙直至冲裁毛刺均匀为止。最后将上模座与固定板同钻、同铰定位销孔，并打入销钉定位。

这种方法广泛适用于冲裁材料比较厚的大间隙冲模和弯曲、拉深、成型模具的间隙控制。

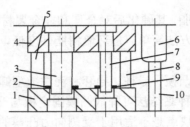

图 7-8　垫片调整间隙法

1-凹模；2、9-垫片；3、7-凸模；4-固定板；5、8-等高垫块；6-导套；10-导柱

2．透光法

将上、下模合模后，用光照射底面，观察凸模与凹模刃口四周透过的光线和分布状态来判断间隙的大小和均匀性。如果不均匀，重新调整至间隙均匀后再固定、定位。此法适于薄料小间隙冲模。

3．辅助化学法

当凸模与凹模的形状复杂时，用上述两种方法调整间隙会比较困难，这时可用辅助化学方法来控制间隙，包括电镀法、涂层法、酸蚀法等。

电镀法是在凸模工作端表面镀上一层铜或锌来代替垫片。镀层厚度与单面间隙相同，刃入凹模孔内，检查上下移动无阻滞现象即可装配紧固。镀层在冲模使用过程中会自然脱落而无须去除。此法镀层均匀，可提高装配间隙的均匀性，适用于形状复杂、凸模数量较多的小间隙冲裁模。

涂层法是在凸模表面涂以厚度等于单边间隙值的一层薄膜材料，如过氯乙烯磁漆或氨基醇酸绝缘漆等来代替电镀层。根据不同的间隙要求选择不同黏度的漆或涂不同次数的漆来控制厚度，涂漆后要进行烘干，并使其均匀一致。涂层在使用时可自然脱落。此法适用于小间隙冲裁模。

酸蚀法是将凸模尺寸加工成与凹模型孔尺寸相同，使凸模与凹模成 H7/h6 的滑配合，待装配好后再将凸模工作部分用酸腐蚀达到规定的间隙值。要注意腐蚀时间的长短及腐蚀后要及时清洗涂油防锈。此法可得到均匀的间隙。常用的酸蚀剂配方如下：

① 硝酸(20%)+醋酸(30%)+水(50%)；

② 蒸馏水(55%)+双氧水(25%)+草酸(20%)+硫酸((1～2)%)。

用辅助化学方法控制间隙时，要求单边间隙厚度不超过 0.1mm，且要求凸模和凹模的形状十分相符，一般由电火花或线切割加工得到，这样可使实际配合间隙调整到十分均匀。

4．工艺装配法

采用工艺措施来调整模具间隙，主要有以下三种方法。

（1）工艺尺寸法

制造凸模时，将凸模前端适当加长，加长段截面尺寸加工到与凹模型孔尺寸相同（呈滑动滑合状态）。装配时，使凸模进入凹模型孔，自然形成冲裁间隙，然后将其定位和固定。最后将凸模前端加长段去除即可形成均匀间隙。此方法主要适用于圆形凸模。

（2）工艺定位孔法

工艺定位孔法控制冲裁间隙如图 7-9 所示。加工时，在凸模固定板和凹模上相同的位置上加工两个工艺孔，可将工艺孔与型腔一次加工出来。装配时，在定位孔内插入定位销来保证间隙。该方法简单方便，间隙容易控制，适用于较大间隙的模具，特别是间隙不对称的模具（如单侧弯曲模）。

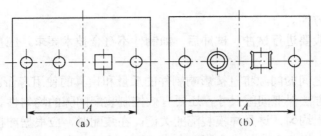

图 7-9 工艺定位孔法

（3）工艺定位套法

装配前先加工一个专用工具——定位套，如图 7-10 所示。要求 d_1、d_2、d_3 尺寸一次装夹成型，以保证同轴度。装配时使其分别与凹模、凸模及凸凹模孔处于滑动配合形式，来保证各处的冲裁间隙。这种装配方法容易掌握，可有效地控制复合模等上、下模的同轴度及凸模与凹模之间的间隙的均匀性，也可用于塑料模等型腔模壁厚的控制。

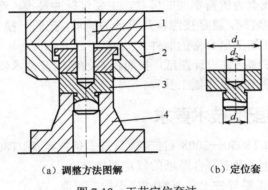

（a）调整方法图解　　　（b）定位套

图 7-10 工艺定位套法

1-凸模；2-凹模；3-定位套；4-凸凹模

5. 标准样件法

根据制件图预先制作一标准样件或采用合格冲压件，装配调整时将其放在凸模与凹模之间，使上、下模相对运动时松紧程度合适即可。此法适用于大间隙的弯曲、拉深及成型等模具的间隙调整。

6. 测量法

用测量的方法可以对间隙进行定量控制，采用的测量工具有塞尺和模具间隙光学测量仪。

① 塞尺测量法。调整后的凸模与凹模间隙均匀性好，是常用的一种方法。装配时，在凸模刃入凹模孔内后，根据凸模与凹模间隙的大小选择不同规格的塞尺插入凸模与凹模间隙中，检查凹模刃口周边各处间隙，并根据测量结果进行调整。为便于使用塞尺，要求冲件轮廓有一定直边。此法适用于凸模与凹模间隙小于 0.02mm 模具的定位装配，有时也用于冲裁材料较厚的大间隙冲模的间隙控制。

② 光学测量法。在检测时，将模具间隙光学测量仪放在上、下模的中间，即冲压件的位置，用光学合像的方法，把上、下模的刃口图像合在一起，通过目镜，就可以从合像中比较清楚地看到上、下模刃口的位置并读出它们的配合间隙值。该仪器可清晰地看出凸模与凹模间隙分布状况，并可读出各部位的间隙数值，同时还可测出刃口的磨损值。故模具间隙光学测量仪可作测量检验

之用，并且使用比较方便。

冲模装配后，一般要进行试冲。试冲后，如制件不符合技术要求，应重新调整间隙，直到冲出合格的零件为止。

模具凸模与凹模之间的间隙将直接影响制件的质量和模具的使用寿命。除了要正确选择间隙值，采用合适的制造方法保证间隙尺寸，还要有效控制装配间隙的均匀性。合理控制凸模与凹模间隙并使其在各方向上均匀，这是冲模装配的关键。在装配时，应根据冲模的结构特点、间隙值的大小以及装配条件和操作者的技术水平与实际经验，来选择其控制和调整方法。

7.4　冷冲模装配工艺

冷冲模是指在室温下，把金属或非金属板料放入模具内，通过压力机和模具对板料施加压力，使板料发生分离或变形而成型为所需零件的模具。主要包括冲裁模、弯曲模、拉伸模、成型模和冷挤压模等。对以上模具的装配，就是按照模具设计的要求，把同一模具的零件连接或固定起来，达到装配的技术要求并保证加工出合格的制件。

在模具装配之前，要仔细研究设计图纸，按照模具的结构及技术要求确定合理的装配顺序及装配方法，选择合理的检测方法及测量工具等。

7.4.1　冷冲模装配的技术要求

① 模架精度应符合 JB/T8050—2008《冲模模架技术条件》、JB/T8071—2008《冲模模架精度检查》的规定。模具的闭合高度应符合图纸的规定要求。

② 装配好的冲模，上模沿导柱上、下滑动应平稳、可靠。

③ 凸模与凹模之间的间隙应符合图纸规定的要求，分布均匀；凸模或凹模的工作行程符合技术条件的规定。

④ 定位和挡料装置的相对位置应符合图纸要求。冲裁模导料板间距离需与图纸规定一致；导料面应与凹模进料方向的中心线平行；带侧压装置的导料板，其侧压板应滑动灵活，工作可靠。

⑤ 卸料和顶料装置的相对位置应符合设计要求，超高量在许用规定范围内，工作面不允许有倾斜或单边偏摆，以保证制件或废料能及时卸下和顺利顶出。

⑥ 紧固件装配应可靠，螺栓螺纹旋入长度在用钢件连接时应不小于螺栓的直径，用铸件连接时应不小于 1.5 倍螺栓直径；销钉与每个零件的配合长度应大于 1.5 倍销钉直径；螺栓和销钉的端面不应露出上、下模座等零件的表面。

⑦ 落料孔或出料孔应畅通无阻，保证制件或废料能自由排出。

⑧ 标准件应能互换；紧固螺钉和定位销钉与其孔的配合应正常、良好。

⑨ 模具在压力机上的安装尺寸需符合选用设备的要求；起吊零件应安全可靠。

⑩ 模具应在生产的条件下进行试验，冲出的制件应符合设计要求。

7.4.2　模架的装配

1. 模架技术条件

JB/T8050—2008《冲模模架技术条件》的主要内容如下：

① 模架零件应符合 JB/T8070—2008《冲模模架零件技术条件》的规定。

② 装入模架的每对导柱和导套的配合状况应符合表 7-3 中给出的要求。

表 7-3 导柱和导套的配合要求

配合形式	导柱直径/mm	配合精度		配合后的过盈量/mm
		H6/h5（Ⅰ级）	H7/h6（Ⅱ级）	
		配合后的间隙值/mm		
滑动配合	≤18	0.003～0.01	0.005～0.015	
	>18～28	0.004～0.011	0.006～0.018	
	>28～50	0.005～0.013	0.007～0.022	
	>50～80	0.005～0.015	0.008～0.025	
	>80～100	0.006～0.018	0.009～0.028	
滚动配合	>18～35	—	—	0.01～0.02

③ 装配成套滑动导向模架分为Ⅰ级和Ⅱ级，装配成套滚动导向模架分为0Ⅰ级和0Ⅱ级。各级精度的模架应符合表 7-4 中的技术指标要求。

表 7-4 模架分级技术指标

项 目	检 查 项 目	被测尺寸/mm	滚动导向模架		滑动导向模架	
			精度等级			
			0Ⅰ级	0Ⅱ级	Ⅰ级	Ⅱ级
			公差等级			
A	上模座上平面对下模座下平面的平行度	≤400	5	6	5	6
		>400	6	7	6	7
B	导柱轴心线对下模座下平面的垂直度	≤160	4	5	4	5
		>160	5	6	5	6
C	导套孔轴心线对上模座上平面的垂直度	≤160	4	5	4	5
		>160	5	6	5	6

注：1. 被测尺寸：A—上模座的最大长度尺寸或最大宽度尺寸；B—下模座上平面的导柱高度；C—导套孔延长芯棒的高度。

2. 公差等级符合 GB/T1184—1996 规定。

④ 装配后的模架上模相对下模上、下移动时，导柱和导套之间应滑动平稳，无阻滞现象。装配后，导柱固定端面与下模座下平面保持 1～2mm 的空隙，导套固定端端面应低于上模座上平面 1～2mm。

⑤ 模架各零件的工作表面不允许有裂纹和影响使用的砂眼、缩孔、机械损伤等缺陷。

⑥ 在保证使用质量的情况下，允许采用新工艺方法（如环氧树脂黏结法、低熔点合金法）固定导柱、导套，零件结构尺寸允许进行相应变动。

⑦ 成套模架一般不装配模柄。需要装配模柄的模架其模柄应符合以下要求：压入式模柄与上模座呈 H7/m6 配合；除了浮动模柄外，其他模柄装入上模座后，模柄轴心线对上模座上平面的垂直度误差在模柄长度范围内不大于 0.05mm。

2. 模架的装配方法

模架有很多种类，各种模架装配的基本方法近似，其中应用最多的是滑动配合的压入式模架，其导柱、导套与上、下模座均采用过盈配合。压入式模架装配方法按照导柱和导套的装配顺序可分为两种：先压入导柱的装配方法和先压入导套的装配方法。

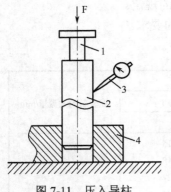

图 7-11　压入导柱

1-压块；2-导柱；3-百分表；4-下模座

先压入导柱的装配方法如图 7-11 所示。其装配过程如下。

（1）选配导柱和导套

按照模架精度等级的规定选配导柱和导套，使其配合间隙符合技术要求。

（2）压导柱

在压力机平台上将导柱 2 置于下模座 4 的孔内，用百分表 3（或宽座角尺）在两相互垂直方向检验和校正导柱的垂直度；检验校正后压入部分长度的导柱，然后再检验校正，如此反复直至压入完成。导柱与模座基准平面的垂直度如不合格则退出重压，直至合格。

（3）安装导套

如图 7-12 所示，将装有导柱的下模座 4 和上模座 3 反方向放置并套上导套 1；转动导套，用百分表检查导套内、外圆配合面的同轴度误差，将同轴度的最大误差调整至两导套中心连线的垂直方向，这样可使因同轴度误差而引起的中心距变化减至最小；如图 7-13 所示，压入导套，将帽形垫块 1 置于导套 2 上，在压力机上将导套 2 压入上模座 3 一定长度，然后取走下模部分，用帽形垫块将导套全部压入上模座。

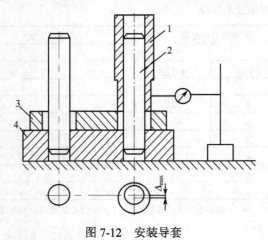

图 7-12　安装导套

1-导套；2-导柱；3-上模座；4-下模座

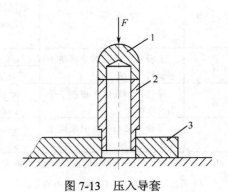

图 7-13　压入导套

1-帽形垫块；2-导套；3-上模座

（4）上模与下模对合

在上模与下模中间垫以等高垫块后，检验模架的平行度精度。

先压入导套的装配方法与上述方法基本相同。

7.4.3　凸模和凹模的装配

1．凸模组装

（1）凸模组合结构

冲模的工作零件凸模，一般可分为冲裁凸模和成型凸模两类，其中图 7-14 所示冲孔模凸模 10 与固定板 7、垫板 8、卸料板 4，经定位、连接构成凸模组合，形成一装配单元。总装时，用以安装于模架上模座 6 上，构成上模。

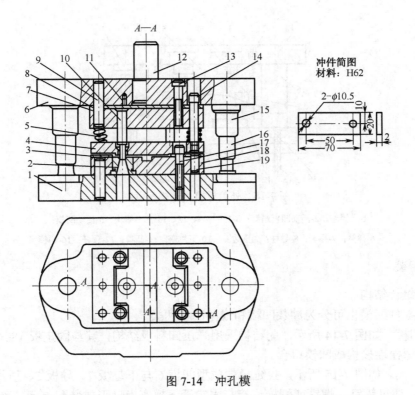

图 7-14　冲孔模

1-下模座；2-凹模；3-定位板；4-弹压卸料板；5-弹簧；6-上模座；7、18-固定板；

8-垫板；9、11、19-销钉；10-凸模；12-模柄；13、17-螺钉；14-卸料螺钉；15-导套；16-导柱

成型凸模如图 7-15、图 7-16 所示，与凸模固定板、压边圈组成凸模组合。总装时，用以安于上模座上，构成上模。大型拉延模的成型凸模与压边圈，可直接定位、连接于上模座上，构成装配单元。

（2）凸模组装工艺

对于冲裁模、级进模而言，凸模组装工艺是冲模装配工艺过程中的关键技术。其装配质量将取决于以下要求和装配。

凸模组合中的零件制造质量须满足装配工艺要求。如凸模固定部分与固定板上的安装孔采用 H7/n6 过渡配合，经压装后，凸模轴线对固定板下平面的垂直度偏差须控制在冲裁间隙所允许的范围以内。据此，则要求固定板、垫板的平面及其上的孔系，必须是经过精密加工的平面与孔。其平面之间的平行度误差、凸模安装中心线对平面的垂直度误差，均应控制在允许的范围内。

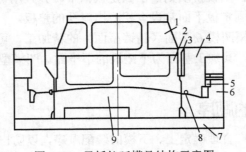

图 7-15　里板拉延模具结构示意图

1-凸模固定板；2-凸模；3、5-导板；4-压边圈；6-凹模；7-下垫板；8-压料筋；9-顶件器

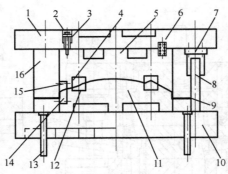

图 7-16　外盖板模具结构示意图

1-上模座；2-活动凹模吊钉；3-衬套；4、12、14、15-镶块；5-活动凹模；

6-弹簧；7-导套；8-导柱；9-压边圈；10-下模座；11-凸模；12-顶杆；16-凹模

2．凹模组装

（1）凹模组合结构

冲模工作零件凹模也可分为冲裁凹模和成型凹模两类。

① 冲裁凹模。如图 7-14 所示，此结构采用弹压卸料板结构，其与固定板 18、定位板 3 通过销钉、螺钉、螺栓连接构成凹模组合。

② 成型凹模。如图 7-15 所示，拉延模的成型凹模 6 与下垫板 7、导板 5、顶件器 9、压料筋 8 等功能零件，通过销钉、螺钉或螺栓连接，固定于下模座上，形成装配单元，称为下模。总装时，则采用安装于压边圈 4 侧面的侧导板和安装于凹模内侧的导板进行工作导向与定位。

图 7-16 所示的盖板模的成型活动凹模 5、凹模 16 则直接安装于上模座 1 上，形成装配单元，称为上模。总装时，其与下模之间采用可调节的导套 7 与安装于下模上的导柱 8 组成导向副，进行工作导向与定位。

（2）凹模组装工艺

冲裁模的两种凹模组合所形成的装配单元和成型凹模装配单元，在组装工艺中的关键技术和要求如下：

① 冲裁凹模型孔与卸料板上型孔的形状均需与凸模截面形状完全相同，只是其间的间隙不同。因此，在组装具有固定卸料板的凹模组合时，须采用精密基准进行定位并连接。当组装具有小导柱的多工位级进冲模凹模组合时，则以小导柱圆柱面作为定位基准。

② 冲裁凹模常采用圆凹模、凹模拼块（用于级进模）、整体凹模三种结构形式。圆凹模多采用过渡配合与固定板相连接；凹模拼块则拼于固定板槽中，并采用螺钉、斜楔或销钉进行连接。所以，前两种凹模结构，在固定板下面常设有相应出料孔的垫板。

③ 图 7-15 所示的拉延模凹模 6 型面（精铸型面）的精加工，可与顶件器 9、下垫板 7 使用销钉、螺钉连接固定后进行。其加工基面为下垫板的下平面。凹模型面精加工需要预留料厚间隙和研磨抛光余量。

7.4.4　冲模装配的顺序

为了便于对模，总装前应合理确定上、下模的装配顺序，以防出现不便调整的情况。上、下模的装配顺序与模具的结构有关。一般先装基准件，再装其他件并调整间隙使之均匀。不同结构的模具装配顺序说明如下。

1. 无导向装置的冲模

这类模具的上、下模，其间的相对位置是在压力机上安装时调整的，工作过程中由压力机的导轨精度保证，因此装配时，上、下模可以独立进行，彼此基本无关。

2. 有导柱的单工序模

这类模具装配相对简单。如果模具结构是凹模安装在下模座上，则一般先将凹模安装在下模上，再将凸模与凸模固定板装在一起，然后依据下模配装上模。装配工艺过程：导柱、导套装配→模柄装配→模架→装配下模部分→装配上模部分→合模→试模。

3. 有导柱的连续模

通常导柱导向的连续模都以凹模作为装配基准件（如果凹模是镶拼式结构，应先组装镶拼式凹模），先将凹模装配在下模座上，凸模与凸模固定板装在一起，再以凹模为基准，调整好间隙，将凸模固定板安装在上模座上，经试冲合格后，钻铰定位销孔。

4. 有导柱的复合模

复合模结构紧凑，模具零件加工精度较高，模具装配的难度较大，特别是装配对内、外形有同轴度要求的模具，更是如此。

复合模的装配程序和装配方法相当于在同一工位上先装配冲孔模，然后以冲孔模为基准，再装配落料模。基于此原理，装配复合模应遵循如下原则：

① 复合模装配以凸凹模作为装配基准件。先将装有凸凹模的固定板用螺栓和销钉安装、固定在指定模座的相应位置上；再按凸凹模的内形装配、调整冲孔凸模固定板的相对位置，使冲孔凸凹模之间的间隙趋于均匀，用螺栓固定；然后再以凸凹模的外形为基准，装配并调整落料凹模相对凸凹模的位置，调整间隙，用螺栓固定。

② 试冲无误后，将冲孔凸模固定板和落料凹模分别用定位销在同一模座经钻铰和配钻、配铰销孔后，打入定位。

7.4.5　冲裁模装配实例

图 7-17 所示为单工序冲裁模，其装配基准件为凹模，应先装配下模部分，再以下模中凹模为基准装配、调整上模中凸模和其他零件。

1. 组件装配

① 将凸模 13 装入凸模固定板 10 内，磨平端面，作为凸模组件；

② 将模柄 14 压入上模座 7 内，磨平端面。

2. 总装

（1）装配下模部分

将凹模 4 放置于下模座 1 的中心位置，用平行夹板将凹模 4 和下模座 1 夹紧，以凹模 4 中销钉孔、螺纹孔为基准，在下模座 1 上预钻螺纹孔锥窝、钻铰销钉孔。拆下凹模 4，按预钻的锥窝钻下模座 1 中的螺纹过孔及沉孔。再重新将凹模 4 放置于下模座 1 上，找正位置，装入定位销 2，并用螺钉 3 紧固。

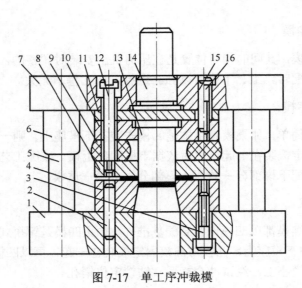

图 7-17　单工序冲裁模

1-下模座；2、15-销钉；3、16-螺钉；4-凹模；5-导柱；6-导套；

7-上模座；8-卸料板；9-橡胶；10-凸模固定板；11-垫板；12-卸料螺钉；13-凸模；14-模柄

（2）装配上模部分

1）配钻卸料螺纹孔

将卸料板 8 套在凸模组件上，在凸模固定板 10 与卸料板 8 之间垫入适当高度的等高平行垫铁，目测调整凸模 13 与卸料板 8 之间的间隙是否均匀，并用平行夹板将其夹紧。按卸料板 8 上的螺纹孔在凸模固定板 10 上钻出锥窝，拆开平行夹板后按锥窝钻凸模固定板 10 上的螺纹过孔。

2）将凸模组件装在上模座上

将装好的下模部分平放在平板上，在凹模 4 上放上等高平行垫块，将凸模 13 装入凹模 4 内。以导柱 5、导套 6 定位安装上模座 7，用平行夹板将上模座 7 和凸模固定板 10 夹紧。通过凸模固定板 10 上的螺纹孔在上模座 7 上钻锥窝，拆开后按锥窝钻孔。然后，放入垫板 11，拧上紧固螺钉 16。

3）调整凸凹模间隙

将装好的上模部分通过导套装在下模的导柱上，用手锤轻轻敲击凸模固定板 10 的侧面，使凸模 13 插入凹模 4 的型孔。再将模具翻转，用透光调整法从下模座 1 的漏料孔观察并调整凸凹模的配合间隙，使间隙均匀。然后用硬纸片进行试冲。如果纸样轮廓整齐、无毛刺或周边毛刺均匀，说明四周间隙一致；如果局部有毛刺或周边毛刺不均匀，说明四周间隙不一致，需要重新调整间隙至间隙均匀为止。

4）上模配制销钉孔

调好间隙后，将凸模固定板 10 的紧固螺钉 16 拧紧，然后在钻床上配钻、配铰凸模固定板 10 与上模座 7 的定位销孔，最后装入销钉 15。

5）装卸料板

将橡胶 9、卸料板 8 套在凸模 13 上，装上卸料螺钉 12，调整橡胶预压紧量大约 10%，保证当卸料板 8 处于最低位置时，凸模 13 的下端面低于卸料板平面约 0.5～1mm。检查卸料板运动是否灵活。

3．检验

按 GB/T 14662—2006《冲模技术条件》进行检验。

4．试冲

按生产条件试冲，合格后入库。

7.4.6　复合模装配实例

图 7-18 所示为落料冲孔复合模。此复合模的结构紧凑，内外形表面相对位置精度高、冲压生产率高，对装配精度的要求也高。当模具的活动部分向下运动，冲孔凸模 11 进入凸凹模 4，完成冲孔加工，同时凸凹模 4 进入落料凹模 8 内，完成落料加工。由于该模具的凸凹模是用同一组螺钉与销钉进行连接和定位，为便于装配和调整，总装时应先装上模。将凸凹模 4 插在凸凹模之间来调整两者的相对位置。完成冲孔凸模和落料凹模的装配后，再以它们为基准装配凸凹模。以这样的顺序进行装配、调整方便且容易，其具体装配过程如下。

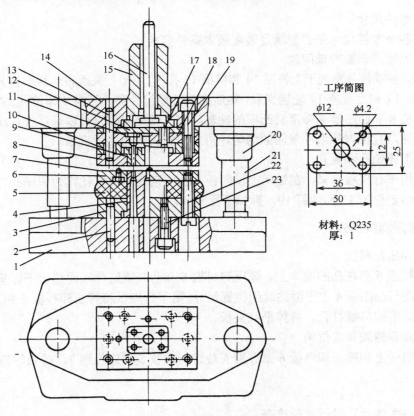

工序简图

材料：Q235
厚：1

图 7-18　落料冲孔复合模

1-下模座；2、7、13-定位销；3-凸凹模固定板；4-凸凹模；5-橡胶；6-卸料板；7-定位销；8-落料凹模；9-推板；10-空心垫板；11-冲孔凸模；12-垫板；14-上模座；15-模柄；16-打料杆；17-顶料销；18-凸模固定板；19、22、23-螺钉；20-导套；21-导柱

1．组件装配

① 将压入式模柄 15 装配于上模座 14 内，并磨平端面；

② 将凸模 11 装入凸模固定板 18 内，成为凸模组件；

③ 将凸凹模 4 装入凸凹模固定板 3 内，成为凸凹模组件；

④ 将导柱 21、导套 20 压入上模座 14、1 内，成为模架。

2．确定装配基准件

（1）安装凸凹模组件，加工下模座漏料孔

确定凸凹模组件在下模座 1 上的位置，然后用平行夹板将凸凹模组件和下模座 1 夹紧，在下模座 1 上画出漏料孔线。

（2）加工漏料孔

下模座 1 漏料孔尺寸应比凸凹模漏料孔尺寸单边大 0.5～1mm。

（3）安装凸凹模组件

将凸凹模组件在下模座 1 上重新找正定位，并用平行夹板夹紧。钻、铰销孔和螺孔，装入定位销 2 和螺钉 23。

3．安装上模部分

（1）检查零件尺寸

检查上模各个零件尺寸是否能满足装配技术条件要求。

（2）安装上模，调整冲裁间隙

将上模部分各零件分别装于上模座 14 和模柄 15 孔内，用平行夹板将落料凹模 8、空心垫板 10、凸模组件、垫板 12 和上模座 14 轻轻夹紧，然后调整凸模组件和凸凹模 4 即冲孔凹模的冲裁间隙，并调整落料凹模 8 和凸凹模 4 即落料凸模的冲裁间隙。调整间隙时可以采用垫片法调整，并对纸片进行手动试冲，直至内外形冲裁间隙均匀，再用平行夹板将各板夹紧。

（3）钻铰上模销孔和螺孔

上模部分用平行夹板夹紧，在钻床上以凹模 8 上的销孔和螺钉孔作为引钻孔，钻铰销孔和螺钉孔。然后安装定位销 13 和螺钉 19，拆掉平行夹板。

4．安装弹压卸料部分

（1）安装弹压卸料板

将弹压卸料板 6 套在凸凹模 4 上，弹压卸料板 6 和凸凹模组件端面垫上平行垫铁，保证弹压卸料板 6 上端面与凸凹模 4 上平面的装配位置尺寸。用平行夹板将弹压卸料板 6 和下模座 1 夹紧，然后在钻床上钻削卸料螺钉孔，拆掉平行夹板。

（2）安装卸料橡胶和定位销

在凸凹模组件上和弹压卸料板 6 上分别安装卸料橡胶 5 和定位销 7，拧紧卸料螺钉 22。

5．检验

按《冲模技术条件》进行装配检查。

6．试冲

按生产条件试冲，合格后入库。

7.5　塑料模装配工艺

塑料模的装配比冷冲模复杂，其具体的装配工艺应根据其模具的结构特点来制定。

7.5.1　塑料模装配的技术要求

塑料模种类较多，结构差异较大，装配时的具体内容与要求也不同。一般注射、压缩和挤出模具结构相对复杂，装配环节多，工艺难度大。其他类型的塑料模具结构较为简单。无论哪种类型的模具，为保证成型制品的质量，都应具有一定的技术要求。

① 模具装配后各分型面应贴合严密，主要分型面的间隙应小于 0.05mm；模具适当的平衡位置应装有吊环或起吊孔，多分型面模具应有锁模板，以防运输过程中模具打开而造成损坏；模具的外形尺寸、闭合高度、安装固定及定位尺寸、推出方式、开模行程等均应符合设计图样要求，并与所使用设备条件相匹配；模具应标有记号，各模板应打印顺序编号及加工与装配时使用的基准标记。

② 导向或定位精度应满足设计要求，动、定模开合运动平稳，导向准确，无卡阻、咬死或刮伤现象；安装定位元件时，应保证定位精确、可靠，且不得与导柱、导套发生干涉。

③ 成型零件的形状与尺寸精度及表面粗糙度应符合设计图样要求，表面不得有碰伤、裂痕、裂纹、锈蚀等缺陷；抛光方向应与脱模方向一致；成型表面的文字、图案及花纹等应在试模合格后加工；型芯分型面处应保持平整，无损伤、变形；活动成型零件或嵌件应定位可靠，配合间隙适当，活动灵活，不产生溢料。

④ 浇注系统表面光滑，尺寸与表面粗糙度符合设计要求；主流道及点浇口锥孔部分的抛光方向应与浇注系统凝料脱模方向一致，表面不得有凹痕和周向抛光痕迹；多级分流道拐弯处应圆滑过渡。

⑤ 推出机构应运动灵活，工作平稳、可靠；推出元件配合间隙适当，既不允许发生溢料，也不得有卡阻现象。

⑥ 侧向分型与抽芯机构应运动灵活、平稳；斜导柱不应承受侧向力；滑块锁紧楔应固定可靠，工作时不得产生变形。

⑦ 模具加热元件应安装可靠、绝缘安全，无破损、漏电现象，能调到设定温度要求；模具冷却水道应畅通，无堵塞，连接部位密封可靠，不渗漏。

7.5.2　型芯与固定板、型腔与模板的装配

1. 埋入式型芯的装配

图 7-19 所示为埋入式型芯结构，固定板沉孔与型芯固定段为过渡配合。固定板的沉孔一般采用立铣加工，当沉孔较深时，沉孔侧面会形成斜度，且修整困难。此时可按固定板沉孔的实际斜度修磨型芯配合段，保证配合要求。

型芯埋入固定板较深者，可将型芯尾部修成斜度。埋入深度在 5mm 以内时，则不应修斜度，否则将影响固定强度。

在修整配合部分时，应特别注意动、定模板的相对位置，修配不当将使装配后的型芯不能和动模配合。

2．螺钉固定式型芯与固定板的装配

面积大而高度低的型芯，常用螺钉、销与固定板连接，如图 7-20 所示。

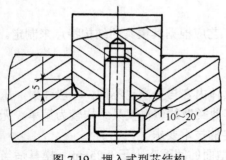

图 7-19　埋入式型芯结构

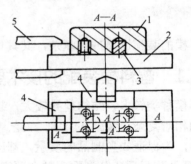

图 7-20　大型芯固定结构

1-型芯；2-固定板；3-定位销套；4-定位块；5-平行夹头

装配时可按以下顺序进行：

① 在加工好的型芯 1 上压入实心的定位销钉 3；

② 在型芯螺孔口抹红丹粉，根据型芯在固定板 2 上的要求位置，用定位块 4 定位，把型芯与固定板合拢，用平行夹头 5 夹紧在固定板上。将螺钉孔位置复印到固定板上，取下型芯，在固定板上钻螺钉孔及锪沉孔，用螺钉将型芯初步固定。

③ 在固定板背面画出销孔位置，并与型芯一起钻、铰销孔，压入销钉。

图 7-21 所示为螺纹连接型芯的不同结构。加工时先加工好止转螺孔，然后热处理，组装时要配磨型芯与固定板的接触平面，以保证型芯在固定板上的正确位置。

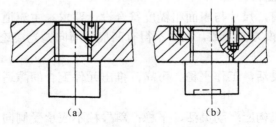

（a）　　　　　　　（b）

图 7-21　螺纹连接型芯

某些有方向要求的型芯，当螺纹拧紧后型芯的实际位置与理想位置常常出现误差，如图 7-22 所示。α 为理想位置和实际位置之间的夹角。型芯的位置误差可通过修磨 a 面和 b 面来消除。因此，要先进行预装并求出角度 α 的大小。

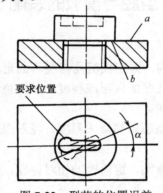

图 7-22　型芯的位置误差

修磨量为

$$\Delta = \frac{\alpha}{360^\circ} t$$

式中 α——误差角，（°）；

　　t——连接螺纹的螺距，mm。

为了方便装配和保证装配质量，安装有方向要求的型芯时，可采用图 7-21（b）所示的螺母固定方式。这种方式适合于固定任何形式的型芯，也适用于在固定板上同时固定几个型芯的场合。

3．单件圆形整体型腔凹模的镶入法

如图 7-23 所示，这种型腔凹模镶入模板，关键是型腔形状和模板相对位置的调整和最终定位。调整的方法有以下几种。

（1）部分压入后调整

型腔压入模板一小部分时，用百分表校正其位置，当调整位置正确后，再将型腔全部压入模板。

（2）全部压入后调整

将凹模型腔全部压入模板后再调整其位置。用这种方法是不能采用过盈配合的，一般使其有 0.01～0.02mm 的配合间隙。位置调整正确后，需用定位零件定位，防止其转动。

4．多型腔凹模的镶入

如图 7-24 所示，在同一块模板上需要镶入多件型腔凹模，且动、定模板之间要有精确的相对位置者，其装配工艺比较复杂。装配时先要选择装配基准，合理地确定装配工艺，保证装配关系正确。在图 7-24 所示的结构中，小型芯 2 必须同时穿过小型芯固定板 5 和推块 4 的孔，再插入定模镶块 1 的孔中。因此，这三者必须有正确的相对位置。推块 4 又是套入镶在动模板上的型腔凹模 3 的长孔中，所以动模板固定型腔凹模孔的位置要按型腔外形的实际位置尺寸来修整。并且定模镶块 1 经热处理后，小孔孔距将有所变化，因此，要选择定模镶块 1 上的孔为装配基准，从推块的孔中配钻小型芯固定板 5 上的孔。

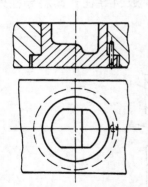

图 7-23　单件圆形整体型腔凹模镶入模板

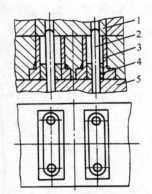

图 7-24　多型腔凹模的镶入

1-定模镶块；2-小型芯；3-型腔凹模；4-推块；5-小型芯固定板

5．装配时注意事项

① 型腔凹模和型芯与模板固定孔一般为 H7/m6 配合，如配合过紧，应进行修磨，否则压入后模板容易产生变形，对于多型腔模具，还将影响各型芯间的尺寸精度。

② 装配前应将影响装配的清角修磨成圆角或倒棱。

③ 型芯和型腔块的压入端应有压入斜度，以防止挤伤孔壁而影响装配质量。

④ 型芯和型腔块在压入时要边压入边检查垂直度，以保证其正确位置。

7.5.3　导柱、导套的装配

导柱、导套是模具开模和合模的导向装置，它们分别安装在塑料模具的动、定模部分。装配后，要求导柱、导套垂直于模板平面，并要达到设计要求的配合精度，起到良好的导向定位作用。一般采用压入式装配到模板的导柱、导套孔内。对于较短导柱可采用图 7-25 所示的方式压入模板，较长导柱应在模板装配导套后，以导套导向压入模板孔内，如图 7-26 所示。

导柱、导套装配后，应保证动模板在开模及合模时滑动灵活，无卡阻现象。如果运动不灵活，有阻滞现象，可用红丹粉涂于导柱表面，往复拉动观察阻滞部位，分析原因后，进行重新装配。装配时，应先装配距离最远的两根导柱，合格后再装配其余两根导柱。每装入一根导柱都要进行上述的观察，合格后再装下一根导柱，这样便于分析、判断不合格的原因并及时修正。

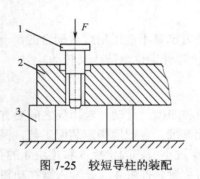

图 7-25　较短导柱的装配

1-导柱；2-模板；3-等高垫块

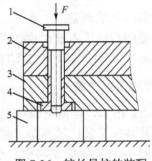

图 7-26　较长导柱的装配

1-导柱；2-固定板；3-定模板；4-导套；5-等高垫块

对于滑块型芯抽芯机构中的斜导柱装配，如图 7-27 所示。一般是在滑块型芯和型腔装配合格后，用导柱、导套进行定位，将动、定模板、滑块合装后按所要求的角度进行配加工斜导柱孔。然后，再压入斜导柱。为了减少侧向抽芯机构的脱模力，一般斜导柱孔比斜导柱外圈直径大 0.2～0.5mm。

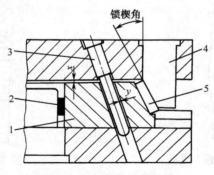

图 7-27　斜导柱抽芯机构

1-滑块；2-壁厚垫块；3-斜导柱；4-锁楔（压紧块）；5-垫片

7.5.4　浇口套的装配

浇口套与定模板的装配，一般采用过盈配合。装配后的要求为浇口套与模板配合孔紧密、无缝隙。浇口套和模板孔的定位台肩应紧密贴实。装配后浇口套要高出模板平面 0.02mm，如图 7-28 所示。为了达到以上装配要求，浇口套的压入外表面不允许设置导入斜度。压入端要磨成小圆角，以免压入时切坏模板孔壁。同时压入的轴向尺寸应留有去除圆角的修磨量 Z。在装配时，将浇口套压入模板配合孔，使预留余量 Z 凸出模板之外，在平面磨床上磨平，如图 7-29 所示。最后将磨平的浇口套稍稍退出，再将模板磨去 0.02mm，重新压入浇口套，如图 7-30 所示。对于台肩和定模板高出的 0.02mm 可由零件的加工精度保证。

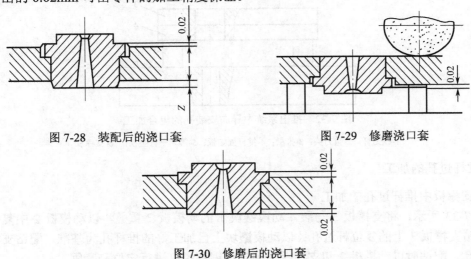

图 7-28　装配后的浇口套　　　　　图 7-29　修磨浇口套

图 7-30　修磨后的浇口套

7.5.5　推出机构的装配

注射模推出系统为推出制件所用，推出系统由推板、推杆固定板、推出元件、复位杆、小导柱、小导套等组成，导向装置（小导柱、小导套）对推出运动进行支撑和导向，由复位杆对推出系统进行正确复位。塑料模具常用的推出机构是推杆推出机构，推出机构的装配技术要求：装配后运动灵活、无卡阻现象，推杆与推板固定板、支撑板和动模板等过孔每边应有 0.5mm 的间隙，推杆与动模镶块采用 H7/f8 配合，推杆工作端面应高出成型表面 0.05～0.1mm，复位杆在合模状态下应低于分型面 0.02～0.05mm，如图 7-31 所示。

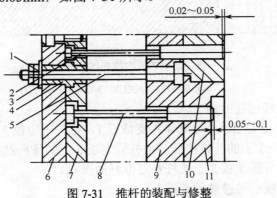

图 7-31　推杆的装配与修整

1-螺母；2-复位杆；3-垫圈；4-小导套；5-小导柱；6-推板；7-推杆固定板；8-推杆；9-支撑板；10-动模板；11-动模镶块

1．推出系统中导向安装孔的加工

（1）单独加工法

采用坐标镗床单独加工推板、推杆固定板上的导套安装孔和支撑板上的导柱安装孔。

（2）组合加工法

将推板、推杆固定板与支撑板按图 7-32 所示叠合在一起，用压板压紧，在铣床上组合钻、镗出小导柱、小导套的安装孔。

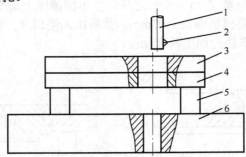

图 7-32　推出系统中导向安装孔的组合加工

1-镗刀杆；2-镗刀头；3-推板；4-推杆固定板；5-等高平行垫铁；6-支撑板

2．推杆过孔的加工

（1）支撑板中推杆过孔的加工

如图 7-33 所示，将支撑板 3 与装入动模镶块 1 的动模板 2 重叠，以动模板 2 中复位杆孔为基准，配钻支撑板 3 上的复位杆过孔；以动模镶块上已加工好的推杆孔为基准，配钻支撑板 3 上的推杆过孔。配钻时以动模板 2 和支撑板 3 的定位销和螺钉进行定位和紧固。

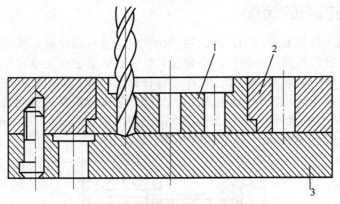

图 7-33　动模垫板中推杆过孔的加工

1-动模镶块；2-动模板；3-支撑板

（2）推杆固定板中推杆过孔的加工

如图 7-34 所示，用小导柱 5、小导套 4 将支撑板 1、推杆固定板 3 装配在一起，用平行夹头 2 夹紧，用钻头通过支撑板 1 上的孔直接配钻推杆固定板 3 上的推杆过孔和复位杆过孔。拆开后，根据推杆台阶高度加工推杆固定板 3 上推杆和复位杆的沉孔。

（3）推板和推杆固定板的连接螺纹孔配制

将推板和推杆固定板叠合在一起，配钻连接螺纹孔底孔，拆开后，在推杆固定板上攻螺纹，在推板上钻螺钉过孔和沉孔。

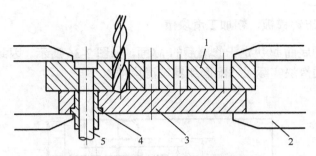

图 7-34 推杆固定板中推杆过孔的加工

1-支撑板；2-平行夹头；3-推杆固定板；4-小导套；5-小导柱

3. 推出系统的装配顺序

根据图 7-31 所示，推出系统装配顺序如下：

① 将小导柱 5 垂直压入支撑板 9，并将端面与支撑板一起磨平。

② 将装入小导套 4 的推杆固定板 7 套装在小导柱 5 上，并将推杆 8、复位杆 2 装入推杆固定板 7、支撑板 9 和动模镶块 11 的配合孔中，盖上推板 6，用螺钉拧紧，并调整使其运动灵活。

③ 修磨推杆和复位杆的长度。推板 6 和垫圈 3 接触时，如果复位杆、推杆低于型面，则修磨小导柱的台肩；如果推杆、复位杆高于型面，则修磨推板 6 的底面。一般推杆和复位杆在加工时留长一些，装配后将多余部分磨去。修磨后的复位杆应低于分型面 0.02～0.05mm，推杆则应高于成型表面 0.05～0.1mm。

7.5.6 滑块抽芯机构的装配

塑料模具常用的抽芯机构是斜导柱抽芯机构，如图 7-35 所示。抽芯机构的装配技术要求：闭模后，滑块的上平面与定模表面必须留有 0.2mm 的间隙，斜导柱外侧与滑块斜导柱孔留有 0.2～0.5mm 的间隙。其装配过程如下。

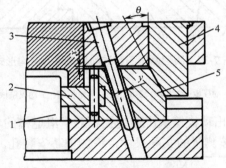

图 7-35 斜导柱抽芯机构的合模状态

1-动模型芯；2-侧型芯；3-斜导柱；4-锁紧块；5-滑块

1. 将动模镶块压入动模板，磨上、下平面至要求尺寸

如图 7-36 所示，滑块的安装是以动模镶块的分型面 M 为基准的。动模板在零件加工时，分型面留有修正余量。因此，要确定滑块的位置，必须先将动模镶块装入动模板，并将上、下平面修磨正确，修磨 M 面时应保证型腔尺寸 A。

2．将动模镶块压出动模板，精加工滑块槽

动模板上的滑块槽底面 N 决定于修磨后的 M 面，如图 7-36 所示。因此，在 M 面修磨正确后将动模镶块压出，根据滑块实际尺寸配磨或精铣滑块槽。

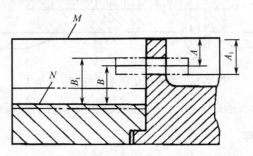

图 7-36　以动模镶块为基准确定滑块槽位置

1-动模板；2-动模镶块

3．测定型孔位置及配制型芯固定孔

固定于滑块上的侧型芯，往往要穿过动模镶块上的配合孔而进入成型部位，并要求侧型芯与孔配合正确、滑动灵活。为达到这个要求，合理而经济的工艺应该是将侧型芯和型孔相互配制。由于侧型芯形状与加工设备不同，采取的配制方式也不同。图 7-37 所示为圆形侧型芯穿过动模镶块的结构形式，其配合加工方法如下。

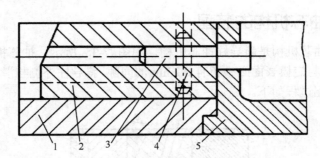

图 7-37　圆形侧型芯穿过动模镶块的结构形式

1-动模板；2-滑块；3-侧型芯；4-定位销；5-动模镶块

① 如图 7-38 所示，测量出动模镶块上侧型孔相对于滑道槽的精确位置 a 与 b 的尺寸。
② 在滑块的相应位置，按测量的实际尺寸，镗侧型芯安装孔，如图 7-39 所示。

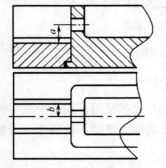

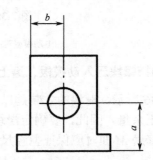

图 7-38　滑块槽与动模镶块侧型孔的位置尺寸测量　　　　图 7-39　滑块上侧型芯安装孔的加工

4．侧型芯的装配

如图 7-40 所示，将侧型芯 3 装入滑块 4，配制销孔，穿定位销 5 固定。如果侧型芯在模具闭合时要求与定模型芯紧密接触，由于零件加工中的积累误差，一般都在侧型芯端面上留出修正余量，通过装配时修正侧型芯端面来达到。修正的具体操作过程如下：

①　将侧型芯 3 端部磨成和定模镶块 1 相应部位吻合的形状；

②　将未装侧型芯 3 的滑块 4 装入动模板 6 的滑块槽内，使滑块 4 前端面与动模镶块 2 的 A 面相接触，然后测量出尺寸 b；

③　将侧型芯 3 装入滑块 4 后一起装入动模板 6 的滑块槽，使侧型芯 3 前端面与定模镶块 1 相接触，然后测量出尺寸 a；

④　由测量的尺寸 a、b，可得出侧型芯 3 前端面的修磨量为 $b-a$；

⑤　将修磨正确的侧型芯 3 端面涂红丹粉，合模后观察与定模型芯的紧密接触情况。

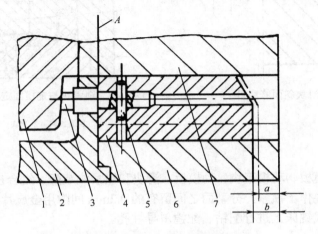

图 7-40　侧型芯端面的修整

1-定模镶块；2-动模镶块；3-侧型芯；4-滑块；5-定位销；6-动模板；7-定模板

5．锁紧块的装配

侧型芯和定模镶块修配紧密接触后，便可确定锁紧块的位置。

（1）锁紧块装配技术要求

①　模具闭合状态下，保证锁紧块和滑块之间具有足够的锁紧力。为此，在装配过程中要求在模具闭合状态下，使锁紧块和滑块的斜面接触时，分模面之间应保留 0.2mm 的间隙，如图 7-41 所示，此间隙可用塞尺检查。

②　在模具闭合时锁紧块斜面必须至少有四分之三和滑块斜面均匀接触。由于在零件加工中和装配中的误差，在装配时必须加以修正，一般以修正滑块斜面较为方便，所以滑块斜面加工时，一定要留出修磨余量，如图 7-41 所示。装配时滑块斜面修磨量为

$$b=(a-0.2)\sin\alpha$$

式中　b——滑块斜面修磨量，mm；

　　　a——闭模后测得的实际间隙，mm；

　　　α——锁紧面斜度，（°）。

③　在模具使用过程中，锁紧块应保证在受力状态下不向开模方向松动，因此，对于分体式锁紧块要求装配后端面应与定模板端面处于同一平面上，如图 7-42 所示。

（2）锁紧块的装配方法

根据上述锁紧块装配要求，锁紧块的装配方法如下：

① 如图 7-42 所示，将锁紧块 1 装入定模板 3 后，将其端面与定模板 3 一起磨平。

② 修磨滑块 2 的斜面，使其与锁紧块 1 的斜面紧密接触，用红丹粉检查接触情况。装配好后，要求滑块 2 和定模板 3 分模面之间应保留 0.2mm 的间隙。

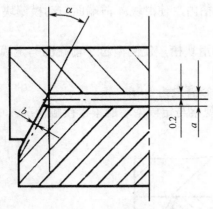

图 7-41　滑块斜面修磨量

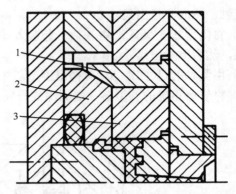

图 7-42　锁紧块与定模固定板装配后端面平齐

1-锁紧块；2-滑块；3-定模板

6. 镗斜导柱孔

将定模镶块、定模板、动模镶块、动模板、滑块和锁紧块装配、组合在一起，用平行夹头夹紧。此时锁紧块对滑块作了锁紧，分型面之间留有的 0.2mm 间隙用金属片垫实。

在卧式镗床或立式铣床上进行配钻、配镗斜导柱孔。

7. 分体式滑块斜导柱孔口的倒圆角

松开模具，修正滑块上的斜导柱孔口倒圆角，如图 7-43 所示。

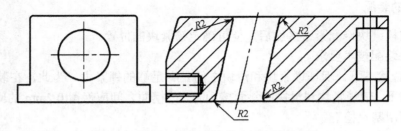

图 7-43　分体式滑块斜导柱孔口的倒圆角

8. 压入斜导柱

将斜导柱压入定模板，一起磨平端面。

9. 滑块定位装置的加工、装配

模具开模后，滑块在斜导柱作用下侧向抽出。为了保证合模时斜导柱能正确、顺利地进入滑块内孔，必须对滑块设置定位装置。如图 7-44 所示，是用定位板作滑块开模后的定位装置，滑块开模后的正确位置可由修正定位板接触平面进行准确调整。

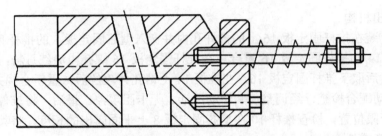

图 7-44 用定位板作为滑块开模后的定位

图 7-45 所示是用球头台阶销 2、弹簧 3 作为滑块定位装置,定位装置的加工装配过程:打开模具,当斜导柱脱离滑块内孔时,合模导向机构的导柱长度较长,仍未脱离导套,在斜导柱脱出滑块时在动模板 5 上画线,以确定开模后滑块 1 在导滑槽内的正确位置,然后用平行夹头将滑块 1 和动模板 5 夹紧,以动模板 5 上已加工的弹簧孔引钻滑块锥孔。然后,拆开平行夹头,依次在动模板 5 上装入球头台阶销 2、弹簧 3,用螺塞 4 进行固定。

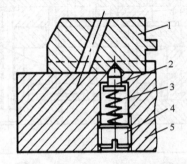

图 7-45 用滚珠作为滑块定位装置

1-滑块;2-球头台阶销;3-弹簧;4-螺塞;5-动模板

7.5.7 塑料模装配实例

下面以图 7-46 所示的注射模具为例,说明塑料模具装配的过程。

1. 装配动模部分

(1)装配型芯固定板、动模垫块、支撑板和动模座板

装配前,型芯 3、导柱 17 及 21、拉料杆 18 已压入型芯固定板 8 和支撑板 9 并已检验合格。装配时,将型芯固定板 8、支撑板 9、动模垫块 12 和动模座板 13 按其工作位置合拢、找正并用平行夹头夹紧。以型芯固定板 8 上的螺孔、推杆孔定位,在支撑板 9、动模垫块 12 和动模座板 13 上钻出螺孔、推杆孔的锥窝,然后,拆下型芯固定板 8,以锥窝为定位基准钻出螺钉过孔、推杆过孔和锪出推杆螺钉沉孔,最后用螺钉拧紧固定。

(2)装配推件板

推件板 7 在总装前已压入导套 19 并检验合格。总装前应对推件板 7 的型孔先进行修光,并且与型芯作配合检查,要求滑动灵活、间隙均匀并达到配合要求。将推件板 7 套装在导柱和型芯上,以推件板平面为基准测量型芯高度尺寸,如果型芯高度尺寸大于设计要求,则进行修磨或调整型芯,使其达到要求;如果型芯高度尺寸小于设计要求,则需将推件板平面在平面磨床上磨去相应的厚度,保证型芯高度尺寸。

（3）装配推出机构

将推杆 10 套装在推杆固定板 16 上的推杆孔内并穿入型芯固定板 8 的推杆孔，再套装在推板导柱上，使推板 14 和推杆固定板 16 重合。在推杆固定板 16 螺孔内涂红丹粉，将螺钉孔位复制到推板 14 上，然后取下推杆固定板 16，在推板 14 上钻孔并攻丝后，重新合拢并拧紧螺钉固定。装配后，进行滑动配合检查，经调整使其滑动灵活、无卡阻现象。最后，将推件板 7 拆下，把推板 14 放到最大极限位置，检查推杆 10 在型芯固定板 8 上平面露出的长度，将其修磨到和型芯固定板 8 上平面平齐或低 0.02mm。

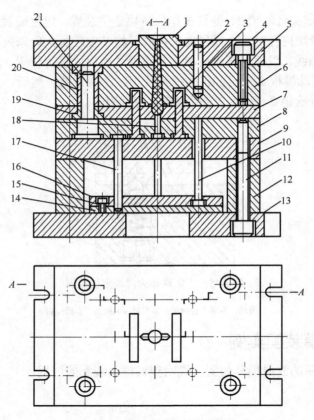

图 7-46　热塑性塑料注射模具

1-浇口套；2-定位销；3-型芯；4、11-内六角螺栓；5-定模座板；6-定模板；7-推件板；8-型芯固定板；9-支撑板；

10-推杆；12-动模垫块；13-动模座板；14-推板；15-螺钉；16-推杆固定板；17、21-导柱；18-拉料杆；19、20-导套

2. 装定模部分

总装前浇口套 1、导套 20 都已装配结束并检验合格。装配时，将定模板 6 套装在导柱 21 上并与已装浇口套 1 的定模座板 5 合拢，找正位置，用平行夹头夹紧。以定模座板 5 上的螺钉孔定位，对定模板 6 钻锥窝，然后拆开，在定模板 6 上钻孔、攻丝后重新合拢，用螺钉拧紧固定，最后钻、铰定位销孔并打入定位销。

经以上装配后，要检查定模板 6 和浇口套 1 的锥孔是否对正，如果在接缝处有错位，需进行铰削修整，使其光滑一致。

3. 试模鉴定

模具检验是保证模具质量的一个重要环节，一般分为零件检验、部件检验和整模检验，并以试生产出合格塑件为最终检验条件，必要时还需要做小批试生产鉴定。试模鉴定的内容包括：模具是否能顺利地成型出塑件，成型塑件的质量是否符合要求，模具结构设计和模具制造质量是否合理，模具采用的标准是否合理，塑件成型工艺是否合理等。试模时应由模具设计、工艺编制、模具装配、设备操作及模具用户等有关人员一同进行。

试模合格的模具，应清理干净，涂油防锈后入库。

思考题和习题

7-1 模具零件的连接固定方法有哪些？

7-2 模具装配时，怎样控制凸模与凹模的间隙？

7-3 举例说明模具装配中需修磨的部位与方法。

7-4 冲裁模试模时，发现毛刺较大、内孔与外形的相对位置不正确，试分析是由哪些原因造成的？如何调整？

7-5 叙述注射模中推出机构的装配步骤及内容。

7-6 注射模滑块抽芯机构装配主要包括哪些步骤及内容？

7-7 塑料模试模时发现塑件溢边，试分析是由哪些原因造成的？如何调整？

7-8 说明图7-47所示的冲裁复合模的装配过程。

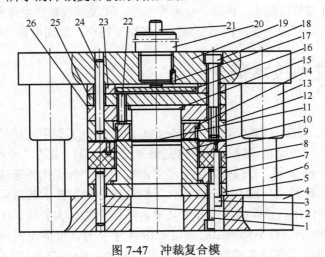

图 7-47 冲裁复合模

1、18-螺钉；2、24-销钉；3-弹压螺钉；4-下模座；5-下垫板；6-导柱；7-凸凹模固定板；

8-橡胶；9-卸料板；10-凸凹模；11-导料销；12-凹模；13-导套；14-推件块；15-凸模；16-三叉打板；

17-防转销；19-上模座；20-模柄；21-打料杆；22-三叉打料杆；23-上垫板；25-空心垫板；26-凸模固定板

第8章
模具快速成型制造技术

教学目标：掌握快速成型制造技术的原理、特点；掌握快速成型技术工艺方法；熟悉快速成型技术的制模方法；了解快速成型技术的发展趋势。

教学重点和难点：

❖ 快速成型制造技术的原理、特点

❖ SLA、LOM、FDM、SLS 工艺方法

❖ 直接制模技术与间接制模技术

快速原型制造技术（Rapid Prototyping Manufacturing，RPM 技术），又称快速成型技术，是 20 世纪 80 年代末至 90 年代初发展起来的高新制造技术，是一种用材料逐层或逐点堆积出制件的制造方法，是由三维 CAD 模型直接驱动的快速制造任意复杂形状三维实体的总称，它集成了 CAD 技术、数控技术、激光技术和材料技术等现代科技成果，是先进制造技术的重要组成部分。由于它把复杂的三维制造转化为一系列二维制造的叠加，因此，可以在不用模具和工具的条件下生成几乎任意复杂形状的零部件，极大地提高了生产效率和制造柔性。与传统制造方法不同，快速成型从零件的 CAD 几何模型出发，通过软件分层离散和数控成型系统，用激光束或其他方法将材料堆积而形成实体零件。通过与数控加工、铸造、金属冷喷涂、硅胶模等制造手段相结合，已成为现代模型、模具和零件制造的强有力手段，在航空航天、汽车摩托车、家用电器等领域得到了广泛应用。

8.1 快速成型技术简介

20 世纪 80 年代初，美国 UVP 公司的 Charles W. Hull 提出了利用连续层的选区固化产生三维实体的思想，并完成了一个能自动建造零件的完整系统 SLA-1，申请了专利，后与 UVP 的股东们一起建立了 3D System 公司，于 1987 年年底生产出了第一台现代快速成型机 SLA-250，开创了快速成型技术发展的新纪元。20 世纪 90 年代，快速成型加工技术的应用范围迅速扩大，使用单位包括美国的波音和通用、德国的奥迪和宝马等许多国际知名大公司。1992 年，快速成型设备已经在 17 个国家的 500 个项目中得到工业应用；1994 年 9 月，世界上投入使用的快速成型设备增加到 800 多台，其中美国占绝大多数，日本有 100 多台；1996 年年底，全世界已安装了 1400 多台快速成型设备。至 1998 年年底，已有 27 家公司设计、制造快速成型设备，全球拥有的数量已达 4259 台，投入使用近 2000 台。

1. 快速成型技术的基本原理

快速成型制造技术原理如图 8-1 所示。它采用离散/堆积成型原理，根据三维 CAD 模型，对不同的工艺要求，按一定厚度进行分层，将三维数字模型变成厚度很薄的二维平面模型，再将数据进行一定的处理，输入加工参数，产生数控代码，在数控系统控制下以平面加工方式连续加工出每

个薄层，并使之黏结而成型。实际上就是基于"生长"或"添加"材料的原理一层一层地离散叠加，从底至顶完成零件的制作过程。快速成型有很多种工艺方法，但所有的快速成型工艺方法都是一层一层地制造零件，所不同的是每种方法所用的材料不同，制造每一层添加材料的方法也不同。

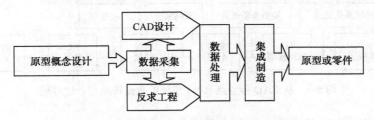

图 8-1　快速成型制造技术原理

快速成型技术将计算机辅助设计、计算机辅助制造、计算机数字控制、精密伺服电动机驱动和新材料等先进技术集于一体，依据计算机上构成的产品三维设计模型，对其进行动层切片，得到各层截面的轮廓，按照这些轮廓，激光束选择性地切割一层层的纸或固化、烧结一层层的各种其他成型材料，形成截面轮廓，并逐步叠加成三维产品。快速成型技术核心是由三维设计模型直接通过软件驱动快速成型机，基于离散、堆集成型原理，逐步堆积成型材料，层层叠加形成物理模型。它不必采用传统的加工机床和工模具，只需传统加工方法的 30%～50% 的工时和 20%～35% 的成本，就能直接制造产品或模具。

2. 快速成型加工的基本过程

原型零件快速成型的全过程包括前处理、分层叠加成型和后处理，如图 8-2 所示。

① 前处理。包括原型零件三维模型的构造、三维模型的近似处理、快速成型方向的选择和三维模型的切片处理。

② 分层叠加成型。它是快速成型的核心，包括模型截面轮廓的制作与截面轮廓的叠合。

③ 后处理。包括工件的剥离、后固化、修补、打磨、抛光和表面强化处理等。

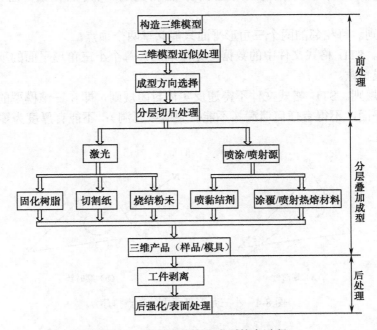

图 8-2　原型零件快速成型的全过程

3. 快速成型数据模型的转换与处理

快速成型数据模型的转换与处理的过程如图 8-3 所示。

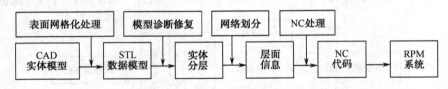

图 8-3 从 CAD 模型到 RPM 系统的数据转换与处理过程

4. 快速成型系统的数据格式

目前，最普遍的方法是采用美国 3D System 公司开发的 STL（Sterolithography）格式文件。STL 格式文件格式简单、实用，是快速原型系统所应用的标准接口文件。它是用一系列的小三角形平面来逼近原来的模型，每个小三角形用三个顶点坐标和一个法向量来描述，三角形的大小可以根据精度要求进行选择。CAD模型表面被三角网格划分之后形成三维模型，呈现多面体状。STL 格式文件有二进制码和 ASCII 码两种输出形式，二进制码输出形式所占的空间比 ASCII 码输出形式的文件所占用的空间小得多，但 ASCII 码输出形式可以阅读和检查。典型的 CAD 软件都带有转换和输出 STL 格式文件的功能。随着快速成型制造技术的发展，CAD 模型的 STL 数据格式已逐渐成为国际上承认的通用格式。

（1）STL 格式文件的规则

① 取向规则。用小三角形平面中的顶点排序来确定其所表达的表面是内表面还是外表面，逆时针的顶点排序表示该表面为外表面，如图 8-4（a）所示；顺时针的顶点排序表示该表面为内表面，如图 8-4（b）所示。三角形平面的法向量方向和它的三个顶点的排列顺序符合右手法则，即右手的手指从第一个顶点出发，经过第二个顶点指向第三个顶点时，拇指将指向远离实体的方向，这个方向就是该小三角形平面的法向量方向，法向量是一个单位向量。图 8-5 所示为取向规则的示例。

② 共顶点规则。每相邻的两个三角形平面只能共享两个顶点。

③ 取值规则。STL 格式文件中的数据是无量纲的，每个小三角形平面的顶点坐标值必须是正数，不能为零或负数。

④ 实体封闭规则。STL 格式文件不得违反实体封闭规则，即在三维模型的所有表面上，必须布满小三角形平面，不得有任何遗漏（不能有裂缝或孔洞）；不能有厚度为零的区域；外表面不能从其本身穿过。

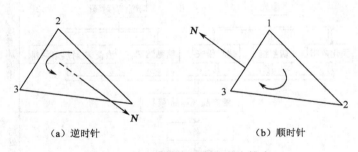

（a）逆时针   （b）顺时针

图 8-4 小三角形平面中的顶点排序

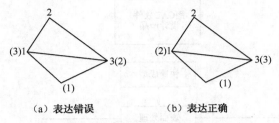

（a）表达错误　　　　　　（b）表达正确

图 8-5　取向规则的示例

（2）STL 格式文件的错误及其修复

① 出现错误的裂缝或孔洞。在 CAD 制造系统中，由于其本身的运算精度与 STL 格式文件转换精度等的影响，使 CAD 实体数据模型向 STL 三角形面化数据模型转换时，出现同一顶点分离成两个或多个顶点的现象，从而导致与这些分离点相连的某些三角形边出现不符合规则等缺陷，因此，在显示的 STL 格式文件模型上，会有错误的孔洞或裂缝（其中无三角形）。

② 三角形过多或过少。进行 STL 格式文件转换时，若转换精度选择不当，会出现三角形过多或过少的现象。

③ 微小特征遗漏或出错。当三维模型上有非常小的特征结构（如很窄的缝隙、筋条或很小的凸起等）时，可能难以在其上布置足够数目的三角形小平面，致使这些特征结构遗漏或形状出错，或者在后续的切片处理时出现错误和混乱。

5．快速成型技术的特点

① 制造的快速性。快速成型加工是并行工程中进行复杂原型和零件制作的有效手段。

② 制造技术的高度集成化。快速成型加工集成了计算机技术、数据采集与处理技术、控制技术、材料科学、光学和机电加工等科学技术。

③ 制造的自由性。自由成型有两个含义：一是指可以根据原型或零件的形状，无须使用工具、模具，它缩短了新产品的试制时间，节省了工具和模具费用；二是指不受零件复杂程度限制，能够制造任意复杂的形状、结构以及不同材料复合的原型或零件。

④ 制造过程的高柔性。快速成型加工制造系统在软件和硬件的实现上大部分是相同的，即在一个现有的系统上仅增加一小部分元器件和软件功能就可进行另一种制造工艺。

6．快速成型技术的工艺方法

① 光固化成型法（Stereo Lithography Appearance，SLA）；

② 叠层实体制造法（Laminated Object Manufacturing，LOM）；

③ 熔融沉积制造法（Fused Deposition Modeling，FDM）；

④ 选择性激光烧结法（Selective Laser Sintering，SLS）。

7．快速成型技术的应用

快速成型技术在工业领域中的应用如图 8-6 所示。

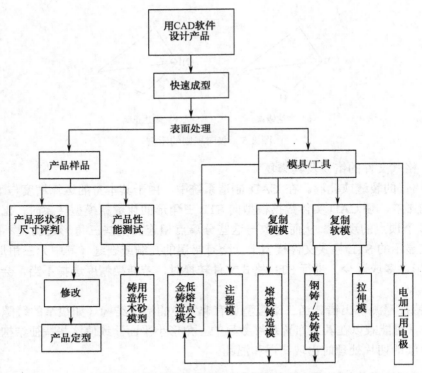

图 8-6　快速成型技术在工业领域中的应用

8.2　快速成型技术工艺方法

8.2.1　光固化成型法

1．光固化成型的概念

光固化成型法（Stereo Lithography Appearance，SLA）即立体平板印刷法，又称立体光固化成型法，是目前快速成型技术领域中研究得最多的方法，也是技术上最为成熟的方法。它用特定波长与强度的激光聚焦到光固化材料表面，使之由点到线，由线到面顺序凝固，完成一个层面的绘图作业，然后升降台在垂直方向移动一个层片的高度，再固化另一个层面，这样层层叠加构成一个三维实体。

SLA 工艺由 Charles Hul 于 1984 年获美国专利。SLA 工艺除了美国 3D System 公司的 SLA 系列成型机外，还有日本 CMET 公司的 SOUP 系列、D-MEC（JSR/Sony）公司的 SCS 系列和采用杜邦公司技术的 Teijin Seiki 公司的 Soliform。在欧洲有德国 EOS 公司的 STEREOS、Fockele & Schwarze 公司的 LMS 以及法国 Laser3D 公司的 Stereophotolithography（SPL）。

2．光固化成型的原理

光固化成型技术不同于传统的材料去除制造方法，它是基于液态光敏树脂的光聚合原理工作的。该方法的成型原理：SLA 将所设计零件的三维计算图像数据转换成一系列很薄的模型截面数据，然后在快速成型机上，用可控制的紫外线激光束，按计算机切片软件所得到的每层薄片的二维图形轮廓轨迹，对液态光敏树脂进行扫描固化，形成连续的固化点，从而构成模型的一个薄截面轮廓。成型开始时，工作平台在液面下一个确定的深度，聚焦后的光斑在液面上按计算机的指令逐点扫描，即逐点固化。下一层以同样的方法制造。当一层扫描完成后，未被照射的地方仍是液态树脂。然后升降台带动平台下降一层高度，已成型的层面上又布满一层树脂，刮刀将黏度较大的树脂液面刮平，然后再进行下一层的扫描，新固化的一层牢固地黏在前一层上。该工艺从零件的最底薄层截面开始，一次一层连续进行，如此重复直到整个零件制造完毕，得到一个三维实体模型。一般每层厚度为 0.01～0.02mm，最后将制品从树脂液中取出，进行最终的硬化处理，再打光、电镀、喷涂或着色即可。图 8-7 所示为光固化成型设备工作原理示意图。液槽 5 中盛满液态光固化树脂，激光源 1 发出的激光束在偏转镜作用下，能在液态表面上扫描，扫描的轨迹及光线的有无均由计算机控制，光点打到的地方，液体就固化。

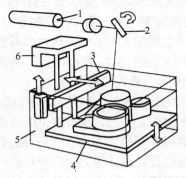

图 8-7 光固化成型设备工作原理示意图

1-激光源；2-扫描系统；3-刮刀；4-工作台；5-液槽；6-可升降工作台

要实现光固化成型，感光树脂的选择也很关键。它必须具有合适的黏度，固化后达到一定的强度，在固化时和固化后要有较小的收缩及扭曲变形等性能。更重要的是，为了高速、精密地制造一个零件，感光树脂必须具有合适的光敏性能，不仅要在较低的光照能量下固化，且树脂的固化深度也应合适。

3. 光固化成型的工艺过程

光固化成型的工艺过程一般可分为前处理、光固化成型和后处理三个阶段。具体步骤如图 8-8 所示。

（1）前处理

前处理阶段主要是对原型的 CAD 模型进行数据转换、摆放方位确定、施加支撑和切片分层，实际上就是为原型的制作准备数据。

① CAD 三维造型。三维实体造型是 CAD 模型的最佳表示，也是快速成型制作必须的原始数据源。各种快速成型制造系统的原型制作过程都是在 CAD 模型的直接驱动下进行的，因此有人将快速成型制造过程称为数字化成型。CAD 模型在原型的整个制作过程中相当于产品在传统加工流程中的图纸，它为原型的制作过程提供数字信息。没有三维 CAD 模型，就无法驱动模型的快速成型制作。设计人员根据产品的要求，利用计算机辅助设计软件设计出三维 CAD 模型。常用的商用软件有 Pro/Engineering、Solidworks、MDT、AutoCAD、UG、Catia、Cimatro、Solid Edge等。快速成型机只能接受计算机构造的三维模型，然后才能进行切片处理。因此，应在计算机上采用计算机三维辅助设计软件，根据产品的要求设计三维模型或将已有产品的二维三视图转换成三维模型。

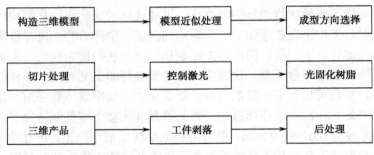

图 8-8　光固化快速成型的过程

② 数据转换。数据转换是对产品 CAD 模型的近似处理，产品上有许多不规则的曲面，在加工前必须对模型的这些曲面进行近似处理，主要是生成 STL 格式文件的数据文件。这一阶段需要注意的是 STL 格式文件生成的精度控制。用一系列相连的小三角平面来逼近曲面，得到 STL 格式文件的三维近似模型文件。许多常用的 CAD 设计软件都具有这项功能，一般都提供了直接能够由快速原型制造系统中切片软件识别的 STL 数据格式，随着快速成型制造技术的发展，CAD 模型的 STL 数据格式已逐渐成为国际上承认的通用格式。

③ 确定摆放方位。摆放方位的处理是十分重要的，不但影响着制作时间和效率，更影响着后续支撑的施加以及原型的表面质量等，因此，摆放方位的确定需要综合考虑上述各种因素。一般情况下，从缩短原型制作时间和提高制作效率来看，应该选择尺寸最小的方向作为叠层方向。但是，有时为了提高原型制作质量以及提高某些关键尺寸和形状的精度，需要将最大的尺寸方向作为叠层方向摆放。有时为了减小支撑量，以节省材料及方便后处理，也经常采用倾斜摆放。确定摆放方位以及后续的施加支撑和切片处理等都在分层软件上实现。

④ 施加支撑。摆放方位确定后，便可以进行支撑的施加了。施加支撑是光固化快速成型制作前处理阶段的重要工作。对于结构复杂的数据模型，支撑施加是费时而精细的。支撑施加的好坏直接影响着原型制作的成功与否及制作的质量。支撑施加可以手工进行，也可以通过软件自动实现。软件自动实现的支撑施加一般都要经过人工的核查，进行必要的修改和删减。为了便于在后续处理中支撑的去除及获得优良的表面质量，目前，比较先进的支撑类型为点支撑，即在支撑与需要支撑的模型面是点接触。

⑤ 切片分层。由于快速成型是将模型按照一层层截面加工，累加而成的。所以，必须将 STL 格式文件的三维 CAD 模型转化为快速成型制造系统可接受的层片模型。支撑施加完毕后，根据设备系统设定的分层厚度沿着高度方向进行切片，生成快速成型系统需求的 STL 格式文件的层片数据文件，提供给光固化快速成型制作系统，进行原型制作。各种快速成型系统都带有分层处理软件，能自动获取模型的截面信息。

由于各种快速成型方法的三维 CAD 造型、数据转换及切片处理具有类似性，因此在后面的其他快速成型制造方法中相关内容不再赘述。

（2）光固化成型

光固化成型过程是在专用的光固化快速成型设备上进行的。图 8-9 所示为 EDEN350V（第二代光固化成型机）。在原型制作前，需要提前启动光固化快速成型设备，使得树脂材料的温度达到预设的合理温度，激光器点燃后也需要一定的稳定时间。设备运转正常后，启动原型制作控制软件，读入前处理生成的层片数据文件。一般来说，叠层制作控制软件对成型工艺参数都有默认的设置，不需要每次在原型制作时都进行调整，只是在固化特殊的结构以及激光能量有较大变化时需要进行相应的调整。此外，在模型制作之前，要注意调整工作台网板的零位与树脂液面的位置关系，以确保支撑与工作台网板的稳固连接。当一切准备就绪后，就可以启动叠层制作了。整个叠层的光固化过程都是在软件系统的控制下自动完成的，所有叠层制作完毕后，系统自动停止。

(a)　　　　　　　　　　　(b)

图 8-9　EDEN350V（第二代光固化成型机）

（3）后处理

光固化成型的后处理主要包括原型的清理、去除支撑、后固化以及必要的打磨等工作。

① 原型叠层制作结束后，工作台升出液面，停留一段时间，以晾干滞留在原型表面和排除包裹在原型内部多余的树脂。

② 将原型和工作台网板一起斜放晾干，并将其浸入清洗液体中，搅动并刷掉残留的气泡。如果网板是固定于设备工作台上的，直接用铲刀将原型从网板上取下，进行清洗。

③ 原型清洗完毕后，去除支撑结构。去除支撑时应注意不要刮伤原型表面和精细结构。

④ 再次清洗后置于紫外烘箱中改进型整体后固化。对于有些性能要求不高的原型，也可以不做后固化处理。

4．光固化成型的应用

（1）用 SLA 制造模具

用 SLA 工艺快速制成的立体树脂模可以代替蜡模进行结壳，型壳焙烧时去除树脂膜，得到中空型壳，即可浇注出具有高尺寸精度和几何形状、表面粗糙度较小的合金铸件或直接用来制作注射模的型腔，这可以大大缩短制模过程，缩短制品开发周期，降低制造成本。

（2）对样品形状及尺寸设计进行直观分析

在新产品设计阶段，虽然可以借助设计图纸和计算模拟对产品进行评价，但不直观，特别是形状复杂产品，往往因难于想象其真实形貌而不能做出正确、及时的判断。采用 SLA 格式文件可以快速制造样品，供设计者和用户直观测量，并可迅速反复修改和制造，这可大大缩短新产品的设计周期，使设计符合预期的形状和尺寸要求。

（3）用 SLA 制件进行产品性能测试与分析

在塑料制品加工企业，由于 SLA 制件有较好的力学性能，可用于制品的部分性能测试与分析。

5．光固化成型的优点

① 光固化成型法是最早出现的快速成型制造工艺，经过了实践的检验，成熟度高；

② 它由 CAD 数字模型直接制成原型，加工速度快，产品生产周期短，无须切削工具与模具；

③ 可以加工结构外形复杂及使用传统手段难于成型的原型和模具；

④ 可使 CAD 数字模型直观化，降低修复错误的成本；

⑤ 可为试验提供试样，并对计算机仿真计算的结果进行验证与校核；

⑥ 可联机操作，并进行远程控制，利于实现生产的自动化。

6. 光固化成型的缺点

① SLA 系统造价高昂，使用和维护成本过高；

② SLA 系统是对液体进行操作的精密设备，对工作环境要求苛刻；

③ 成型件多为树脂类，强度、刚度、耐热性有限，不利于长时间保存；

④ 预处理软件与驱动软件运算量大，与加工效果关联性太高；

⑤ 软件系统操作复杂，入门困难，使用的格式文件不为广大设计人员熟悉。

8.2.2　叠层实体制造法

1. 叠层实体制造法的工作原理

叠层实体制造法（Laminated Object Manufacturing，LOM）又称分层实体制造。如图 8-10 所示，LOM 工作原理是根据零件分层几何信息切割箔材或纸等，将所获得的层片黏结成三维实体。LOM 工艺只需在片材上切割出零件截面的轮廓，而不用扫描整个截面。因此，成型厚壁零件的速度较快，易于制造大型零件。工件外框与截面轮廓之间的多余材料在加工中起到了支撑作用，所以，LOM 工艺无须另加支撑。模型由薄片材料制造而成，纸质材料是首选，并在材料表面涂有热熔胶。材料在逐层加热的同时被黏结到成型平台上，或黏结到部分完成的模型上。机器使用激光器剪切轮廓线。所有不属于模型的部分被切成小块并保留在模型块里，模型完成加工从设备中取出后再清除那些小块。大块模型要求壁厚变化很大时，这个加工过程就体现出很大的优势。材料原则上只要能做成薄片就可以使用。塑料和陶瓷材料也可以应用，但不常见。

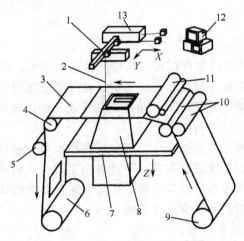

图 8-10　LOM 工作原理示意图

1-激光器；2-激光；3-薄层材料；4-收料辊；5-夹紧辊；6-进给机构；7-工作平台；

8-制成件；9-原料筒；10-送料夹紧辊；11-加热辊；12-计算机；13-扫描控制系统

2．叠层实体制造法的工艺过程

（1）设计模型

设计三维 CAD 模型并进行数据转换。

（2）切片软件

LOM 技术等快速成型制造方法是在计算机造型、数控、激光和材料科学技术等基础上发展起来的。在快速成型 LOM 系统中，除了激光快速成型设备硬件外，还必须配备将 CAD 数据模型、激光切割系统、机械传动系统和控制系统连接起来并协调运动的专用软件，该套软件通常称为切片软件。切片软件根据当前制作叠层的高度对 CAD 模型进行水平切片，得出当前叠层的截面轮廓，通过控制系统控制激光束按照合理的路径对己知的截面轮廓进行切割，完成当前叠层的制作。图 8-11 所示为截面轮廓被切割后所生成的制件。

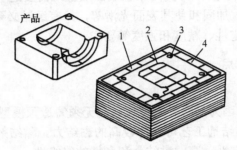

图 8-11　截面轮廓被切割后所生成的制件

1-工件；2、3-内轮廓线；4-外轮廓线

（3）LOM 工艺参数

从图 8-10 可以看出，LOM 系统主要由控制系统、机械系统、激光器及冷却系统等几部分组成。根据产品原型的特征和使用材料的特性不同以及环境温度的变化，应合理设定设备的主要工艺参数以确保和满足原型制作时间及质量的要求。其中，主要参数如下：

① 激光切割速度。激光切割速度影响原型的表面质量和制作时间。如果速度过快，在激光能量补充不足时，纸材切割不彻底，影响着余料的去除和原型外表的美观；速度过慢则会增加原型的制作时间。所以，激光切割速度在许可范围内的选取和设置应适当，通常选为 450mm/s 左右。

② 加热辊温度。加热辊温度的设置应根据原型层面尺寸大小来确定。原型层面尺寸较大时，叠层之间实现黏结需要的热量较高，加热辊温度应适当调高，以确保叠层之间黏结牢固。另外，加热辊温度的设置还应考虑环境温度的影响。因为环境温度较低时，纸材的初始温度较低，实现牢固黏结所需要的热量也较多，此时，应考虑适当调高加热辊的温度。通常加热辊的温度设置为 230～260℃。

③ 激光能量。激光能量的大小直接影响着切割纸材的厚度和切割速度。能量太小，纸材切不断；能量太大，会切割到前一叠层。此外，激光切割速度的变化也要求激光能量适时调整，切割速度较高时，激光能量应调高，反之则调低，一般两者之间为抛物线形关系。

④ 切碎网格尺寸。在每一叠层中，原型截面以外的多余部分作为余料保留下来，在叠层过程结束后应人工去除掉。为方便去除，余料部分在截面轮廓切割完毕后应进行切碎处理，当原型形状复杂时，将切碎网格尺寸设置小一些，可方便以后的余料去除。当形状比较简单时，可适当加大网格尺寸，以缩短原型制作时间。

（4）原型制造

① 基底制作。由于叠层在制作过程中要由工作台（或称升降台）带动频繁起降，为实现原型与工作台之前的连接，需要制作基底，为避免起件时破坏原型，应制作一定厚度的基底，通常为 3～5 层。为保证基底的牢固，在制作基底之前要将工作台预热，可以使用外部热源，也可通过加热辊多走几遍来完成预热。

② 原型制作。制作完基底后即可由设备根据给定的工艺参数自动完成原型所有叠层的制作过程。由于机器的自动功能比较完善，原型制作过程中一般不需要人工干预，原型制作完毕后，系统会自动停机。

③ 余料去除。余料去除是制作 LOM 实体的辅助工作，但在整个工作过程中是很重要的。为保证原型的完整和美观，要求工作人员熟悉原型，并有一定的技巧。

④ 后置处理。余料去除以后，为提高原型表面质量或需要进一步翻制模具，则需对原型进行后置处理，如防水、防潮、加固和使其表面光滑等，只有经过必要的后置处理工作，才能满足快速原型表面质量、尺寸稳定性、精度和强度等要求。

3．叠层实体制造法的优点

① 制造时间较短；

② 制造成本比较便宜，因为其对于大型模具也无须铸造预模型；

③ 薄型板料之间通过黏结剂工艺可获得较高的黏结力。黏结剂是指一种热熔的环氧树脂，这种黏结剂具有较高的热稳定性、高的黏结力和良好的绝缘性；

④ 无须设计和制作支撑结构；

⑤ 由多个零件组成的模具（凸模、凹模和压边圈），其所有的零件可同时进行制造，由此获得较高的精度；

⑥ 设备采用了高质量的元器件，有完善的安全保护装置，因而能长时间连续运行，可靠性高、寿命长。

4．叠层实体制造法的缺憾

① 不能直接制作塑料工件；

② 工件（特别是薄壁件）的抗拉强度和弹性不够好；

③ 工件易吸湿膨胀，因此，成型后应尽快进行表面防潮处理；

④ 工件表面有台阶纹，其高度等于材料的厚度（通常为 0.1mm），因此，成型后需进行表面打磨。

根据以上介绍，LOM 最适合成型中、大型件，以及多种模具和模腔，还可以直接制造结构件或功能件。

8.2.3　熔融沉积制造法

1．熔融沉积制造法的工艺原理

熔融沉积制造法（Fused Deposition Modeling，FDM）又称丝状材料选择性熔覆法。其工作原理如图 8-12 所示。快速成型机的加热喷射器受计算机控制，根据水平分层数据作 X-Y 平面运动。丝状热塑性材料由送丝机构送至喷射器，经过加热、熔化，熔融态的丝状材料被挤压出来，从喷射器挤出黏结到工作台面，选择性地涂覆在工作台的制件基座上，然后快速冷却并凝固。每一层截面完成后，工作台下降一层的高度，再继续进行下一层的造型。如此重复，直至完成整个实体的造型。每层的厚度根据喷射器挤丝的直径大小确定。

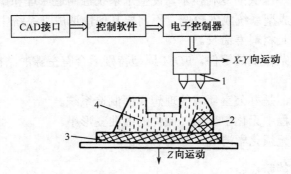

图 8-12　FDM 的工作原理

1-喷射器；2-支撑体；3-基层材料；4-模型

FDM 工艺关键是保持熔融的成型材料刚好在凝固点之上，通常控制在比凝固点高 1℃ 左右。目前，最常用的熔丝线材主要是 ABS、人造橡胶、铸蜡和聚酯热塑性塑料等。1998 年，澳大利亚开发出了一种新型的金属材料——塑料复合材料丝用于 FDM 工艺。

2．熔融沉积制造法的工艺过程

FDM 快速成型包括：设计三维 CAD 模型、CAD 模型的近似处理、对 STL 格式文件进行分层处理、造型、后处理。

① 设计三维 CAD 模型；

② 三维 CAD 模型的近似处理；

③ 对 STL 格式文件进行分层处理；

④ 产品的造型包括两个方面：支撑制作和实体制作。

a．支撑制作。FDM 造型的关键一步是制作支撑。由于 FDM 的工艺特点，系统必须对产品三维 CAD 模型做支撑处理，否则，在分层制造过程中，当上层截面大于下层截面时，上层截面的多出部分将会出现悬浮（或悬空），从而使截面部分发生塌陷或变形，影响零件原型的成型精度，甚至使产品原型不能成型。支撑还有一个重要的目的：建立基础层。在工作平台和原型的底层之间建立缓冲层，使原型制作完成后便于剥离工作平台。此外，基础支撑还可以给制造过程提供一个基准面。FDM 提供两种类型的支撑：易于剥离支撑结构以及水溶性支撑结构。易于剥离支撑是水溶性支撑的前身，需要手动剥离工件表面。为避免损坏工件表面，必须要考虑容易进入与接近细小特征。水溶性支撑使用水溶性材料，它可分解于碱性水溶剂中。该支撑可以任意坐落于工件深处嵌壁式的区域，或是接触于细小特征。

b．实体制作。在支撑的基础上进行实体的造型，自下而上层层叠加形成三维实体，这样可以保证实体造型的精度和品质。

⑤ 后处理。快速成型的后处理主要是对原型进行表面处理。去除实体的支撑部分，对部分实体表面进行处理，使原型精度、表面粗糙度等达到要求。但是，原型的部分复杂和细微结构的支撑很难去除，在处理过程中会出现损坏原型表面的情况，从而影响原型的表面品质。于是，1999 年，Stratasys 公司开发出水溶性支撑材料，有效地解决了这个难题。目前，我国自行研发 FDM 工艺还无法做到这一点，原型的后处理仍然是一个较为复杂的过程。

3. 熔融沉积制造法的优点

① 由于采用了热熔挤压头的专利技术，使整个系统融构造原理和操作简单，系统运行安全、维护成本低，FDM 快速成型系统成本较低，不需要其他快速成型系统中昂贵的激光器。

② 材料利用率高，且材料寿命长。

③ 可以成型任何复杂程度的零件，FDM 原型特别适合有空隙的结构，可节约材料与成型时间。

④ 体积小，无污染，是办公室环境的理想桌面制造系统。

⑤ 原材料在成型过程中无化学变化，制件的翘曲变形小。

⑥ 支撑去除简单，无须化学清洗，分离容易。

4. 熔融沉积制造法的缺点

当然，FDM 工艺与其他快速成型制造工艺相比，也存在着许多缺点：

① 成型件的表面有较明显的条纹；

② 沿着成型轴垂直方向的强度比较弱；

③ 需要设计与制作支撑结构；

④ 需要对整个截面进行扫描涂覆，成型时间较长；

⑤ 原材料价格昂贵。

8.2.4 选择性激光烧结法

1. 选择性激光烧结的概念及原理

选择性激光烧结法（Selective Laser Sintering，SLS）又称选区激光烧结。由美国德克萨斯大学奥斯汀分校的 C.R. Dechard 于 1989 年研制成功。SLS 工艺是利用粉末状材料成型的，其工作原理如图 8-13 所示，将材料粉末铺洒在已成型零件的上表面，并刮平；用高强度的 CO_2 激光器在刚铺的新层上扫描出零件截面；材料粉末在高强度的激光照射下被烧结在一起，得到零件的截面，并与下面已成型的部分黏结；当一层截面烧结完后，铺上新的一层材料粉末，选择地烧结新一层截面。

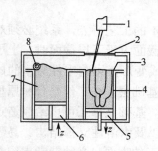

图 8-13　SLS 的工作原理

1-激光器；2-激光窗；3-加工平面；4-生成的零件；
5-成型活塞；6-供粉活塞；7-原料粉末；8-铺粉滚筒

在成型的过程中，由于烧结的是粉末，所以，工作中会有很多的粉状物污染办公空间，一般设备要有单独的办公室放置。成型后的产品是一个实体，一般不能直接装配进行性能验证。另外，产品存储时间不易过长，否则会因为内应力释放而变形。

2. 选择性激光烧结法的优点

（1）SLS 工艺最大的优点在于选材较为广泛，如尼龙、蜡、ABS、树脂裹覆砂（覆膜砂）、聚碳酸酯（Poly Carbonates）、金属和陶瓷粉末等都可以作为烧结对象。粉床上未被烧结部分成为烧结部分的支撑结构，因而无须考虑支撑系统。SLS 工艺与铸造工艺的关系极为密切，如烧结的陶瓷型可作为铸造之型壳、型芯，蜡型可做蜡模，热塑性材料烧结的模型可做消失模。

（2）由于 SLS 工艺具有制造工艺简单，柔性度高、材料选择范围广、材料价格便宜，成本低、材料利用率高（约为100%）、成型速度快等特点，故主要应用于铸造业，并且可以用来直接制作快速模具。这种方法适合于小批量铸件的生产，例如，用翻硅胶模的方法，借助快速成型原型生产出了人造骨、人体头像等零件的蜡模和铸件。

（3）可用SLS技术制作的树脂原型或陶瓷原型代替木模，这不仅大大缩短了制模时间，而且激光成型的原型水平远比木模要高，强度和尺寸稳定性优于木模。特别是对于难以加工、需要多种组合的木模用快速成型模的优点就更为突出。

3. 选择性激光烧结法的缺点

尽管SLS工艺在过去10年中飞速发展，获得了良好的应用效果，但毕竟是一个比较新的发展领域，还存在以下缺点：

① SLS系统的速度、精度和可靠性还不能完全满足要求。

② 冷却时间长，对加热温度、激光参数比较敏感，工艺参数需要较长时间摸索。

③ 可制造零件的尺寸有一定限制，目前，最大的制造尺寸为330mm×380mm×425mm。

④ 成本比较高，一台最便宜的SLS设备国际价格也需要25万美元。

⑤ 表面粗糙。由于SLS工艺的原材料是粉末状的，原型的建造是由材料粉层经过加热融化而实现逐层黏结的，因此，原型表面严格讲是粉粒状的，因而表面质量不高。

⑥ 烧结过程挥发异味。SLS工艺中的粉层黏结需要激光能源使其加热而达到融化状态，高分子材料或者粉粒在激光烧结融化时一般都会挥发异味气体。

⑦ 有时需要比较复杂的辅助工艺。SLS技术视不同的材料而异，有时需要比较复杂的工艺过程。以聚酰胺粉末烧结为例，为避免激光扫描过程中材料因高温起火燃烧，必须在机器的工作空间充入阻燃气体，一般为氮气。为了粉末状材料可靠地烧结，必须将机器的整个工作空间内直接参与造型工作的所有机件以及所使用的粉状材料预先加热到规定的温度，这个预热过程常常需要数小时。造型工作完成后，为了除去表面粘的浮粉，需要使用软刷和压缩空气，而这一步骤必须在封闭空间中完成，以免造成粉尘污染。

4. 选择性激光烧结法的发展方向

SLS工艺未来的发展应该注意以下几个方面：

① 开发更适合SLS工艺使用的新型材料，使材料与工艺更好地相结合，以制造出性能、表面粗糙度及精度更好的零件；

② 提高生产效率，减少产品的成本；

③ 更好地与信息技术的发展相结合，开发远程制造系统等新技术。

5. 选择性激光烧结法的实际应用

SLS工艺已经成功应用于汽车、造船、航天、航空、通信、微机电系统、建筑、医疗、考古等诸多行业，为许多传统产业带来了信息化的气息。

（1）使模型直观化

它能快速制造原型，提高产品的设计质量，使用户获得直观的零件模型，或制造教学、试验用复杂模型。

（2）制造功能部件

制造传统工艺无法加工的具有复杂内部形状的零件，用逆向工程方法制造具有严格形状要求的部件，如移植骨等。

（3）模具制造

将 SLS 制造的零件直接作为模具使用，如间接法烧结的金属或陶瓷零件；将 SLS 制造的零件间接作为模具使用，如使用低熔点材料石蜡等制造熔模铸造用模及制造砂型铸造用模。

8.3　快速成型技术的制模方法

8.3.1　快速成型技术在模具制造中的应用

传统的模具制造生产时间长，成本高。将快速成型技术与传统的模具制造技术相结合，可以大大缩短模具制造的开发周期，提高生产率，是解决模具设计与制造薄弱环节的有效途径。快速模具制造是快速成型技术最具潜力的应用领域，其产业化规模和经济效益是不可估量的。快速成型技术在模具制造方面的应用可分为直接制模和间接制模两种。

直接制模是指采用快速成型技术直接堆积制造出模具。在快速成型技术诸方法中，能够直接制作金属模具的常用方法是 SLS，用这种方法制造的钢铜合金注射模，寿命可达 5 万件以上，但此法在烧结过程中材料发生较大收缩且不易控制，故难以快速得到高精度的模具。此外，基于 LOM 技术也可用于直接制造模具（如纸质成型模具、压铸模具、低熔点合金模具等）；但用此法生产的模具寿命短，只适用于单件小批生产。

目前，基于快速成型技术快速制造模具的方法多为间接制模。间接制模是先制出快速成型零件，再由零件复制得到所需要的模具。具体方法有硅橡胶快速制造模具、电弧喷涂快速制造模具、环氧树脂快速制造模具等。

依据材质不同，间接制模法生产出来的模具一般分为软质模具（Soft Tooling）和硬质模具（Hard Tooling）两大类。软质模具是用硅橡胶、环氧树脂、低熔点合金、锌合金、铝等软质材料制作的模具。由于其制造成本低和制作周期短，因此，在新产品开发过程中作为产品功能检测和投入市场试运行以及国防、航空等领域的单件、小批量产品的生产方面受到高度重视，尤其适合于批量小、品种多、改型快的现代制造模式。软质模具生产制品的数量一般为 50～5000 件，对于上万件乃至几十万件的产品，仍然需要传统的钢质模具。硬质模具指的就是钢质模具，利用快速成型原型制作钢质模具的主要方法有熔模铸造法、电火花加工法、陶瓷型精密铸造法等。

快速成型技术在模具工业中的应用主要体现在以下几个方面。

（1）快速模具制造

一些低熔点合金模、硅胶模、金属冷喷模、陶瓷模等，可以直接用于生产，适应产品更新换代快、批量小的特点。

（2）浇铸模具制造

在铸造业生产中，铸造模具、模板、芯盒、失蜡模、压铸模的制造常常采用机加工的方法，有时还需要钳工进行修整，不仅周期长、耗资大，而且过程复杂、环节多，略有失误可能就需要返工。如果一些复杂铸件像叶片、叶轮、缸盖等，先用快速成型法制作蜡模，再经过涂壳、焙烧、失蜡、加压浇铸、喷砂和必要的机械加工，就可以快速生产出产品。

（3）模具设计和样品验证

有的模具设计完成后，很难找出其外观和结构的缺陷。如果先用快速成型法制成塑料模型，不仅可以直接看出外观，而且其结构和产品可以直接得到验证，发现失误和缺陷可以在计算机上进行修改。

（4）装配和功能验证

一些塑料产品模具的设计，可以通过快速成型法制造出样品，并直接进行装配验证。一些产品经过设计后还要进行功能验证，这也可以先用精铸熔模材料借助快速成型法生产铸熔模，经过熔模铸造工艺得到铸造毛坯，再经过必要的机加工，就可完成成品的样品和功能验证。

具体应用举例如下：

① 汽车、摩托车。外形及内饰件的设计、改型、装配试验，发动机、汽缸头的试制。

② 航空、航天。特殊零件的直接制造，叶轮、涡轮、叶片的试制，发动机的试制、装配试验。

③ 国防。各种武器零部件的设计、装配、试制，特殊零件的直接制作，遥感信息系统的模型制作。

④ 轻工业。各种产品的设计、验证、装配，玩具、鞋类模具的快速制造。

8.3.2 直接制模技术

1. 直接制造铸造用蜡模

摩托车缸体为典型的复杂薄铸件，模铸件材质为铝合金，要求较高的表面质量和精度。因此，可选择用 SLS 工艺直接制造蜡模，如图 8-14 所示，再用精密铸造的方法浇注铸件。由于制件过薄，且有很细的孔洞。铝合金的熔点低，因此，可以直接用石膏灌浆，宜选用石膏型精密铸造获得铸件，如图 8-15 所示。

图 8-14　摩托车缸体的 SLS 蜡模　　　　图 8-15　摩托车缸体的快速铸件

2. 直接制造金属模具

（1）利用 SLS 工艺制造金属模具

1）金属粉末大功率激光烧结成型技术

利用大功率激光对金属粉末进行扫描烧结，逐层叠加成型，成型件经表面后处理（打磨、精加工）即完成模具制作，制作的模具可作为压铸模、锻模使用。用金属粉末作为基体材料（铁粉），加入适量的黏结剂，烧结成型得到原型件，然后进行后续处理，包括烧蚀黏结剂、高温焙烧、金属熔渗（如渗铜）等工序，最终制造出电火花加工电极，如图 8-16 所示。并用此电极在电火花机床上加工出三维模具型腔，如图 8-17 所示。

图 8-16　非标齿轮模腔的 EDM 电极　　　　图 8-17　非标齿轮模具型腔

2）混合金属粉末激光烧结成型技术

成型粉末为两种金属粉末的混合体，其中的一种熔点较低，起黏结剂的作用。目前，中国科学院金属所和西北工业大学等单位正致力于高熔点金属的激光快速成形研究，南京航空航天大学在这方面也进行了研究，用镍基合金混铜粉进行烧结成形的试验，成功地制造出具有较大角度的倒锥形状的金属零件，如图 8-18 所示。

图 8-18　镍基合金—铜粉烧结成型的零件

3）金属—树脂粉末激光烧结成型技术

利用金属—树脂混合粉末，如美国 DTM 公司的 COPPERPA 材料，经激光烧结成型制作中空金属模具，然后灌注金属—树脂粉末，以强化内部结构，使之可以承受注射成型的压力、温度条件要求，最后得到金属暂时模。

（2）利用 LOM 工艺制造金属模具

LOM 的新工艺采用金属箔作为成型材料，可以直接制造出铸造用 EPS 汽化模，批量生产金属铸件。图 8-19 所示为翻制的金属模具毛坯。

图 8-19　翻制的金属模具毛坯

8.3.3　间接制模技术

采用快速成型技术，结合精密铸造、金属喷涂制模、硅橡胶、电极研磨、粉末烧结等技术就能间接制造出模具。间接制模法指利用快速原型制造技术首先制作模芯，然后用此模芯复制硬模具（如铸造模具，或采用喷涂金属法获得轮廓形状），或者制作母模复制软模具等。对由快速成型技术得到的原型表面进行特殊处理后代替木模，直接制造石膏型或陶瓷型，或是由原型经硅橡胶过渡转换得到石膏型或陶瓷型，再由石膏型或陶瓷型浇注出金属模具。

1．快速制作简易模具

如果零件批量较小（几十到几千件），或者是用于产品的试生产，则可以用非钢铁材料制造成本相对较低的简易模具。此类模具一般先用快速成型技术制作零件原型，然后根据该原型翻制成硅橡胶模、金属树脂模和石膏模；或对快速成型原型进行表面处理，用金属喷镀法（Metal Spraying）或物理气相沉积法（Physical Vapor Deposition，PVD）镀上一层低熔点合金（如卡克塞特锌合金，即 Kirksite 合金）或镍来制作模具。

（1）硅橡胶模具（Silicon Rubber Mold，SRM）

以原型为样件，采用硫化的有机硅橡胶浇注制作硅橡胶模具，即软模（Soft Tooling）。由于硅橡胶有良好的柔性和弹性，对于结构复杂、花纹精细、无拔模斜度或具有倒拔模斜度及具有深凹槽的模具来说，制件浇注完成后均可直接取出，这是相对于其他材料制造模具的独特之处。

原型制作完成后，要对原型进行表面处理，使其具有较好的表面粗糙度。之后在原型表面涂脱模剂，在抽真空装置中抽去硅橡胶混合体中的气泡，浇注硅橡胶得到硅橡胶模具，硅橡胶固化，取出原型。如发现模具有轻微的缺陷，可用新调配的硅橡胶修补。翻制成硅橡胶模具后，向模中灌注双组分的聚氨酯，固化后即得到所需的零件。调整双组分聚氨酯的构成比例，可使所得到的聚氨酯零件力学性能接近 ABS（Acrylonitrile Butadiene Styrene）。也可利用 RPT（Rational Performance Tester）加工的模型及其他方法加工的制件作为母模来制作硅橡胶模，再通过硅橡胶模来生产金属零件。硅胶模制模过程简单，不需高压注射机等专门设备，脱模容易。一套硅胶模能制造 20 个左右零件。一般在真空中浇注，以去除气泡。硅胶模的主要优点是成本低，许多材料都可以用硅胶模成型，适宜于蜡、树脂、石膏等的浇注成型，广泛应用于精铸蜡模的制作、艺术品的仿制和生产样件的制备。

（2）环氧树脂模具（Epoxy Resin Mould，ERM）

这种方法是将液态的环氧树脂与有机或无机复合材料作为基体材料，以原型为基准浇注模具的一种间接制模方法，也称桥模（Bridge Tooling）制作方法，通常可直接进行注塑生产。注塑的工艺过程：制作原型→表面处理→设计及制作模框→选择设计分型面→在原型表面及分型面刷脱模剂→刷胶浓树脂→浇注凹模→浇注凸模。采用环氧树脂模具与传统注塑模具相比，成本只有传统方法的几分之一，生产周期大大减少。模具寿命不及钢模，但比硅胶模高，可达 1000～5000 件，可满足中小批量生产的需要。瑞士的 Ciba 精细化工公司开发了树脂模具系列材料 Ciba Tool。

（3）金属树脂模具（Metal Resin Mould，MRM）

金属树脂模具在实际生产中是用环氧树脂加金属粉（铁粉或铝粉）作为填充材料，也有的加水泥、石膏或加强纤维作为填料。这种简易模具也是利用快速成型原型翻制而成，强度和耐热性比高温硅橡胶更好。国内最成功的例子是中国一汽模具制造有限公司设计制造的 12 套用于红旗小轿车的改型试制的模具。该套模具采用瑞士 Ciba 公司的高强度树脂浇注成型，凸模与凹模的间隙大小采用进口专用蜡片准确控制。这种树脂冲压模技术为我国新型轿车的试制和小批量生产开辟了一条新途径。

（4）金属喷涂模具（Metal-Spraying Mould，MSM）

1）金属冷喷涂制模技术

以原型为样模，将低熔点金属充分雾化后以一定的速度喷射到样模表面，形成模具型腔表面，背衬充填铝与环氧树脂或硅橡胶复合材料作为支撑，将壳与原型分离，得到精密的金属模具。这类金属模具称为硬模（Hard Tooling），通常是用间接方式制造，最后加入浇注系统、冷却系统和模架构成注塑模具。其特点是工艺简单、周期短；型腔及其表面精细花纹一次同时形成；省去了传统模具加工中的制图、数控加工和热处理等昂贵、费时的步骤，不需要机械加工；模具尺寸精度高，周期短，成本低。美国爱达荷国家工程与环境试验中心采用快速凝固工艺（Rapid Solidification Processing，RSP）实现了注塑模具的快速经济制造。该方法采用快速成型技术制作的样件作为母体样板，通过对母体样板进行金属喷涂或合金熔滴的沉积制造模具。制造模具的工艺过程：熔融的工具钢或其他合金被压入喷嘴，并与高速流动的惰性气体相遇而形成直径约为 0.05mm 的雾状熔滴，喷向并沉积到母体样板上，复制出母样的表面结构形状；再借助脱模剂使沉积形成的钢模具与母样分离，即制出所需模具。母样使用的材料取决于喷涂到其上的合金材料，对于工具钢喷涂来说，可选用陶瓷材料。类似材料还有铝氧粉可供选择。该方法制作精度高，喷涂工具钢时最小表面涂层可达 0.038mm，制造精度可达 0.025～0.05mm；制造时间短，普通模具在一周之内即可完成；造价低，一般仅为传统模具制造费用的 1/10～1/2。

2）金属热喷涂制模技术

20 世纪 80 年代后期，热喷涂制模技术逐渐成熟，在工业上得到广泛应用。其基本过程是将熔化的金属雾化后高速喷射沉积于基体材料上，得到与基本形状相对应的具有特殊性能的薄壳。根据模型材料及喷涂材料不同，可选用等离子喷涂、火焰喷涂及电弧喷涂。其中电弧喷涂制模方法工艺简单、成本低，不受基体模样材料的限制（可以是金属、木材、皮革、塑料、石膏、石蜡等），逐渐成为热喷涂制模的主要方法，其典型代表为美国 TAFA 公司的专利技术。在这种技术中，两根金属丝通过喷枪产生电弧，使金属丝熔化。熔化的金属由压缩气原子化并喷在母模上。由于高熔点金属材料喷涂时温差大、收缩率高，涂层易开裂变脆而且会引起基体样模烧伤，所以，目前国内外用于电弧喷涂的金属材料还仅仅局限于锌、铝及其低熔点合金。高熔点的金属喷涂也是可以的，比如用选区激光法烧结的复合材料件或陶瓷件作母模就可以做到。此外，还可以对低熔点材料的母模进行预处理，例如，先镀上一层低熔点金属，然后再进行高熔点金属喷涂，这样由于低熔点金属导热快，使得高熔点金属喷涂得以实现。这样做的缺点是整个工艺过程增加了一步，使得成本上升，且对细节的复制分辨率下降。

金属喷涂制模技术的应用领域非常广泛，包括注射模（塑料或蜡）、吹塑模、旋转注塑模、反应注射模（Reaction Injection Mould，RIM）、吸塑模、浇铸模等。金属喷涂模尤其适合于低压成型过程，如反应注塑、吹塑、浇铸等。如用于聚氨酯制品生产时，件数能达到 10 万件以上。用金属喷涂模已生产出了尼龙、ABS、PVC 等塑料的注塑件。模具寿命视注射压力从几十到几千件。这对于小批量塑料件是一个极为经济有效的生产方法。图 8-20 所示为用 FDM 成型件通过金属喷涂而成的热注塑模。

2. 利用快速成型技术快速制作钢模具

（1）陶瓷型精密铸造法

在单件小批生产钢模时可采用此法。其基本原理是以快速成型系统制作的模型，用特制的陶瓷浆料制成陶瓷铸型，然后利用铸造方法制作钢模具。钢模具的制造工艺过程：制造快速成型原型母模→浸挂陶瓷浆→在焙烧炉中固化模壳→烧去母模→预热模壳→浇铸钢（铁）型腔→抛光→加入浇注、冷却系统→制成生产注塑模。

图 8-20　金属喷涂热注塑模

1）用化学黏结陶瓷浇注陶瓷型腔

用快速成型技术制作塑料原型，然后浇注硅橡胶、环氧树脂、聚氨酯等材料，构成软模；移去原型，在软模中浇注化学黏结陶瓷形成型腔，之后在 205℃以下固化型腔并抛光型腔表面，加入浇注系统和冷却系统后便制得小批量生产用注塑模。这种化学黏结陶瓷型腔的生产寿命约为 300 件。

2）用陶瓷或石膏型浇注钢型腔

利用快速成型系统制作母模的原型，浇注硅橡胶、环氧树脂、聚氨酯等材料，构成软模，然后移去母模，在软模中浇注陶瓷或石膏，结合铸造技术制成钢型腔；最后对型腔表面抛光后加入浇注系统和冷却系统等便得到批量生产用注塑模。

3）用覆膜陶瓷粉直接制造钢型腔

SLS 技术以覆膜陶瓷粉为原料，通过激光烧结成型，可以将壳型的三维 CAD 模型，直接制出陶瓷壳型，再配以浇冒口系统进行精密铸造，制成钢型腔。这种方法最为直接，但每次只能制造一个型腔，生产率较低。另外一种方法是用 SLA、LOM 或 FDM 等快速成型工艺制造出母体的树脂或木质原型，并在原型表面直接涂挂陶瓷浆料制出陶瓷壳型，焙烧后用工具钢作为浇注材质进行铸造，即可得到模具的型芯和型腔。该方法制作周期不超过 4 周，制造的模具可生产 25000 个塑料产品。

（2）熔模精密铸造法

在批量生产金属模具时可采用此法。先利用快速成型原型或根据原型翻制的硅橡胶、金属树脂复合材料或聚氨酯制成蜡模或树脂模的压型，然后利用该压型批量制造蜡模或树脂消失模，再用该蜡模或树脂消失模获得金属模。另外，在复杂模具单件生产时，也可直接利用快速成型原型代替蜡模或树脂消失模直接制造金属模具。

（3）用化学黏结钢粉浇注型腔

用快速成型系统制作纸质或树脂的母模原型，然后浇注硅橡胶、环氧树脂、聚氨酯等软材料，构成软模；移去母模，在软模中浇注化学黏结钢粉的型腔；之后在炉中烧去型腔用材料中的黏结剂并烧结钢粉；随后在型腔内渗铜，抛光型腔表面，加入浇注系统和冷却系统等就可批量生产注塑模。

（4）砂型铸造法

使用专用覆膜砂，利用 SLS 成型技术可以直接制造砂型（芯），通过浇注可得到形状复杂的金属模具。美国 DTM 公司新近开发的材料 Solid Form Zr 是一种覆有树脂黏结剂的锆砂，用该种材料制成的原型在 100℃的烘箱中保温 2h 进行硬化后，可以直接用做铸造砂型。

3. 利用快速成型电火花电极制造钢模具

用电火花技术加工模具正成为一种常规技术，但是电火花电极的加工往往又成为"瓶颈"。

现在快速成型技术已成功地应用于钢电极和石墨电极的制作，大大缩短了电极的加工时间。

（1）电铸法（Electroforming）

与电铸法制造模具的过程相似，电铸电极的过程是首先将零件的三维 CAD 模型转换成负型模型，并用快速成型方法制造负型原型，经过导电处理后，放在铜电镀液中沉积一定厚度的铜金属（48h，1mm）。取出后用环氧树脂或锡填充铜壳层的底部，并连接固定一根导电铜棒，就完成了铜电极的制备。一般从 CAD 设计到完成铜电极的制作仅需一周时间。用电铸法制作的电极寿命与其他方式制作的电极没有明显差别，一个母模可用于制作多个电极。这种工艺可用于制作表面形状复杂尤其是具有细腻花纹图案的工艺品电极（这类电极用一般数控加工是无法制作的）。也可用镍合金电铸工艺，由于该合金硬度高，可直接从快速成型原型一次制成金属模具在注塑机上生产塑料产品。

（2）振动研磨法制备石墨电极

石墨电极是电火花加工中常用的工具电极，它不仅具有良好的导电性能和化学稳定性，而且还有耐腐蚀、热膨胀小等优点。但是，常用的机械加工方法加工石墨电极时经常产生崩碎现象，尤其对于表面形状复杂、精细度高的石墨电极采用常规机械加工方法更为困难，甚至无法加工。整体 EDM 石墨电极振动研磨成型技术是一种非传统的快速制造整体 EDM 石墨电极的加工方法。利用快速成型的快速成型零件作为成型研具制造的原型，为研具制造提供了一种快速有效的方法。研磨机根据石墨材料硬度小的特点，利用由快速成型原型（阳模）直接复制的三维研具（阴模），在该设备上研磨出三维整体电极（阳模），从而加快了石墨电极的制造。加工损耗后的石墨电极在很短的时间内可重新研磨进行快速修复，该工艺尤其适用于因具有自由曲面而不便于数控编程加工的石墨电极。

8.3.4　快速成型技术的发展趋势

快速成型技术的应用很广泛，可以相信，随着快速成型制造技术的不断成熟和完善，它将会在越来越多的领域得到推广和应用。虽然快速成型技术在很多领域得到了广泛应用，显示出极大的优越性，但它仍有一定的局限性，其可成型材料有限，加工精度低、成本高、强度和耐久性能还不能满足用户的要求，在一定程度上阻碍了该技术的推广普及。

此外，由于高速加工中心的问世，向快速成型技术提出了新的挑战。从目前快速成型技术的研究和应用现状来看，快速成型技术的进一步研究和开发工作主要有以下几方面：

① 开发性能好的快速成型材料，如成本低、易成型、变形小、强度高、耐久及无污染的成型材料。目前，快速成型用材料在挤出、浇注、复型和成型性能方面无法与热塑性塑料和金属相比。且易受成型工艺的影响，材料在成型过程中会产生缺陷。因此，从快速成型技术的特点出发，结合各种应用要求，改进和发展全新的便宜快速成型材料，特别是一些特殊材料和复合材料，例如，智能材料、功能梯度材料、纳米材料、非均质材料、其他方法难以制作的复合材料等。这已经成为快速成型系统进一步发展的迫切要求。

② 提高快速成型系统的加工速度和开拓并行制造的工艺方法。目前，即使最快的快速成型机也难以完成诸如注塑和压铸成型的快速大批量生产。在产品生产条件下，一个部件的制造周期仅需要 2s～1min，但快速成型则需要数小时甚至几天。因此，未来的快速成型机需要研究快速和多材料的制造系统，以便能够直接面向产品制造。

③ 改善快速成型系统的可靠性、生产率和制作大件能力，优化设备结构，尤其是提高成型件的精度、表面质量、力学和物理性能，为进一步进行模具加工和功能试验提供基础。

④ 开发快速成型的高性能 RPM 软件。提高数据处理速度和精度，研究开发利用 CAD 原始

数据直接切片的方法，减少由 STL 格式文件转换和切片处理过程所产生的精度损失。

⑤ 开发新的成型能源。目前，大多数快速成型机都是以激光作为能源，而激光系统（包括激光器、冷却器、外光路等）的价格及维护不仅费用昂贵，而且传输效率较低。我国西安交通大学自主开发的以紫外光代替激光的快速成型机，不仅性能可与激光成型机相媲美，而且降低了成本。新成型能源的研究也是快速成型技术今后的一个重要发展方向。

⑥ 快速成型方法和工艺的改进和创新。直接金属成型技术将会成为今后研究与应用的又一个热点。

⑦ 进行快速成型技术与 CAD、CAE、RT、CAPP、CAM 以及高精度自动测量、逆向工程的集成研究。集成化也是快速成型技术今后的一个重要发展方向。如开发快速成型技术与快速制模工艺相综合的集成制造系统，可扩大快速成型技术的制造能力、降低生产成本、提高生产效率。

⑧ 提高网络化服务的研究力度，实现远程控制。随着 Internet 的迅速发展，用户可通过因特网将制品的 CAD 数据传给制造商，制造商可根据要求快速为用户制造各种制品。更进一步发展成用户通过 Internet 直接进入制造商的主页，从而利用快速成型技术实现远程制造。此外，通过网络，科研机构可以更好地为企业提供技术支持，有关单位可以方便地进行技术整合等。

思考题和习题

8-1　简述快速成型技术的基本原理。它与传统的加工方式有何根本区别？

8-2　快速成型的全过程包含哪几个步骤？

8-3　STL 格式文件有哪两种输出形式？各有什么优缺点？

8-4　试比较几种常用的快速成型机，它们所采用的原材料类型和由原材料构成截面轮廓的方法等方面有何不同？

8-5　举例说明快速成型技术在模具制造中的应用。

8-6　查阅资料，简述选择性激光烧结法的技术状况。

8-7　何谓间接快速模具制造、直接快速模具制造？简述它们的优缺点及其适用范围。

附录 A
模具常用材料及选用

一、模具常用材料

模具材料是设计、制造模具的基础之一。其热处理性能，包括表面硬度、耐磨性、冲击韧度及高湿热疲劳性能，则是改善、提高、稳定模具性能的保证。因此，模具标准化技术委员会组织，制定了用量最大的冲模和塑料模用钢材的两项技术标准，即《冲模用钢及其热处理技术条件》（JB/T6058—1992）、《塑料模具成型部分用钢及其热处理技术条件》（JB/T 6057—1992），以规范材料的使用。

1. 模具材料的类型

模具材料主要有三类，即冷作模具钢、热作模具钢、塑料模具钢。其中，冷作模具钢是用于制造冲模、冷挤模、冷镦模，以及拉、拔模等模具型件的材料。

2. 模具钢的品种与牌号

（1）冷作模具钢的类型与牌号（见表 1）

表 1　冷作模具钢的类型与牌号

类　　型	牌　　号
低淬透性	T7A、T8A、T9A、T10A、T11A、T12A、8MnSi
冷作模具钢	Cr2、9Cr2
低变形冷作模具钢	9Mn2V、CrWMn、9CrWMn、9Mn2、MnCrWV、SiMnMo
高耐磨微变形冷作模具钢	Cr12、Cr12Mo1V1、Cr12MoV、Cr5Mo1V、Cr4W2MoV、Cr2Mn2SiWMoV、Cr6WV、Cr6W3Mo2.5V2.5
高强度高耐磨冷作模具钢	W18Cr4V[①]、W6Mo5Cr4V2[①]、W12Mo3Cr4V3N[①]
高强韧冷作模具钢	6W6Mo5Cr4V、6Cr4W3Mo2VN6、7Cr7Mo2V2Si、7CrSiMnMoV、6CrNiMnSiMoV、8Cr2MnWMoVS
抗冲击冷作模具钢	4CrW2Si、5CrW2Si、6CrW2Si、9CrSi、60Si2Mn、5CrMnMo、5CrNiMo、5SiMnMoV
特殊用冷作模具钢	9Cr18[②]、Cr18MoV[②]、Cr14Mo[②]、Cr14Mo4[②]、1Cr18Ni9Ti[③]、5Cr21Mn9Ni4W[③]、7Mn15Cr2Al3V2WMo[③]

注：①常用的、具有代表性的高速钢，还可以选用 GB/T9943—2008 所列的 14 种高速钢。

　　②为典型耐蚀模具钢。

　　③为无磁模具钢。

冲模成型零件常用钢为 Cr12、Cr12MoV、Cr12Mo1V1（相当于 D2）。

（2）塑料模具钢的类型与牌号（见表 2）

表 2　塑料模具钢的类型与牌号

类　型	牌　号
渗碳型	10、20、20Cr、12CrNi3A
调质型	45、55、40Cr、5CrNiMo、5CrMnMo、4Cr5MoSiV、4Cr5MoSiV1
淬硬型	T10A、T12A、9Mn2V、CrWMn、Cr2、GCr15、Cr12、Cr12MoV、Cr6WV、9SiCr、MnCrWV、9CrWMn
预硬型	3Cr2Mo、5CrNiMnMoVSCa、3Cr2NiMnMo、4Cr5MoSiVS、8Cr2MnWMoVS
耐蚀型	2Cr13、4Cr13、1Cr8Ni9、3Cr17Mo
时效硬化型	18Ni（250）、18Ni（300）、18Ni（350）、06Ni6CrMoVTiA1、25CrNi3MoA1

注：45 钢、3Cr2Mo（相当于 P20）是塑料注射型件常用材料。

（3）热作模具钢的分类与牌号（见表 3）

表 3　热作模具钢的分类与牌号

类　型	类　别	牌　号
高强韧热作模具钢	纳标	5CrNiMo、5CrMnMo、4CrMnSiMoV
	推荐	5SiMnMoV、5Cr4Mo、5CrSiMnMoV、4SiMnMoV、5Cr2NiMoV、30Cr2WMoVNi
高热强热作模具钢	纳标	3Cr2W8V、4Cr5 MoSiV、4Cr5MoSiV1、4Cr5W2VSi、5Cr4Mo3SiMnVA1、3Cr3Mo3W2V、5 Cr4W5Mo2V、4Cr3Mo3SiV
	推荐	4Cr4MoWSiV、4Cr4Mo2WSiV、4Cr5WMoSiV、25Cr3Mo3VNb、3Cr3Mo3V、5Cr4W2Mo2VSi、5Cr4W3Mo2VNb
高耐磨热作模具钢	纳标	8Cr3
	推荐	7Cr3
特殊用热作模具钢	奥氏体耐热钢	5Mnl5Cr8Ni5Mo3V2、7Mn10Cr8 Ni10Mo3V2、Cr14Ni25Co2V、4Cr14Ni14W2Mo
	超高强钢	40CrMo、40CrNi2Mo、30CrMnSiNi2A
	马氏体时效钢	18Ni（250）、18Ni（300）、18Ni（350）
	高速钢	W18Cr4V、W6Mo5Cr4V2

（4）铸铁

灰铸铁具有优良的加工性能和力学性能，广泛用于制作模具构件，如铸铁模座；球墨铸铁和耐热合金铸铁常用于制作大型冲模和玻璃制品模具的成型零件。灰铸铁和球墨铸铁的力学性能见表 4 与表 5。

表 4　灰铸铁单铸试样的抗拉强度

牌　号	最小抗拉强度 σ_b/Mpa	牌　号	最小抗拉强度 σ_b/MPa
HT100	100	HT250	250
HT150	150	HT300	300
HT200	200	HT350	350

注：摘自 GB/T9439—1988。

表5 球墨铸铁单铸试块的力学性能

牌　号	抗拉强度 σ_b/MPa	屈服强度 $\sigma_{0.2}$/MPa	伸长率δ（%）	布氏硬度 HBW	主要金相组织
	最小值			仅供参考	
QT400—18	400	250	18	130～180	铁素体
QT400—15	400	250	15	130～180	铁素体
QT450—10	450	310	10	160～210	铁素体
QT500—7	500	320	7	170～230	铁素体+珠光体
QT600—3	600	370	3	190～270	铁素体+珠光体
QT700—2	700	420	2	220～305	珠光体
QT800—2	800	480	2	240～335	珠光体
QT900—2	900	600	2	280～360	贝氏体+回火马氏体

注：摘自 GB/T1348—1988。

（5）硬质合金和钢结硬质合金

这两种材料具有高的耐磨性与抗压强度，常用于制作冲裁模、冷镦模和热挤压模。它们的化学成分和性能见表6与表7。

表6 硬质合金的化学成分和性能

牌号	化学成分（质量分数，%）			物理力学性能				
	Wc	Co	TiC	密度 / (g/cm³)	硬度 /HRA	抗弯强度 /MPa	抗压强度 /PMa	弹性模量/MPa
YG6	94	0	—	14.6～15.0	89.5	1400	4600	62000
YG6X	93.7	6	0.3	14.6～15.0	91.0	1450	4600	—
YG6A	92.0	6	2.0	14.6～15.0	92.0	1450	4600	—
YG8	92.0	8	—	14.5～14.9	89.0	1500	4470	—
YG15	85.0	15.0	—	13.9～14.1	87.0	2100	3660	54000
YG20	80	20	—	13.4～13.7	85.6	2600	3500	—
YG20C	80	20	—	13.4～13.9	82～84	1800	3600	50000

表7 钢结硬质合金的化学成分和性能

合金牌号	硬质相类及质量分数	硬度/HRC		抗弯强度 /MPa	冲击韧度 / (J/cm²)	密度 / (g/cm³)
		加工态	工作态			
TCMW50	WC，50%	35～42	66～68	2000	8～10	10.2
DT	WC，40%	32～38	61～64	2500～3600	18～25	9.8
GW50	WC，50%	35～42	66～68	1800	12	10.2
GW40	WC，40%	34～40	63～64	2600	9	9.8
GJW50	WC，50%	34～38	65～66	2000	7	10.2
GT33	TiC，33%	38～45	67～69	1400	4	6.5
GT35	TiC，35%	39～46	67～69	1400～1800	6	6.5
GTN	TiC，25%	32～36	64～68	1800～2400	8～10	6.7
TM6	TiC，25%	35～38	65	2000		6.6

二、模具材料的选用

1. 材料选用的依据和原则

（1）依据

制件（冲件、塑件、锻件等）成型加工的工艺性质；制件材料的化学成分与力学性能；制件的形状、尺寸；制件的加工批量。

（2）原则

模具设计人员在熟悉各类模具材料的性能和应用范围的基础上，应正确、合理并尽可能选用最优质的材料用做成型零件的材料。因为材料成本一般只占模具生产总成本的 8%～15%。这个选用模具材料的理念，特别应作为选用高等级模具用材料的原则。

2. 材料的选用

各类模具用材料的选用见表 8～表 10。

表 8　冷作模具材料的选用

模具类型	工作条件	推荐材料
冲模	普通钢板厚度≤4mm	Cr12、Cr12MoV、Cr6WV、Cr2Mn2SiWMoV、CrWMn、Cr2、W6Mo5Cr4V2、W18Cr4V、W12Mo3Cr4V3N、硬质合金和钢结硬质合金
	奥氏体钢板 厚度≤4mm	Cr12、Cr12MoV、Cr6WV、Cr4W2MoV、W6Mo5Cr4V2、W12Mo3Cr4V3N、硬质合金和钢结硬质合金
	厚度 4～6mm	Cr6WV、Cr2 Mn2SiWMoV、Cr2、CrWMn、9Mn2V、MnCrWV、6W6Mo5Cr4V、6Cr4W3Mo2VNb 等
	厚度 6～12mm	6CrW2Si、7CrSiMnMoV
	厚度＞12mm	4Cr5MoSiV、5CrNiMo、4CrMnSiMoV
	硅钢片 厚度＜2mm	Cr12、Cr12MoV、Cr12Mo1V1、W6Mo5Cr4V2、W18 Cr4V、W12Mo3Cr4V3N、硬质合金和钢结硬质合金
	厚度 2～6mm	Cr6WV、Cr4W2MoV、Cr2Mn2SiWMoV、Cr2、CrWMn、MnCrWV、6W6Mo5Cr4V、6Cr4W3Mo2VNb 等
	铜及铜合金厚度＜6mm	Cr12、Cr12MoV、Cr6WV、Cr2WV、Cr2Mn2SiWMoV、CrWMn、Cr2、9Mn2V 等
	铝及铝合金	Cr12、Cr12MoV、Cr6WV、W18Cr4V、W6Mo5Cr4V2、Cr2Mn2SiWMoV、Cr2、9Mn2V、CrWMn 等
	厚板冲裁	Cr12MoV、7CrSiMnMoV、Cr4W2MoV、7Cr7Mo2V2Si
	重载冲裁	6Cr4W3Mo2VNi、W6Mo5Cr4V2、6CrNiMnSiMoV 等
	非金属材料	T8A、T10A、Cr2、CrWMn、GCr12、Cr12MoV9Mn2V、9SiCr 等
落料模和 切边模	钢材厚度或直径＜2mm	Cr12、Cr12MoV、W18Cr4V、W6Mo5 Cr4V2、W12Mo3Cr4V3N 等
	钢材厚度或直径≥2mm	5CrW2Si、6CrW2Si、9Mn2V、Cr12、CrWMn、6W6Mo5Cr4V、6Cr4W3Mo2VNb 等
拉深模	铝、铜及其合金	T10A、CrWMn、Cr6WV、Cr12、Cr12MoV、W6Mo5Cr4V2
	钢材	CrWMn、Cr6WV、Cr12、Cr12MoV、W18Cr4V、W6Mo5Cr4V2、6Cr4W3Mo2VNb、硬质合金等
	奥氏体不锈钢	Cr6WV、Cr12MoV、W18Cr4V、W6Mo5Cr4V2、硬质合金等

模具类型	工作条件	推荐材料
冷镦模	低压力	T10A、T12A、9Mn2V、CrWMn、MnCrWV、Cr2、7CrSiMnMoV、GW15、60Si2Mo
	中压力	Cr6WV、Cr5MoV、Cr12Mn2SiWMoV
	高压力	Cr12、Cr12MoV、Cr4W2MoV、W18Cr4V、W6Mo5Cr4 V2、6W6Mo5Cr4V、6Cr4W3Mo2VNb、硬质合金（YG20、YG20C 等）
冷挤压模	冲头	W6Mo5Cr4V2、W18Cr4V、6W6Mo5Cr4V、Cr12MoV、6Cr4W3Mo2VNb、Cr12 等
	凹模（有衬套）	Cr12、Cr12MoV、W6Mo5Cr4V2、W18Cr4V、6W6Mo5Cr4V、6Cr4W3Mo2VNb、Cr4W2MoV 等
	凹模（无衬套）	9Mn2V、CrWMn、MnCrWV、Cr2、6W6Mo5Cr4V、6Cr4W3Mo2VNb 等
粉末冷压模	冲头	Cr6WV、W6Mo5Cr4V2、6W6 Mo5Cr4V、CrWMn、MnCrWV、Cr2、GCr15 等
	凹模	Cr12、Cr12MoV、W6Mo5Cr4V2、W18Cr4V、Cr4W2MoV、6W6Mo5Cr4V、硬质合金等
滚压模	搓丝板	9SiCr、Cr12MoV
	滚丝、滚齿	Cr12MoV、Cr6WV
拉丝模	有色金属	Cr12、Cr12MoV、CrWMn、Cr2、9Mn2V、T12A 等
	钢丝	Cr12、Cr12MoV、W18Cr4V、W6Mo5Cr4V2、W12Mo3Cr4V3N 等

表9　塑料模具材料的选用

工作条件	推荐模具使用材料
小批量、低精度、小尺寸模具	45、55 或 10、20 钢渗碳、40Cr 低熔点合金、锌基合金、有色金属及其合金等
大载荷、大批量的模具	20Cr、12CrNi3A 渗碳
大型、复杂、大批量的注射模和挤压成型模	3Cr2Mo、5CrNiMo、5CrMnMo、4Cr5MoSiV、4Cr5MoSiV1
热固性塑料模和高耐磨的注射模等	T10、T12、9Mn2V、CrWMn、9CrSi、MnCrWV、Cr2、GCr15、8Cr2MnWMoVS、Cr2Mn2SiWNbV、Cr12、Cr12MoV、Cr6WV 等
耐磨蚀高精度	2Cr13、4Cr13、9Cr18、Cr18MoV、1Cr18Ni9
复杂、精密、高耐磨塑料模	5CrNiMnMoVSCa、8Cr2MnWMoVS、4Cr5MoSiVS、6Ni6CrMoV、25CrNi3 MoA1、18Ni（250）、18Ni（300）、18Ni（350）

表10　热作模具材料的选用

模具类型	尺寸和工作条件		推荐材料
锤锻模	高度<275mm（小型）		5CrMnMo、5CrNiMo、5SiMnMoV、4SiMnMoV
	高度275～325mm（中型）		5CrMnMo、5CrNiMo、5SiMnMoV、4SiMnMoV
	高度325～375 mm（大型）		5CrNiMo、5CrMnSiMoV、4CrMnSiMoV
	高度>375mm（特大型）		5CrNiMo、5CrMnSiMoV、4CrMnSiMoV
	堆焊模块		5Cr2MnMo
	镶块式		4Cr5MoSiV1、3Cr2W8V、4Cr3Mo3W2V、4CrMnMoSiV
机锻模	整体式		5CrNiMo、5CrMnMo、4CrMnMoSiV、5CrMnMoSiV、4Cr5MoSiV、4Cr5MoSiV1、4Cr5W2SiV、3Cr2W8V、4Cr3Mo3W2V、5Cr4Mo2W2SiV
	镶拼式	镶块	4Cr5MoSiV1、4Cr5MoSiV、4Cr5 W2SiV、3Cr2W8V、5Cr4W2Mo2SiV
		模体	5CrNiMo、5CrMnMo、4CrMnMoSiV
热挤压模	冲头		3Cr2W8V、3Cr3Mo3W2V、4Cr5W2SiV、4Cr5MoSiV1、4Cr5MoSiV、4CrMnMoSiV
	凹模		3Cr2W8V、3Cr3Mo3W2V、4Cr5MoSiV、4Cr5MoSiV1、硬质合金、钢结硬质合金、高温合金

模 具 类 型		尺寸和工作条件	推 荐 材 料
温挤压模		—	W18Cr4V、W6Mo5Cr4V2、6W6Mo5Cr4V、6Cr4W3Mo2VNb 等
高速锻模		—	4Cr5W2SiV、4Cr5MoSiV、4Cr5MoSiV1、4Cr3Mo3W4VTiWb
热切边模		—	6CrW2Si、5CrNiMo、3Cr2W8V、4Cr5MoSiV1、4CrMnSiMoV、8Cr3、W6Mo5Cr4V2、W18Cr4V、硬质合金等
压铸模	锌及其合金		40Cr、30CrMnSi、40CrMo、CrWMn、5CrMnMo、4Cr5MoSiV、3Cr2W8V、20 钢碳氮共渗
	铝、镁及其合金		3Cr2W8V、4Cr5MoSiV、4Cr5MoSiV1、4Cr5W2SiV、4Cr3Mo3W2V
	铜及其合金		3Cr2W8V、4Cr3Mo3W2V、18Ni（250）、18Ni（300）、18Ni（350）

其他类模具用材料还有：

（1）陶土模用材料

1）形状简单的小型陶土模可选用 10 或 20 钢渗碳淬火，T10、T12 等。

2）形状复杂的小型陶土模可选用 CrWMn、Cr12、Cr12MoV、硬质合金等。

3）形状简单的大型陶土模可选用 CrWMn、9Mn2V、GCr15、Cr2 等。

（2）橡胶膜用材料

1）形状简单的可采用 45 钢、55 钢等。

2）形状复杂的可采用铝合金、40Cr 等。

（3）粉末冶金压模用材料

1）形状简单的小型粉末冶金压模可采用 10 或 20 钢渗碳淬火、T10A、T12A、钢结硬质合金和硬质合金。

2）形状复杂的粉末冶金压模可采用 CrWMn、Cr12、Cr12MoV、硬质合金等。

3）形状简单的大、中型粉末冶金压模可以选用 CrWMn、9Mn2V、GCr12 等。

（4）玻璃成型模具用材料

常采用灰铸铁、球墨铸铁、稀土蠕墨铸铁及合金耐热铸铁等。

参 考 文 献

[1]　李云程. 模具制造技术 [M]. 北京：机械工业出版社，2002.

[2]　黄毅宏，李明辉. 模具制造工艺 [M]. 北京：机械工业出版社，1999.

[3]　刘晋春，赵家齐，赵万生. 特种加工 [M]. 北京：机械工业出版社，2000.

[4]　赵志修. 机械制造工艺学 [M]. 北京：机械工业出版社，1985.

[5]　高佩福. 实用模具制造技术 [M]. 北京：中国轻工业出版社，1999.

[6]　赖耕耘. 工模具制造工艺学 [M]. 北京：机械工业出版社，2000.

[7]　许发樾. 模具制造工艺与装备 [M]. 北京：机械工业出版社，2003.

[8]　傅建军. 模具制造工艺 [M]. 北京：机械工业出版社，2005.

[9]　张荣清. 模具制造工艺 [M]. 北京：高等教育出版社，2006.

[10]　靖颖怡. 模具制造工艺装备及应用 [M]. 北京：机械工业出版社，2008.

[11]　彭建声，秦晓刚. 模具技术问答 [M]. 北京：机械工业出版社，2009.

[12]　徐长寿. 现代模具制造 [M]. 北京：化学工业出版社，2007.

[13]　张应龙. 模具制造技术 [M]. 北京：化学工业出版社，2008.

[14]　胡彦辉. 模具制造工艺学 [M]. 重庆：重庆大学出版社，2005.

[15]　汤忠义. 模具制造工艺 [M]. 北京：中国劳动社会保障出版社，2005.

[16]　许发樾. 模具标准化与原型结构设计 [M]. 北京：机械工业出版社，2009.

[17]　谭海林，陈勇. 模具制造工艺学 [M]. 长沙：中南大学出版社，2006.

[18]　方新. 数控机床与编程 [M]. 北京：高等教育出版社，2007.

[19]　李振平. 模具制造工艺学 [M]. 北京：机械工业出版社，2007.

[20]　丘立庆等. 模具数控电火花线切割工艺分析与操作案例 [M]. 北京：化学工业出版社，2007.

[21]　全国注册资产评估师考试用书编写组. 机电设备评估基础 [M]. 北京：机械工业出版社，2004.

[22]　金涤尘，宋放之. 现代模具制造技术 [M]. 北京：机械工业出版社，2001.

[23]　巫恒兵，宋昌才. 快速成型技术在模具制造中的应用 [J]. 农业装备技术，2007（2）.

[24]　吴晓鸣，李小林，等. 一种新的快速成型方法——激光分层固化灰浆 [J]. 航空制造技术，2000（2）.

[25]　刘东华，冯树强. 激光快速造型技术及其应用 [J]. 广西工学院学报，2000（2）.

[26]　张建华，赵剑峰，余承业. 基于选择性激光烧结的铸造熔摸快速制造技术 [J]. 铸造，2000（12）.

[27]　史玉升，叶春生，马黎，等. 快速成型技术及其在石油机械领域中的应用 [J]. 石油机械，2000（11）.

[28]　赵萍，蒋华，周芝庭. 熔融沉积快速成型工艺的原理及过程 [J]. 机械制造与研究，2004（2）.

读者服务表

尊敬的读者：

感谢您采用我们出版的教材，您的支持与信任是我们持续上升的动力。为了使您能更透彻地了解相关领域及教材信息，更好地享受后续的服务，我社将根据您填写的表格，继续提供如下服务：

1. 免费提供本教材配套的所有教学资源；
2. 免费提供本教材修订版样书及后续配套教学资源；
3. 提供新教材出版信息，并给确认后的新书申请者免费寄送样书；
4. 提供相关领域教育信息、会议信息及其他社会活动信息。

基 本 信 息					
姓名		性别		年龄	
职称		学历		职务	
学校		院系（所）		教研室	
通信地址				邮政编码	
手机		办公电话			
E-mail				QQ 号码	

教 学 信 息			
您所在院系的年级学生总人数			
	课程 1	课程 2	课程 3
课程名称			
讲授年限			
类　　型			
层　　次			
学生人数			
目前教材			
作　　者			
出 版 社			
教材满意度			

书 评	
结构（章节）意见	
例题意见	
习题意见	
实训/实验意见	

您正在编写或有意向编写教材吗？希望能与您有合作的机会！		
状　　态	方向/题目/书名	出 版 社
□正在写□准备中 □有讲义□已出版		

联系的方式有以下三种：

1. 发 Email 至 lijie@phei.com.cn 领取电子版表格；
2. 打电话至出版社编辑 010-88254501（李洁）；
3. 填写该纸质表格，邮寄至"北京市万寿路 173 信箱，李洁收，100036"

我们将在收到您信息后一周内给您回复。电子工业出版社愿与所有热爱教育的人一起，共同学习，共同进步！

反侵权盗版声明

电子工业出版社依法对本作品享有专有出版权。任何未经权利人书面许可，复制、销售或通过信息网络传播本作品的行为，歪曲、篡改、剽窃本作品的行为，均违反《中华人民共和国著作权法》，其行为人应承担相应的民事责任和行政责任，构成犯罪的，将被依法追究刑事责任。

为了维护市场秩序，保护权利人的合法权益，我社将依法查处和打击侵权盗版的单位和个人。欢迎社会各界人士积极举报侵权盗版行为，本社将奖励举报有功人员，并保证举报人的信息不被泄露。

举报电话：（010）88254396；（010）88258888
传　　真：（010）88254397
E-mail：　dbqq@phei.com.cn
通信地址：北京市万寿路 173 信箱
　　　　　电子工业出版社总编办公室
邮　　编：100036